What Einstein Told His Cook

四后浪

厨房实验室

[英]罗伯特·L. 沃尔克（Robert L. Wolke）著 李冰奇 译

食物的物理化学奥秘 Kitchen Sience Explained

广东旅游出版社
GUANGDONG TRAVEL & TOURISM PRESS
阅读享受 · 悦读旅行 · 悦读人生

中国·广州

谨以此书献给我的妻子、搭档、同事，
同时也是我的动力来源——马琳·帕里什。

目 录

第一章　甜言蜜语

第四章　厨房里的化学物质

第五章 海陆双鲜

第六章　火与冰

第七章　杯中之物

第八章　神秘的微波

第九章　工具和技术

引　言

近年来，随着对食物和烹饪的兴趣激增，人们对于了解决定食物特质及性能的化学和物理原理的渴望也在逐步增强。

这本书诠释了食物本身及其烹饪工具背后的科学原理。本书的排版是为了使读者便于查找特定事实或说明而设计的。

家庭厨师和专业厨师不仅要进行烹饪，还必须先购买食材。如今的技术生产出的食品种类多到令人困惑，以至于许多烹饪问题从市场就开始冒出来了。因此，我将对天然食品和预制食品进行讨论，包括它们来自哪里，是由什么制成的，以及它们会对厨师和消费者造成哪些可能的后果。

我在大学里教书的年头多得自己也记不清了，其中，我曾在教职工能力拓展办公室担任了10年创始主管，帮助教职工提升他们的教学水平。我认为诠释厨房科学有两种可行的方法，我将它们称为"学院派方法"和"经验派方法"。

如果用学院派方法，我会写一本相当于厨房科学的教科书，然后让我的"学生们"步入大千世间，运用他们所学到的知识去解决未来可能出现的实际问题。

这种方法假定学生们掌握了所有的"课程内容"并且能在需要时回忆起来，但无论是我当老师的经验还是你当学生的经验，都证明了这种做法只是徒劳。（快问快答：谁参与了黑斯廷斯战役？）

简而言之，学院派方法试图在问题出现前提供答案，而在现实生活中，问题总是突然出现，毫无预兆，且必须当场处理。

但是，如果你不必钻研大量的科学知识，而每每困惑时都能邀请一位科学家简洁明了地解释你面临的具体问题又如何呢？虽然你身边不可能总有一位科学家（更不用说爱因斯坦了），但退而求其次，如果你手头上能有一份答案汇编也不错，这份答案汇编中囊括了你觉得自己可能会遇到的问题，并给出了浅显易懂、实事求是的解释。这就是经验派方法。在这本书中，我挑选了上百个问题，这些问题或是来自现实生活中的厨师，或是来自我在《华盛顿邮报》"美食 101"专栏及其他报纸的读者。

除了对基础科学的解释，你还会在本书中发现我的妻子，美食专家马琳·帕里什发明的一些不同寻常的、富有想象力的食谱。这些食谱是专门为了给书中解释过的原理提供进一步的说明而设计的。你可以将这些食谱看作一门可以吃的实验课程。

每个问答单元都是独立设计的。无论是遵循目录、索引，还是一个突然出现在你脑海中的问题，你都可以翻开本书并直接阅读相关单元，而无须掌握此单元之前的一系列概念。

由于许多主题是相互关联的，为了确保每个单元在概念上的完整性，尽管某个概念在另一个单元中已有更详尽的解释，我还是不得不时常极其简洁地重复它，但偶尔来点重复只会加深理解。

我对专业术语的使用非常谨慎，一定会在首次使用一个词时给出其定义，但如果你需要一点提示，你可以在本书最后找到一份简洁的术语表。

　　当然，人们的好奇心永无止境，对于厨房和市场中的各种知识，包括本书在内的所有书籍所能解释的都只是冰山一角。

　　愿你乐于理解美食，恰如你乐于享用美食。

鸣　谢

在主业之外兼职做自由撰稿人多年之后，我迎来了美食写作方面的"重大突破"，这要归功于《华盛顿邮报》的前美食编辑南希·麦吉翁（Nancy McKeon），是她给了我在这份著名报纸上撰写食品科学专栏的机会。感谢现任美食编辑珍妮·麦克马纳斯（Jeanne McManus）一直以来的信任和支持，让我能够完全自由地发挥自己的长处，"美食101"因此得以在《华盛顿邮报》及其他报纸上刊登了约四年。

这本书起源于我与马琳·帕里什（Marleen Parrish）的相遇及婚姻。她是一位美食作家、餐厅评论家和烹饪老师。作为一位热爱美食的科学作家以及一名业余厨师，我开始撰写更多与食物及其背后的科学原理相关的文章。没有马琳对我饱含爱意的信任，这本书就不会问世。马琳开发并测试了书中所有的食谱，每一个都是为了说明并应用书中解释过的科学原理而专门设计的。此外，她承包了我在漫长而艰难地进行撰写与重写本书的几个月中所有的午餐。

我必须再次对我的文学经纪人伊桑·埃伦伯格（Ethan Ellenberg）表示感谢，他多年来一直为我的利益兢兢业业，即使面临困境，他也一如既往给我以尊重、忠言以及鼓励。

有玛丽亚·瓜尔纳斯凯利（Maria Guarnaschelli）担任我在

W. W. 诺顿（W. W. Norton）的编辑实是我幸。玛丽亚对品质的追求坚持不懈，每当我偏离方向时，她总是和善地引导我回到正轨上，并源源不断地给我鼓励。如果没有玛丽亚敏锐的直觉、知识和判断力，以及我们之间建立起的信任、尊重和友谊，那么无论这本书最终变成什么样子，都会逊色颇多。

作家撰写的并非书籍，而是手稿——在出版社一众耐心、勤勉的专业人士将其变成书籍之前，它不过是纸上的寥寥字句而已。我感谢 W. W. 诺顿每一位运用他们的才能将我的手稿变为读者手中漂亮书籍的人。我尤其感谢诺顿的制造部主管安德鲁·马瑞沙（Andrew Marasia）、艺术总监德布拉·莫顿·霍伊特（Debra Morton Hoyt）、总编辑南希·帕姆奎斯特（Nancy Palmquist）、自由艺术家艾伦·维奇翁克（Alan Witschonke）和设计师芭芭拉·巴奇曼（Barbara Bachman）。

我的女儿和女婿——莱斯莉·沃尔克（Leslie Wolke）和齐夫·约勒斯（Ziv Yoles）都已证明我并不是无所不知。要撰写这样一本书，与食品科学家和食品行业代表的磋商是不可或缺的，由于人数太多，难以逐一提及。我感谢他们所有人不吝分享他们的专业知识。

也许每一个当代的非小说类作家都要感谢那个被称为互联网的无所不知却又触不可及的实体，它将世间所有信息（连同许多错误信息）逐一陈列在我们指尖——手指轻按一下鼠标就能获得。我相信，无论互联网到底身处何方，它一定会对我由衷的感激之情感到欣慰。

最后，如果不是因为我的报纸专栏有很多了不起的读者，这本书就不可能问世。他们的电子邮件和普通邮件中的问题以及反馈不断地让我确信，我可能真的在提供有用的服务。他们是世上最棒的读者。

第一章
甜言蜜语

我们五种典型的感知——触觉、听觉、视觉、嗅觉和味觉，只有后两种的本质是纯化学的，也就是说，嗅觉和味觉可以识别真正的化学分子。通过神奇的嗅觉和味觉，我们在接触不同的化合物分子时会体验到不同的嗅觉和味觉感受。

你会经常在这本书中看到分子（molecule）这个词。别慌，你只需要知道，用我一个正在上一年级的熟人的话来说，分子就是"组成物质的一种很小的东西"。这个定义和下面这个推论都将对你有用：不同的物质之所以各不相同，是因为它们是由不同种类的分子构成的。

嗅觉只能探测到空气中飘浮的气体分子，味觉只能探测到溶解在水中的分子，这里的水可以是食物本身的液体，也可以是唾液（你闻不到石头的气味，也尝不到石头的味道）。就像许多其他动物一样，我们被食物的气味所吸引，并遵循味道来寻找可食用且美味的食物。

我们所说的味道（flavor）是我们鼻子闻到的气味和味蕾尝到的滋味的组合，再加上温度、辛辣（香料的辛辣）和质地（食物在口中的结构和感受）。我们鼻子里的嗅觉受体可以区分成千上万种不同的气味，所谓味道的80%都是由这些气味贡献的。如果你觉得这个比例看起来很高，别忘了嘴和鼻子是相通的，因此咀嚼时在口腔中释放的气体分子可以一路向上进入鼻腔。此外，吞咽的动作会在鼻腔内造成部分真空，并将空气从口腔吸入鼻腔。

与我们的嗅觉相比，味觉则相对迟钝。我们的味蕾大部分分布在舌头上，但硬腭（上颚前端的骨质部分）和软腭上也有分布。软腭是紧连在小舌上的软组织瓣，而小舌就悬在喉咙口。

早些时候，人们曾经认为基础味只有四种——甜、酸、咸、苦，并认为我们对这几种味道都有专门的味蕾。如今，人们普遍认为至少还有一种基础味，即来源于日语的鲜味（umami）。鲜味与味精（MSG，即谷氨酸钠）及谷氨酸的其他化合物有关，而谷氨酸是构成蛋白质的常见氨基酸之一。鲜味是一种类似鲜美的味道，它与蛋白质含量丰富的食物有关，如肉类和奶酪。此外，人们也不再认为每个味蕾只对某种专属刺激做出反应，而是认为它也可能对其他刺激有较小程度的反应。

因此，教科书中标准的"舌头结构示意图"过于简化了，因为在图解中只显示了舌头对各种基础味最敏感的区域——甜味味蕾在舌尖，咸味味蕾在舌尖两侧，酸味味蕾在舌头两侧，而苦味味蕾则在舌头后侧。我们真正感受到的是所有味觉受体接收到的刺激的综合体，这些受体是味蕾内的细胞，真正能探测到不同味道的正是它们。

得益于最近人类基因组测序的成功，研究人员得以识别出可能负责产生苦味和甜味受体的基因，但负责产生其他基础味的基因尚不能确定。

当味觉、嗅觉和质感方面的刺激混在一起传达到大脑后，大脑须对其进行解读。总体上的感觉是愉悦、反感还是介于两者之间，这取决于个体的生理差异、过往经历（"就像我妈妈以前做的那样"）和文化习惯（羊杂布丁哈吉斯，有人喜欢吗？）。

有一种味道无疑是我们这个物种以及动物王国——小至蜂鸟，大到马类的最爱——甜味。借用一句著名的双重否定的广告语：没有人不喜欢甜味。大自然就是如此为我们进行设定的，这点毋庸置疑，比如成熟的水果这类好的食物尝起来是甜的，而那些含有生物碱（alkaloid）的有毒食物则是苦的。

植物化学物质中的生物碱类包括吗啡（morphine）、士的宁（strychnine）、尼古丁（nicotine）等危险分子，更不用说还有咖啡因（caffeine）了。在所有菜单中，只有一种味道能独自撑起一道菜，那就是甜品的甜味。前菜可能是咸鲜味，主菜可能有各种复杂的口味组合，但甜点总是亘古不变的甜，甚至有时甜得不可思议。我们如此喜欢"甜"，以至于我们用它来表达爱意（甜心 sweetheart，蜜糖 honey），也会用它来形容任何特别讨人喜欢的人或事物，比如甜美的音乐和甜美的性格。

一想到甜味，我们马上就会联想到糖。但是"糖"（sugar）这个字并不是单指某一种物质，它是整个碳水化合物（carbohydrates）家族的统称。碳水化合物是一众包括淀粉在内的天然化合物。因此，在我们沉溺于对甜食的酷爱之前，在我们开始这顿甜点的科学盛宴之前，我们必须先弄清楚糖与碳水化合物之间的关系。

装满燃料

我知道淀粉和糖都是碳水化合物，但它们是如此不同的物质。为什么在谈到营养时，它们被归为一类呢？

一言以蔽之——燃料。长跑选手在比赛前需要大量摄入碳水化合物，就如同汽车在加油站加油一样。

对所有生物来说，碳水化合物都是必不可少的一类天然化学物质。不管植物还是动物，都需要生产、储存并消耗淀粉和糖以获得能量。纤维素是一种复杂的碳水化合物，它构成了植物的细胞壁和结构框架——如果你愿意，也可以说它们是植物的"骨骼"。

18世纪早期，人们就注意到这些化合物的很多化学式组成中都含有碳原子（C）和一些水分子（H_2O），于是人们将它们命名为碳水化合物或"水合碳"（hydrated carbon）。我们现在已经知道，这个简单的化学式并不适用于所有的碳水化合物，但我们还是将这个名字沿用至今。

所有的碳水化合物在化学性质上的相似性是，它们的分子都含有葡萄糖（glucose），也被称为血糖。由于碳水化合物在动植物中无处不在，所以葡萄糖可能是地球上最丰富的生物分子。我们的新陈代谢将所有碳水化合物降解为葡萄糖，它是一种"单糖"（simple sugar，专业术语：monosaccharide），在血液中循环，并为身体的每个细胞提供能量。另一种单糖是果糖（fructose），存在于蜂蜜和许多水果中。

当两个单糖分子结合在一起，它们就形成了"双糖"（double sugar）或二糖（disaccharide）。蔗糖（sucrose）就是一种由葡萄糖和果糖组成的双糖。它是装在你的糖罐子里面的糖，也是你餐桌鲜花里的花蜜中的糖。其他二糖还有麦芽糖（maltose 或 malt sugar）和乳糖（lactose 或 milk sugar），且乳糖只存在于哺乳动物中，植物中没有乳糖的存在。

复合碳水化合物或多糖（polysaccharides）是由许多单糖——往往多达数百种——组成的。纤维素和淀粉就属于多糖。豌豆、菜豆、谷物类和土豆等食物都含有淀粉和纤维素。人类不能消化纤维素（白蚁可以），但它作为纤维在我们的饮食中有着重要的作用。淀粉是我们主要的能量来源，因为它们会逐步降解为数百个葡萄糖分子。这就是为什么我说摄入碳水化合物就像给油箱加油一样。

尽管所有碳水化合物的分子结构都各有不同，但它们在我们的新陈代谢中提供的能量是相同的：每克大约 4 卡路里。这是因为，它们归根结底都是葡萄糖。

你厨房里可能有两种纯淀粉，玉米淀粉和竹芋粉（arrowroot）。玉米淀粉从哪里来自不必说，但是你见过竹芋吗？它是一种多年生植物，生长在西印度群岛、东南亚、澳大利亚和南非，它藏在地下的肉质块茎中几乎全是淀粉。这些块茎经过磨碎、洗净、干燥和研磨而得到的粉末可以为酱汁、布丁和甜品增稠。但是竹芋粉为了起到增稠作用所需的温度比玉米淀粉更低，因此它最适合用来制作含有鸡蛋的蛋奶冻和布丁，毕竟这些甜品在较高的温度下很容易凝固。

厚此薄彼

我在一家保健食品店看到了几种原糖（raw sugar）。它们和精制糖有什么不同？

没有他们想让你相信的那么不同。保健食品店所说的原糖并非完全未经精制，只是精制的程度略低而已。

自古以来，人类所知的甜味剂几乎只有蜂蜜。虽然，印度早在大约3000年前就种植了甘蔗，但是直到公元8世纪才传到北非和南欧。

不过对我们来说，幸运的是，克里斯托弗·哥伦布（Christopher Columbus）的岳母拥有一个糖料种植园（这不是我瞎编的），甚至在结婚之前，他就有一份从马德拉群岛（Madeira）的甘蔗田向热那亚运送糖料的工作。可能就是这些事情，使他在1493年第二次出海到新大陆时萌生了带一些甘蔗到加勒比海的想法。然后，拥有甜味的历史就开启了。如今，一个美国人平均每年的糖摄入量为45磅[①]左右。想象一下：把9袋5磅重的糖倒在厨房料理台上，看，这就是你一年的配额。当然，不是所有的糖摄入都来自糖罐子，因为糖本来就是数量庞大的各种预制食品中的一种成分。

经常有人声称红糖和所谓的原糖含有更多的天然物质，因此会更加健康。的确，这些物质包括多种矿物质，甘蔗地里的天然泥土也是如此，但你可以从其他数十种食物中得到这些矿物质。而且，如果要从红糖中摄取每日所需的矿物质，你需要吃的红糖量可是相当不健康的。

这里简要介绍一下糖厂（sugar mill，通常位于甘蔗田附近）和精炼糖厂（sugar refinery，可能离甘蔗田还挺远的）都做些什么。

甘蔗生长在热带地区，茎秆像高大的竹子一样，大约2.5厘米厚，高度可达3米，这样的高度正适合用大砍刀砍伐。在糖厂

———————

① 1磅约等于0.45千克。

里，切割好的甘蔗被机器碾碎压榨。压榨出来的甘蔗汁中加入石灰，使之澄清并沉淀，然后在半真空状态（这可以降低它的沸点）下熬至浓稠，变为糖浆，此时它的颜色因含有高浓度的杂质而呈棕色。

随着水的蒸发，糖变得过于浓缩，以至于液体再也无法容纳它，它便析出变成了固体结晶。然后，潮湿的晶体被放入离心机（centrifuge）中旋转。离心机是一个带有排孔的筒状物，类似于洗衣机中的滚筒，在旋转过程中把水从衣物中脱去。像糖浆一样的液体——糖蜜，被甩了出去，留下潮湿的红糖，其中含有各种酵母、霉菌、细菌、土壤、纤维以及其他各种植物和昆虫的残骸。这才是真正的"原糖"。美国食品及药物管理局（Food and Drug Administration，简称FDA）明确宣称它不适合人类食用。

接着，这些原糖被运到精炼糖厂，在那里，它经过洗涤纯化、再溶解、煮沸再结晶（recrystallize）以及两次离心后，得到逐步净化，并留下更加浓缩的糖蜜。糖蜜的深色和强烈的风味全部来自蔗糖汁中的非糖成分——有时也被称作"灰分"（ash）。

那些声称出售"原糖"或"未精制糖"的保健食品店出售的通常是分离砂糖（turbinado sugar），这种浅棕色的糖是通过蒸汽洗涤、再结晶和两次原糖离心制成的。在我看来，这就是精炼。另外还有一种类似的、叫作德梅拉拉红糖（demerara sugar）的浅棕色粗粒糖，在欧洲被作为食用糖使用。这种红糖是在位于印度洋马达加斯加海岸附近的毛里求斯岛制作的，用的是生长在肥沃的火山土壤中的甘蔗。

棕榈糖（jaggery sugar）产自印度乡下，是一种类似于分离砂糖的深棕色糖，它是通过在一个开放的容器中熬制某种棕榈树的汁液而制成的。因此，棕榈糖的熬制温度比在半真空下精炼的蔗糖要高，在这种更高的温度下，棕榈糖会生成一种强烈的、像软糖一样的风味。棕榈糖的熬制还会将部分蔗糖降解为葡萄糖和果糖，使其比普通蔗糖更甜。像世界各地的其他红糖一样，棕榈糖也经常被压成块状出售。

糖蜜有一种被形容为带有泥土味、甜味甚至烟熏味的独特风味。蔗糖精炼中首次结晶制得的糖蜜颜色浅，味道温和，经常被用作佐餐糖浆。第二次结晶制得的糖蜜颜色更深，味道更浓，通常用于烹饪。最后一道颜色最深、浓度最高的糖蜜被称为黑糖蜜（blackstrap），带有一种制作过程中产生的强烈苦味。

顺带一提，吃一段清理干净的生甘蔗真可谓是一种享受。生活在甘蔗种植区的许多人，尤其是孩子，都喜欢嚼甘蔗棒。它们吃起来纤维感很重，但是汁液相当美味。

我的糖可真精制

为什么人们说精制白糖不好？

我实在搞不懂这种荒谬的言论。似乎对有些人来说，"精制"（refined）这个词就意味着违背自然法则，因为我们人类在吃东西之前，厚颜无耻地将一些不受欢迎的物质从食物中剔除了。然而，精制白糖不过就是剔除了些许物质的原糖而已。

当糖经过三次连续结晶精制后，除了纯蔗糖之外，其余的东西都留在了糖蜜中。而加工过程早期阶段中精致程度低、颜色更显棕褐的糖，也因为含有少量糖蜜而风味更加浓郁。你在食谱中使用淡棕色的红糖，还是味道稍浓的深色红糖，完全取决于口味。

如今超市里出售的许多红糖都是通过在精制白糖上喷洒糖蜜制成的，而不是通过中途停止精制过程。不过，多米诺（Domino）和厨欢（C&H）的红糖仍然沿用着传统的生产方式。

我的观点是：生甘蔗汁中包含蔗糖和最终形成了糖蜜的所有其他成分的混合物。谁能帮我解释一下，当形成糖蜜的成分被去除后，剩下的纯蔗糖怎么就突然变得饱受诟病又不健康了呢？当我们吃更"健康"、颜色更棕的红糖时，我们吃掉的是同样多的蔗糖以及糖蜜残留物。怎么，红糖里的蔗糖就没坏处了？

精制白糖、白砂糖和细砂糖

蛋白酥之吻（Meringue Kisses）

这种酥脆的小零食中几乎全是精制白糖。这些精制白糖的颗粒非常细，使得它们能迅速溶解在蛋白之中。蛋白酥从空气中吸收水分的坏名声人尽皆知，所以只能在干燥的日子制作。

为什么用"吻"字呢？因为它们的形状像"好时之吻"（Hershey's Kisses）巧克力。但是好时公司自己也承认他们并不确定这个名字的由来。

这份食谱用到了3颗蛋的蛋白。但如果你有富余的蛋白，可以参照以下方法进行调整：每多加一份蛋白，就加入1撮塔塔粉（cream of tartar），以及3汤匙（1汤匙＝15毫升）细砂糖和半茶匙香草香精打匀。搅打过后，加入1汤匙细砂糖，然后再继续步骤3。

○ 3个大号鸡蛋的蛋白，放至室温后使用

○ ¼ 茶匙塔塔粉（1 茶匙 = 6 毫升）

○ 12 汤匙细砂糖

○ 1½ 茶匙香草香精

1. 烤箱预热到 250℉（约 121℃）。在两块烤板上铺上烘焙纸。

2. 在小而深的碗中加入蛋白和塔塔粉，用手持式或电动搅拌器搅打至成形。分次加入 9 汤匙糖，持续搅打直至混合物顺滑且搅拌器提起时能够形成不塌落的尖角。加入香草香精并搅打均匀。用刮刀将剩下的 3 汤匙糖拌入混合物。

3. 将 ½ 茶匙的蛋白酥混合物放在烘焙纸的四个角下方，防止其打滑。将 1 茶匙的蛋白酥混合物滴在铺着烘焙纸的烤板上。如果你想做得花哨一点，可以把蛋白酥放进裱花袋，配以星形裱花嘴并挤出好时之吻的形状。

4. 烤 60 分钟。关掉烤箱，让蛋白酥在降温中的烤箱里放置 30 分钟。从烤箱中取出后冷却 5 分钟，然后放进密封的容器中，这样，蛋白酥几乎可以永远保持酥脆。

该食谱可做约 40 个蛋白酥。

....

一杯好茶

为了使我的冰镇茶饮迅速变甜，我加了糖粉。
但它变成了软糖一样的团块。怎么会这样？

想法很好，但是你没选对糖。

普通的食糖是"颗粒状的"，也就是说它们是一粒一粒或者一颗一颗的，而每一个颗粒都是一颗纯蔗糖晶体。但当糖被磨成细粉时，它会吸收空气中的水分（专业术语：糖具有吸湿性）并结块。为了防止这种情况的出现，糖粉的制造商会添加约3%的玉米淀粉。正是这些淀粉使你的茶饮结了团，因为它们不会在冷水中溶解。

你应该用的是细砂糖或绵白糖，这种糖从严格意义上来说不算粉末。组成它的晶体比普通砂糖更小，因此更容易溶解。调酒师常使用它，因为它能在冷饮中很快溶解。面包师也经常使用它（它有时被称为烘焙糖），因为它混合和熔化的速度比普通砂糖快。

盐块可以，糖块不行！

我的红糖变成了硬块。我该怎么做才能软化它？

这取决于你是否要马上使用它。有一种快速的补救方法效果很短暂，不过足够你称量出食谱所需的量。而另一种方法更费时，但效果更持久，可以让你的红糖恢复到最初可自由操作的状态。

首先，是什么让红糖变硬？是水分的丢失。你打开包装后没有重新封紧，因此红糖有些干了。这不是你的错，想要把一盒开封的红糖重新封好几乎是不可能的。所以在你取用了一些之后，一定要把剩下的红糖重新封装在一个密封的（更准确地说，一个不漏气的）容器中，比如那种有螺旋盖的罐子或是那种有紧密封条盖子的塑料保鲜盒。

市售的红糖由包覆着一层糖蜜薄膜的白糖晶体组成。糖蜜是甘蔗汁经蒸发后分离出纯糖晶体——蔗糖而留下的浓稠深色液体。因为糖蜜薄膜倾向于吸收水蒸气，所以新鲜的红糖总是非常松软。但暴露在干燥的空气中后，糖蜜会丢失一些自身的水分并硬化，将蔗糖晶体黏合成块状。所以，你必须选择：要么补回失去的水分，要么尝试用某种方法软化变硬的糖蜜。

补回水分很容易，但需要时间。只需将红糖和一些会释放水蒸气的东西一起密封在一个密闭容器中，然后等一晚就可以了。对于会释放水蒸气的东西，人们有各种推荐，从一片苹果、土豆或新鲜的面包到一张湿纸巾，也有人正儿八经地推荐一杯水。最有效的方法可能是把红糖放在一个密封的容器里，用一张保鲜膜盖住，在保鲜膜上放一张湿纸巾，然后将它们一起封起来。大约一天后，当红糖变得足够松软时，扔掉湿纸巾和保鲜膜，重新封紧容器即可。

许多食品书籍和杂志都告诉你，红糖变硬是因为它丢失了水分，这倒不假。但它们接着告诉你把变硬的红糖放进烤箱里加热软化，说得好像在烤箱里就能补回了水分。当然不是这样。这么做的原理是，烤箱的热量使水泥般坚硬的糖蜜软化或变稀，但一旦冷却还会再度变硬。

一些红糖的包装上建议把硬化的红糖和一杯水一起放进微波炉里。但是，这杯水并不是用来使糖吸水的，因为微波炉的热量发挥作用只需要几分钟，而这短短的时间并不足以使杯中的水蒸气扩散进红糖块中并使其融化。放一杯水在那里只是为了吸收一些微波，因为微波炉不能空转或几乎空转。如果你需要至少1量杯（约240毫升）或更多的红糖，你可能就不需要水了。

我认识一个厨师，他每天都将红糖放在餐厅厨房，所以很快就干了。当红糖变得很硬时，他就在上面滴几滴热水然后用手进行揉捏，直到它恢复到原来的质地。这对专业厨师来说还好，但对一般家庭厨师来说，揉捏红糖可能就算不上什么乐趣了。

说到糖蜜，一位前和平队（Peace Corps）志愿者曾告诉我，在多年前的斯威士兰的姆卢梅（Mhlume，Swaziland），人们用当地糖厂的糖蜜喷在土路上来做铺砌。这些糖蜜很快就会变干变硬，并且几个月后才会被磨损露出下面的土路（**给我所在城市的公共工程部门一点提示：如果你用糖浆而不是最廉价的沥青，说不定我们的道路耐久度还能高点**）。

最后，如果所有这些方法都不好使，多米诺的不结块红砂糖永远为你服务。它能完美地倾泻而出，且永远不会结块。多米诺的制作诀窍是将部分蔗糖降解成葡萄糖（glucose 或 dextrose，有些糖不止一个名字）和果糖（fructose 或 levulose）。这样制成的混合物被称为转化糖，它能紧紧地吸附水分，所以水解后的红糖颗粒不会变干并结块。但是，红砂糖通常用来洒在燕麦粥上，不太适合烘焙，因为它在称量时与食谱中指定的普通红糖对应的量不一样。

如果你急于软化变硬的红糖，值得信赖的微波炉可以提供快速但只是暂时性的解决办法。高火加热红糖一到两分钟，每半分钟用手指戳一戳看它是否已经软化。由于不同的微波炉千差万

别，所以无法给出确切时间。软化之后须快速称量，因为几分钟后它会再次变硬。你也可以用传统烤箱软化红糖，温度250℉（约121℃），10分钟到20分钟。

....

甜菜甘蔗大乱斗

甘蔗糖和甜菜糖有什么区别？

产自美国的白糖有一半以上来自甜菜。甜菜是略带褐色的块根作物，形状像矮胖版胡萝卜。甜菜生长在温带气候地区，如美国的明尼苏达州、北达科他州和爱达荷州。而甘蔗是一种热带植物，主要生长在美国的路易斯安那州和佛罗里达州。

甜菜糖厂的任务更加艰巨，因为甜菜中含有许多必须清除的味道很差且气味难闻的杂质。这些杂质留存在糖蜜中，导致糖蜜不能食用，只能作为动物饲料。因此，世上不存在可食用的甜菜红糖。

经过精炼的甘蔗糖和甜菜糖在化学性质上是相同的——它们都是纯蔗糖，因此彼此应该并无区别。精制糖厂无须对它们所产的糖标注是甘蔗糖或甜菜糖，所以你也有可能在不知不觉中使用了甜菜糖。如果包装上没有写"纯甘蔗糖"，那它很可能就是甜菜糖。

然而，一些对制作果酱和橘子酱经验颇多的人坚持认为甘蔗糖和甜菜糖的作用并不相同。艾伦·戴维森（Alan Davidson）在他的百科全书式的《牛津美食指南》（*The Oxford Companion to*

Food，牛津大学出版社，1999 年）中说，这一事实"应该引起化学家们对他们并非无所不知这件事进行谦虚的反思"。

这说法一针见血。

甜菜

感谢美国甜菜种植者协会（American Sugarbeet Growers Association）提供的插图

糖蜜的分级

我祖母以前常说起硫化糖蜜（sulphured molasses）。
它是什么？

在理解食品化学中几个有趣的方面时，硫化糖蜜中的"硫（sulphur）"是个不错的起点。

"硫"（sulphur）是"sulfur"的老式拼写方式，它是一种黄色的化学物质，其常见的化合物包括二氧化硫（sulfur dioxide）和亚硫酸盐（sulfites）。二氧化硫气体的气味令人窒息，是硫磺燃烧时的刺鼻气味。人们认为它污染了地狱的空气，这可能是因为火山喷出的硫磺烟雾来自我们的星球内部。

亚硫酸盐碰到酸就会释放出二氧化硫气体，所以它的作用和二氧化硫是一样的。也就是说，它们都是漂白剂和抗菌剂。这两种性质都被用于糖的精制工艺中。

糖蜜是糖的精制过程中产生的深色甜味副产品，而二氧化硫用来使糖蜜的颜色变浅，并杀死糖蜜中的霉菌和细菌。这样得来的糖蜜就是硫化糖蜜。然而，如今大部分糖蜜都不是硫化的。硫化糖蜜和曾祖母的硫和糖蜜的混合物可不是一回事，后者是一种春季补药，据说能在严冬过后"净化血液"。曾祖母会把几茶匙硫磺粗粉混合在糖浆中，并喂给所有她能逮住的孩子们。硫是无害的，因为它无法被代谢。

用二氧化硫气体将樱桃漂白，然后将它们染成迪士尼式的红色或绿色，再加入苦杏仁油调味并裹上糖浆，就做成了马拉希奴酒渍樱桃（Maraschino）。马拉希奴酒是一种利口酒，酒渍樱桃这道艳丽的甜品正是为了模仿它的味道，并因此被冠以该酒的名字。

亚硫酸盐可以阻碍氧化（专业术语：亚硫酸盐是还原剂）。"氧化"（oxidation）通常指的是一种物质与空气中的氧气发生的反应，这一反应可能具有相当大的破坏性。铁生锈就是一个强有力的例子，不仅显示了氧化反应能产生什么后果，还说明了甚至连金属也无法幸免。在厨房里，氧化是导致脂肪变质的反应之一。在酶的帮助下，氧化还能使切片的土豆、苹果和桃子变成褐色。因此，果干经常经过二氧化硫的处理，以防止这种情况发生。

但是，氧化其实并不是物质与氧气之间的简单反应，而是一种更为普遍的化学过程。对化学家来说，任何从原子或分子中夺取电子的反应都是氧化反应。而被剥夺了电子的"受害者"就是被氧化了（oxidized）。在我们的身体中，像脂肪、蛋白质甚至DNA这样的重要分子都可能被氧化，从而导致它们无法完成维持我们正常生命进程所需的重要工作。电子将分子连接在一起，当某个电子被夺走时，这些"好"分子就会分解成更小的"坏"分子。

最"贪得无厌"的电子掠夺者当数自由基（free radicals），它们可能是原子或分子，并且极度需要另一个电子，所以几乎碰到任何东西都会试图夺取一个电子（电子喜欢成对存在，而自由基的原子或分子中有一个不成对、拼命寻找伴侣的电子）。因此，自由基可以氧化对生命至关重要的分子，使身体变得迟钝，导致过早老化，甚至可能导致心脏病和癌症。问题是，身体里总会因为各种各样的原因而自然产生一定数量的自由基。

抗氧化剂能拯救你！抗氧化剂是一种原子或分子，它能给予自由基需要的电子，从而在自由基从某种重要物质中夺取电子之前中和它。我们能从食物中获得的抗氧化剂包括维生素 C、维生素 E 和 β 胡萝卜素（会在体内转化为维生素 A），以及那些足有 10 个音节长的拗口学名——丁基羟基茴香醚（butylated hydroxyanisole，简称 BHA）和二丁基羟基甲苯（butylated hydroxytoluene，简称 BHT）。BHA 和 BHT 常出现在很多含脂产品的标签上，用以防止脂肪因氧化而腐败。

说回到亚硫酸盐。我们需要注意的是，有些人，尤其是哮喘患者，对亚硫酸盐非常敏感。这些人在吃了亚硫酸盐几分钟内可能会出现头痛、荨麻疹、头晕以及呼吸困难等症状。FDA 要求对含有硫化物的产品进行特殊标识，而含有硫化物的产品有很多，从啤酒、葡萄酒到烘焙食品、果干、加工海产品、糖浆和醋。在标签上搜索二氧化硫或任何名称以亚硫酸根（–sulfite）结尾的化学物质即可。

藏在罐子里的淡糖蜜，我真想知道你到底是什么

那些叫淡糖蜜（treacle）和高粱糖蜜（sorghum）的甜甜的糖浆是什么？它们和甘蔗糖浆有什么不同？

甘蔗糖浆就是甘蔗汁经过澄清再熬制成的糖浆。把北美糖枫树和黑糖枫树中富含蔗糖的稀薄树液熬成枫糖浆用的也是同样的工艺。黑桦树也含有一种可以熬成糖浆的甜味树液。

淡糖蜜主要在英国使用。深色淡糖蜜类似于黑糖蜜，并具有黑糖蜜的苦味。浅色淡糖蜜，也被称为金糖浆（golden syrup，真是命名法的一大进步），其本质上是甘蔗糖浆。最受欢迎的莱尔

（Lyle's）金糖浆在美国的专卖店均有出售。

高粱糖蜜不是用甘蔗或甜菜制成的，而是用一种茎秆又长又结实的草状谷类植物制成的。它生长在世界各地气候炎热干燥的地方，主要用作干草和饲料。但有些品种的茎秆的髓中含有甜汁，可以用来熬制糖浆。其产物被称为高粱糖蜜或高粱糖浆，有时也直接简称为高粱糖。

糖蜜和生姜：经典搭配

糖蜜姜饼蛋糕

从殖民时代开始，美国人就把甜苦风味的糖蜜与生姜和其他香辛料搭配在一起。这款深色、紧实、湿润的蛋糕不管直接吃还是搭配鲜奶油都很美味。需要避免使用乳制品的厨师可以用¼量杯和2汤匙淡味橄榄油代替黄油。这点改变在姜和糖蜜的强烈味道下是无法被察觉的。

- 2½量杯中筋面粉
- 1½茶匙小苏打
- 1茶匙肉桂粉
- 1茶匙姜粉
- ½茶匙丁香粉
- ½茶匙盐
- ½量杯（1条）黄油，熔化并稍微冷却
- ½量杯糖

　　　○ 1 个大号鸡蛋

　　　○ 1 量杯未经硫化的深色糖蜜

　　　○ 1 量杯热水（不是沸水）

1. 将烤炉架调整到烤炉的中间位置。在 20 厘米 × 20 厘米的烤盘上喷上烹饪用不粘喷剂。如果你用的是金属烤盘，预热烤箱至 350°F（约 177℃）。如果你用的是那种烤箱用玻璃盘，预热烤箱至 325°F（约 163℃）。

2. 在一个中等大小的碗里，用木勺将面粉、小苏打、肉桂粉、姜粉、丁香粉和盐搅拌在一起。用一个大碗将熔化的黄油、糖和鸡蛋搅打在一起。用一个小碗或玻璃量杯将糖蜜搅拌进热水中，直到完全混合。

3. 在黄油、糖和鸡蛋的混合物中加入大约 ⅓ 的面粉混合物，搅打至所有配料都处于湿润状态。然后加入一半的糖蜜混合物搅打均匀。继续加入另外 ⅓ 的面粉混合物，接着是另一半的糖蜜混合物，最后是剩余 ⅓ 的面粉混合物。搅打直到所有的白色斑点消失即可。不要过度搅拌。

4. 将面糊倒入准备好的烤盘中，烤 50 到 55 分钟。或者烤至牙签从蛋糕中抽出时干净没有粘连，且蛋糕已经冒出烤盘边缘。在烤盘中冷却 5 分钟。

5. 直接连烤盘一起趁热上桌，或者把蛋糕翻到烤盘架上冷却。这款蛋糕保质期很不错，包起来在室温下可以保鲜几天。

该食谱可做约 9 到 12 人份。

使劲挤挤？

我手上的方糖食谱让我在一量杯水中溶解两量杯糖。

这，溶不进去吧？

为什么不试试看呢？

在炖锅中加入一量杯水和两量杯糖，搅拌均匀并稍微加热，你会看到所有的糖都能溶解。

其中一个原因很简单：糖分子可以挤进水分子之间的空隙中，所以它们并没有真正占据多少额外的空间。如果你深入到亚微观层面，水并不是一堆密集的分子。它的结构类似网格，分子通过缠绕的细线相互连接。这个网格结构中的孔洞可以容纳数量惊人

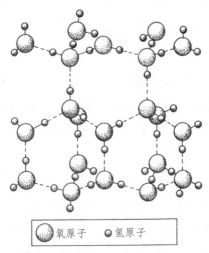

⬤氧原子 ●氢原子

水中的水分子排列的简易图
虚线代表在分子之间不断断裂再重建的氢键

的溶解粒子。这点对糖来说尤为如此，因为糖分子天生就喜欢与水分子结合（专业术语：形成氢键），这使得糖极易与水混合。事实上，通过加热，你可以将超过 2 磅（5 量杯）的糖溶解在一量杯水中。当然，如果你真的这样做了，那么你面对的究竟算是沸腾的糖溶液，还是含有少量水的熔化的糖，我们就不得而知了。

糖果就是这样诞生的。

还有一个原因是，两量杯糖的量其实比看上去要少得多。糖分子比水分子更重，体积也更大，所以一磅或一量杯的糖其实并没有那么多。此外，糖是颗粒状的，而不是液态的，而颗粒不会像你想象的那样紧密地沉淀在杯子里。数据令人大跌眼镜，一量杯糖中的分子数量只有一量杯水的 $1/25$。也就是说，在一量杯水加两量杯糖的溶液中，每 12 个水分子中只有 1 个糖分子。这么看来，也没什么大不了的。

两种褐变

食谱上有时会让我把切碎的洋葱焦糖化（caramelize），也就是把它们煎炒至软化，并微微透出棕褐色。"焦糖化"仅仅是指把某物变成棕褐色吗？它又和焦糖有没有什么联系呢？

很多种食物的褐变都用"焦糖化"一词指代，但严格来说，焦糖化是指含有糖但不含蛋白质的食物经高温诱发的褐变。

当纯食糖（蔗糖）加热到约 365°F（185℃）时，它会熔化成一种无色液体。进一步加热，它会变黄，然后变为浅棕色，接着很快变成越来越深的棕色。在这个过程中，它会产生一种独特的、甜而刺鼻且越来越苦的味道。这就是焦糖化。它被用于制造从焦糖糖浆到焦糖，再到花生酥糖等各种各样的糖果。

焦糖化包含一系列复杂的化学反应，化学家们也尚未完全理解这些反应。但可以确定的是，该反应始于糖的脱水，结束于聚合物（polymer）的形成。聚合物是由许多小分子结合在一起形成的长链大分子。其中一些大分子具有苦味，是导致褐变的原因。如果加热过了头，糖就会降解为水蒸气和炭黑（black carbon），要是你烤棉花糖时太过缺乏耐心，就会出现这种状况（喂，孩子们，别把它点着了）。

另一方面，当少量的糖或淀粉（记住，淀粉是由糖组成的）和蛋白质或氨基酸（蛋白质的组成单位）一起被加热时，就会发生一组不同的高温化学反应：美拉德反应（Maillard reaction）。它得名于法国生物化学家路易·卡米尔·美拉德（Louis Camille Maillard，1878—1936年），是他描述了该反应的第一步：糖分子的一部分（专业术语：糖的醛基）和蛋白质分子含氮的部分（专业术语：氨基）发生反应，并接着发生一系列复杂的反应，生成棕褐色的聚合物和许多香味浓郁但尚未识别的化学物质。食品科学家们仍在召开国际研讨会，研究美拉德反应的细节。

正是因为有美拉德反应，那些含有碳水化合物和蛋白质的食物才会在受热发生褐变后产生很棒的风味，如烧肉和烤肉（没错，肉类中含有糖）、面包屑和洋葱。"焦糖化的"洋葱尝起来确实很甜，因为除了美拉德反应之外，高温使洋葱中的一些淀粉分解为游离糖，这些游离糖可以达到真正意义上的焦糖化。此外，许多焦糖洋葱的食谱中还会加入一茶匙的糖来促进这一反应。

说了这么多，中心意思就是：焦糖化这个词应该专指糖——

任何一种糖——在没有蛋白质在场的情况下发生的褐变。而当糖或淀粉和蛋白质同时出现时，比如洋葱、面包和肉类中，产生褐变的主要原因是美拉德先生发现的美拉德反应，而不是焦糖化。

你在可乐类软饮料、廉价酱油和许多其他食品标签上看到的"焦糖色"（caramel color）是通过加热含铵化合物（ammonium compounds）的糖溶液制成的。铵化合物的作用就像蛋白质中的氨基一样，所以在某种意义上，"焦糖色"还真是一种美拉德色。

土是土了点，但甜

好些预制食品的标签上都列有"玉米甜味剂"或"玉米糖浆"。他们是怎么从玉米中得到甜味的？

我知道你在想什么。那天你在农贸市场买的玉米并没有卖家宣称的那么"甜得像糖"，对吧？

"甜玉米"确实比"饲料玉米"含有更多的糖，但即使是在新出现的增糖和超甜品种玉米中，含糖量与甘蔗或甜菜相比也少得可怜。那么，为什么玉米糖能代替甘蔗糖或甜菜糖，得到如此广泛的使用呢？

原因有二：一个是经济原因，另一个是化学原因。

一方面，美国生产的甘蔗糖和甜菜糖远远无法满足其 2.75 亿张嗜甜的嘴，所以不得不进口一些。事实上，美国的进口糖量比出口糖量高 60 倍。但这些进口糖大多来自那些在作物可靠性、政治稳定性，或对山姆大叔（美国）的喜爱度方面没什么建树的国家，所以糖的进口一直有点像一场赌博。而另一方面，美国生产大量玉米，产量是甘蔗的 6000 多倍。因此，如果我们可以从自家种植的玉米中获取糖，问题就能迎刃而解。

好吧，我们还真可以，但我们并未止步于玉米中少量的糖。通过化学的魔力，我们可以从玉米淀粉中制造出糖，玉米中的淀粉可比糖多得多。

我们能在玉米粒的小宝库里发现什么呢？如果我们去除一粒玉米的水分，剩下的 84% 都是碳水化合物，即包括糖、淀粉和纤维素在内的生物化学物质。纤维素存在于玉米粒的外壳中，而淀粉则是一根玉米除了棒子以外所有部分的主要成分。

淀粉和糖是两类关系非常密切的化学物质。事实上，一个淀粉分子本就是由数百个单糖葡萄糖的小分子结合在一起形成的。原则上，如果我们能把玉米淀粉分子切成小块，我们就能制造出数百个葡萄糖分子。如果切得没那么细致，还会出现一些麦芽糖——另一种由两个仍然结合在一起的葡萄糖分子组成的糖（二糖），和一些更大的、由几十个仍然结合在一起的葡萄糖分子组成的较大碎片（多糖）。因为这些大分子不能像小分子那样轻易地在彼此之间滑动，所以其最终的混合物会很黏稠，像糖浆一样——玉米糖浆，包括超市里的瓶装玉米糖浆。深色糖浆比浅色糖浆的风味更浓郁，且更类似糖蜜，因为深色糖浆中含有一些精炼糖浆，嗯，也就是糖蜜。

几乎所有酸，以及植物和动物体内的各种酶，都能将淀粉分子分解成含有多种糖的糖浆（酶是一种生物化学物质，它能促使某种特定反应迅速高效地发生。专业术语：酶是一种天然催化剂）。如果没有酶，许多必不可少的生命进程将会慢得毫无用武之地，或者根本无法进行。

甘蔗、甜菜和枫糖浆中所含的主要糖类是蔗糖，但其他的糖尝起来可能都不如蔗糖甜。换句话说，玉米糖浆中的葡萄糖和麦芽糖分别只有蔗糖甜度的 56% 和 40%。所以，如果玉米淀粉被分解，它的平均甜度可能只有蔗糖的 60%。

食品制造商通过使用另一种酶将部分葡萄糖转化为果糖——一种比蔗糖甜 30% 的糖——以解决这个问题。这就是为什么"高果糖玉米糖浆"（high-fructose corn syrup）经常出现在特别需要高甜度的食物标签上，比如汽水、果酱和果冻。

玉米甜味剂的味道和传统蔗糖的美味不同，因为不同的糖在甜味种类上略有不同。比如，水果罐头和软饮料的味道已经和从前不同了，因为食品制造商几乎全部用玉米甜味剂替代了蔗糖。如果你是个会看标签的消费者，你只需要选择蔗糖含量最高的产品即可，而蔗糖在标签上的标注为"糖"（sugar）。如果产品中含有其他糖类成分，则会在标签上标注为"糖类"（sugars）。

下次当你发现自己身处一个盛产甘蔗的热带国家时，买些可口可乐吧！它们毫无疑问仍然使用蔗糖生产，而不是用大多数美国灌装厂已经用了十多年的玉米甜味剂。带一些回家，并将其风味与当代美国"经典"做个比较。

但是当海关人员问你包里装的什么时，千万别说是"可乐"。

褐色珍馐

除了糖含量之外，无糖巧克力、半甜巧克力和甜巧克力还有什么区别吗？

有的。让我们来看看巧克力是怎么制作的。

可可豆其实是种子，它长在瓜状的豆荚中，直接结在热带可可树的树干或粗树枝上。首先，须从豆荚的果肉中分离出可可豆，然后让它们发酵。发酵时通常把可可豆堆成堆，然后用叶子覆盖起来。微生物和酶会侵蚀果肉，杀死种子中的胚芽（germ，会发芽或生长的那个部分），去除一些苦味，并使豆子的颜色从灰白色变成浅棕色。

然后，干燥后的可可豆会被运往"巧克力工厂"给威利·旺卡（Willy Wonka），在那里，它们将经过烘烤以进一步改善味道和颜色，然后从外壳中被分离出来并被磨碎。研磨产生的摩擦热会熔化可可豆的主要成分——大约 55% 的植物脂肪，名曰可可脂（cocoa butter 而不是 cacao butter）。可可脂熔化后的产物是一种黏稠、褐色、具有苦味的液体，称为可可浆（cocoa liquor），是之前被磨碎的固体物质悬浮在熔化的脂肪中的产物。这是制作所有巧克力产品所需的初始材料。

最后，冷却后的可可液块凝固成我们熟悉的无糖或纯苦巧克力，这种巧克力被制成 1 盎司[①]重的方块出售，用于烘焙。FDA要求这种基础款无糖巧克力的脂肪含量在 50% 到 58%。

但是，可可液块中的脂肪和固体可以被分离，并以不同的比例与糖和其他成分混合，制成数以千计的不同口味和特性的巧克力。

巧克力有个非常棒的特质，它的脂肪熔点在 86℉（约 30℃）到 97℉（约 36℃）之间，略低于体温，所以它在室温下相对来说坚硬且具有令人愉悦的脆度，而在口中，它则会熔化并最大限度

---

① 1 盎司约等于 28.35 克。

释放出其风味以及一种柔顺、丝滑的口感。

半甜巧克力或称苦甜味巧克力，是由可可液块、可可脂、糖、一种乳化剂和香草香精混合制成的。熔化后，它比无糖巧克力的流动性更好，并带有缎面光泽，这两种特质都使得它很适合被用作蘸酱。它以方块或条状的形式出售，用于烹饪，但由于它的脂肪可能只有35%（糖的存在降低了脂肪的比例），它的烹饪特性会与脂肪含量更高的无糖巧克力有所不同。

因此，你不能用糖和无糖巧克力的混合物去代替食谱中的半甜巧克力或苦甜味巧克力。更复杂的是，不同品牌的巧克力有很大的差异，标签为苦甜味的巧克力中的可可液块与糖的比例可能比标签为半甜的巧克力更高。

随着甜度的上升，等着我们的是数百种半甜巧克力和甜巧克力类糖果，它们至少含有15%的可可液块，通常情况下都会远远超过这个数字。牛奶巧克力中的可可液块（10%到35%）通常比黑巧克力中的更少（30%到80%），因为牛奶巧克力中添加的奶制品固体会降低可可液块的比例。这就是为什么牛奶巧克力的味道比黑巧克力更淡且不那么苦。FDA为美国生产的所有这些产品制定了成分标准：甜巧克力、半甜或苦甜味巧克力和牛奶巧克力。

任何高质量的巧克力产品在成型或用作各种东西的涂层前，都要经过两个重要的工艺：精炼（conching）和回火（tempering）。在精炼过程中，巧克力混合物在罐中翻搅并被加热，温度控制在130°F（约54℃）至190°F（约88℃）之间（温度要求不尽相同）并持续5天之久。这样可以为巧克力充气，去除水分和挥发性酸，改善巧克力的风味及顺滑度。接着是回火，该步骤旨在谨慎地控制冷却过程中的温度，使脂肪形成非常微小的晶体，而不是较大的晶体，否则巧克力的质地就会出现沙砾感。

　　如今，有许多优质的巧克力可供烹饪。巧克力的质量取决于许多因素，包括可可豆的种类（大约有20种商用等级）、烘烤的类型和程度、精炼和回火等加工的程度，当然，还包括可可脂和其他成分的含量。

巧克力加橄榄油？

巧克力天鹅绒慕斯

　　由于巧克力中含有可可脂，所以它能很好地与其他脂类融合，比如黄油和奶油中的乳脂。正是巧克力的这种特性造就了数十种浓郁、醇厚的巧克力甜点。但下面的这款巧克力慕斯不含乳制品，厨师在众多脂类中选择了橄榄油进行制作。

　　来自巴斯克（Basque）的特蕾莎·巴雷内切亚（Teresa Barrenechea）厨师是我和马琳的好朋友，她开在曼哈顿的餐厅"Marichu"就提供这款丝滑慕斯。"不想过多摄入奶油的人越来越多了，"她说，"我上菜的时候不会告诉客人这道甜点里有橄榄油。我会等，等到他们开始喃喃自语'嗯！嗯！'。"这款甜品的巧克力味很浓郁，尽管含有大量的特级初榨橄榄油，但它的味道依旧很柔和。摆盘装饰对这款甜品来说并非必要，但我和马琳习惯用新鲜的覆盆子来点缀。

　　○ 170克高品质的半甜黑巧克力（如瑞士莲［Lindt］，嘉利宝［Callebaut］或吉尔德利［Ghirardelli］），切碎

○ 3 个大号鸡蛋，蛋白和蛋黄分离

○ ⅔ 量杯糖粉，称量后过筛

○ ¼ 量杯的室温双倍浓度咖啡（double-strength coffee）或 1 汤匙速溶浓缩咖啡粉

○ 2 汤匙香博利口酒（Chambord）或君度利口酒（Cointreau）

○ ¾ 量杯特级初榨橄榄油

○ 覆盆子

1. 将巧克力放入小碗，置于微波炉或平底锅中，用低温加热使其熔化。放至冷却。

2. 在中等大小的碗中加入蛋黄和糖，用电动搅拌器中速搅拌，直至顺滑。加入咖啡和香博利口酒混匀，然后拌入熔化的巧克力。加入橄榄油，搅拌均匀。

3. 彻底清洗搅拌器，完全除去其上的油脂。另取一个中等大小的碗，加入蛋白搅打至近乎完全打发的状态。用打蛋器轻轻地将 ⅓ 的蛋白拌入巧克力混合物中，直到所有的白色斑块消失。将剩下的蛋白按每次 ⅓ 加入，拌匀至白色斑块消失。不要过度搅拌。

4. 将慕斯放入一个漂亮的碗或甜点盘中，密封冷藏至完全冷却。从冷藏库取出后配上覆盆子，直接上桌。放心，它不会坍塌，还有，它尝起来毫不油腻。

该食谱可做 6 人份。

荷兰工艺

什么是经荷兰工艺加工的可可粉？

它和普通可可粉在食谱中的应用有何不同？

将未加糖的巧克力（凝固的可可液块）中的绝大部分脂肪压出，并将剩下的块状物磨成粉末，就制成了可可粉。"常规的"可可粉可根据其中残留的脂肪含量分为几种。比如，FDA规定，"早餐可可粉"（breakfast cocoa）或"高脂可可粉"（high-fat cocoa）必须含有至少22%的可可脂。如果标签上只是简单地写着"可可粉"，那么它的脂肪含量可能在10%到22%之间。"低脂可可粉"（low-fat cocoa）的脂肪含量必须低于10%。

1828年，康拉德·J. 范豪滕（Conrad J. van Houten）发明了荷兰工艺（猜猜他是哪国人？）。该工艺在烘烤过的可可豆或可可液块中加入碱（通常是碳酸钾），使它们的颜色加深至深红褐色，味道也变得醇厚。好时公司将其经过荷兰工艺加工的可可粉称为"欧式"。

天然可可粉呈酸性，而荷兰工艺中使用的碱可以中和它的酸性。这对蛋糕食谱尤为重要，因为酸性可可粉会与任何存在的小苏打发生反应并生成二氧化碳，从而增加蛋糕的胀发度，但经过荷兰工艺处理的中性可可粉不会。

魔鬼蛋糕（Devil's food cake）是个有趣的例子，因为绝大多数该蛋糕的食谱都使用普通可可粉，但成品却呈现出一种魔鬼般的红色，好像使用了荷兰工艺加工的可可粉似的。这是因为用来胀发蛋糕的碱性小苏打对可可粉造成了"荷兰工艺"般的效果。

在美国，"可可"（cocoa）一词让我们联想到那种热腾腾的巧克力饮料。但实际上，美国人所说的可可或热巧克力（hot chocolate）对于墨西哥的热巧克力来说，就如同脱脂牛奶之于高脂奶油一样，因为美国可可粉中能榨出来的脂肪都被榨干了。而墨西哥热巧克力则恰恰相反，它的风味浓醇得超乎想象，因为它是由完整的巧克力浆制成的，不管是脂肪还是其他所有成分都毫无损失。

几年前，我曾在墨西哥南部的瓦哈卡州（Oaxaca）见过一种含糖且调过味的巧克力浆。它由发酵并烘烤过的可可豆与糖、杏仁和肉桂一起经过研磨机磨碎制成，是一种油光锃亮的棕色黏稠酱料。接着，这些巧克力浆被灌进圆形或雪茄形状的模具，冷却成块状固体并以这种形式出售。

在厨房中将一两块这种墨西哥巧克力块搅拌进煮沸的水或牛奶中，即可制成一种浓郁、泡沫绵密的美味饮品。在瓦哈卡州，人们用特制的广口杯盛放这种饮品，用作富含鸡蛋的蛋黄面包（pan de yema）的蘸酱。我曾在西班牙用西班牙油条（churros）（一种长条形油炸糕点）蘸过这种浓郁的巧克力饮品。

许多人认为，从长远角度来看，在那位西班牙征服者从新大陆带回的宝物中，巧克力比黄金更有价值。美国的墨西哥巧克力品牌有伊巴拉（Ibarra）和阿布力塔（Abuelita）。

小苏打可以让"魔鬼"脸红

魔鬼纸杯蛋糕

当普通可可粉被碱性的小苏打碱化后，魔鬼蛋糕就会显现出深色。你也可以改用荷兰工艺加工的可可粉，以获得更深的颜色和更醇厚的风味，这不会影响蛋糕的质地。

- ½ 量杯无糖可可粉
- 1 量杯沸水
- 2 量杯中筋面粉
- 1 茶匙小苏打
- ½ 茶匙盐
- ½ 量杯无盐黄油，软化备用
- 1 量杯糖
- 2 个大号鸡蛋
- 1 茶匙香草香精

1. 将烤箱预热至 350℉（约 177℃）。在足够盛放 18 个纸杯蛋糕的烤盘上喷洒不粘烘焙喷雾或铺上烘焙纸。

2. 将可可粉置于小碗中。慢慢加水，用勺子搅拌至均匀光滑的糊状。放置至温热。

3. 另取一个小碗，加入面粉、小苏打和盐混合均匀。取一个中等大小的碗，加入黄油和糖，并用电动搅拌器中速搅打至蓬松。每次加入一个鸡蛋并搅拌均匀。一次加入所有冷却过的巧克力混合物，搅拌均匀。

4. 一次加入所有的面粉混合物，搅拌至所有白色斑块消失。注意不要过度混合。

5. 取一个 ⅓ 量杯容量的容器，舀出面糊并放入烤盘。面糊体积应占烤盘容积的 ¾。烤制 15 分钟，或烤至蛋糕试签或牙签插入蛋糕中心后可干净取出为止。

该食谱可做 18 个直径 2.5 英寸 ① 的纸杯蛋糕。

摩卡可可糖霜

- ○ 3 量杯糖粉
- ○ ½ 量杯无糖可可粉
- ○ ⅓ 量杯室温无盐黄油
- ○ ½ 茶匙香草香精
- ○ 1 撮盐
- ○ 约 ⅓ 量杯冰镇浓咖啡

1. 将筛子架在碗上，加入所有称量好的原料，用勺子的背面或橡胶刮刀挤压刮擦以去除糖和可可粉中的团块。用刮刀把糖和可可粉拌匀。

2. 用电动搅拌器将黄油搅拌至顺滑，加入香草香精和盐。一次加入所有糖和可可粉的混合物，搅拌至几乎完全混匀。尽可能多地打入备好的咖啡，以便做出顺滑、可涂抹的糖霜。

_____

① 1 英寸等于 2.54 厘米。

该食谱可做 1¾ 量杯糖霜，给 18 个纸杯蛋糕用绰绰有余。

不含巧克力的巧克力

白巧克力不含咖啡因吗？

是的。而且它也不含巧克力。

白巧克力就是从可可豆中提取的脂肪（可可脂）与牛奶固形物和糖的混合物。它不包含那些虽然带有不吉利的褐色，但相当美味的可可豆固形物，而这些可可豆固形物正是巧克力特质性浓郁风味的原因。如果你为了不摄入巧克力中的咖啡因而选用顶部装饰着白巧的甜点，你需要记住可可脂是一种饱和度相当高的脂肪。鱼与熊掌不可兼得。

更糟的是，一些所谓的白巧克力甜点甚至不是用可可脂制成的，而是用氢化植物油制成的。请务必阅读标签上的成分表。

苍白的巧克力

白巧克力棒

如果巧克力可以是白色的，那还有什么能阻止我们制作白色的布朗尼（brownie）呢？这些白巧克力棒兼具来自椰子肉的嚼劲和来自坚果的松脆，即使它们颜色苍白，也没有巧克力爱好者能抵挡它们的诱惑。

○ 2 量杯中筋面粉

○ ½ 茶匙小苏打

○ ¼ 茶匙盐

○ ¾ 量杯（或 1½ 条）室温无盐黄油，切成 1 汤匙量的小块

○ 1 量杯红糖，不必压实

○ 2 个大号鸡蛋

○ ½ 量杯加糖椰子片

○ 2 茶匙香草香精

○ 10 盎司白巧克力，粗略切碎

○ 1 量杯粗略切碎的核桃

○ 糖粉

1. 将烤箱预热至 300°F（约 149℃）。在 23 厘米 ×33 厘米的烤盘上喷洒不粘烘焙喷雾。

2. 取一个中等大小的碗，将面粉、小苏打和盐搅拌均匀。另取一个中等大小的碗，加入黄油和糖并用电动搅拌器打发。将鸡蛋分次加入并搅拌均匀，然后加入椰子片和香草混匀。加入面粉混合物并用木勺搅拌至所有白色斑块消失。加入碎巧克力和坚果，搅拌均匀。此时的混合物的质地就像一块沉甸甸的曲奇面团。

3. 将面团刮入准备好的烤盘。将面团完全填满烤盘的四角并用刮刀抹平表面。烤制 40 分钟到 45 分钟，或者烤至蛋糕中心成型，顶部呈金黄色，用蛋糕试签或牙签插入蛋糕后可干净取出。从烤箱中取出烤盘，放在架子上冷却至室温。撒上糖粉并切成 5 厘米 × 7.5 厘米的条状。这些巧克力棒可以在室温下保存几天，也可冷

冻保存。

该食谱可做 18 根巧克力棒。

....

它们多甜美啊

餐馆桌子上那些一小包一小包的人工甜味剂，
不同的品牌有什么不同？

　　我本人从来不吃甜味剂，因为我觉得一茶匙糖所含的 15 卡路里的热量对我的生活构不成什么严重威胁。但是对于糖尿病患者和其他想要控制糖摄入量的人群来说，人工甜味剂可是个福音。

　　人工甜味剂也被称为代糖，在美国上市之前必须获得 FDA 的批准。目前已获批准可以用于各种食品中的甜味剂有 4 种，它们是阿斯巴甜（aspartame）、邻苯甲酰磺酰亚胺（saccharin，俗称糖精）、安赛蜜（acesulfame potassium）和三氯蔗糖（sucralose）。其他甜味剂仍在接受评估。阿斯巴甜是一种可以提供营养的甜味剂，也就是说，它能以卡路里的形式为人体提供能量，而其他 3 种甜味剂都是无法提供营养的，也就是说它们的卡路里数为零。

　　阿斯巴甜比蔗糖甜 100 到 200 倍，是纽特健康糖（Nutrasweet）和怡口糖（Equal）中的主要成分。阿斯巴甜含有天冬氨酸（aspartic acid）和苯丙氨酸（phenylalanine）两种氨基酸，由于每克蛋白质的热量为 4 卡路里，所以每克阿斯巴甜中也含有这么多卡路里。因此，阿斯巴甜的热量和糖一样是每克 4 卡路里。但是，由于阿斯巴甜比蔗糖甜得多，所以其微小的用量贡献不了多少热量。

据估计，每1.6万人中就有一人患有遗传性苯丙酮尿症（phenylketonuria，简称PKU），这种疾病会导致人体无法产生消化苯丙氨酸所必需的酶，因此，含有阿斯巴甜的甜味剂必须在标签上注明警示："苯丙酮尿症患者注意：本品含有苯丙氨酸。"虽然有电子邮件和网络宣传活动将阿斯巴甜与从多发性硬化症（multiple sclerosis）到脑损伤等一系列严重疾病联系在一起，但FDA并未对阿斯巴甜的安全性提出任何附加条件，大剂量使用的情况除外。

糖精为人类所知已经有120多年的历史了，它的甜度是蔗糖的300倍，是纤而乐（Sweet'n Low）中用到的人工甜味剂。

多年来，糖精一直在政府的批准与禁止榜上进进出出。最近一轮上榜始于1977年，当时，因为加拿大的一项研究表明，糖精会导致老鼠患上膀胱癌，所以FDA提议禁止使用糖精。但由于糖精从未被证明能够导致人类癌症，所以公众的反对最终导致美国国会对将其撤出市场的决定暂缓执行。虽然这项延缓执行的期限已经延长了好几次，但含有糖精的产品仍然必须在标签上进行警示："使用该产品可能对你的健康有害。该产品含有糖精，而糖精已被证实会导致实验动物致癌。"2001年初，美国卫生与公众服务部（U.S. Department of Health and Human Services）委托进行了大量研究，并发现没有足够的证据表明糖精是一种人类致癌物，于是，布什总统废除了糖精必须在标签警示的要求。

安赛蜜有时也被称为AK糖，比蔗糖甜130到200倍，是速耐（Sunett）和斯威特温（Sweet One）中的甜味剂。安赛蜜和其他甜味剂搭配用于世界各地的数千种产品中。虽然安赛蜜自

1988年起就获得了FDA的批准，但由于它的化学构造与糖精相似，所以一直以来饱受消费者监管机构的抨击。

三氯蔗糖的商标名为善品糖（Splenda），它比蔗糖甜600倍，并于1999年获得FDA批准，成为可以用于所有食品的通用甜味剂。 它是蔗糖自身的氯化衍生物（专业术语：蔗糖分子中的三个羟基被三个氯原子所取代），但由于它在体内几乎不分解，所以不提供热量。因为极其微量的三氯蔗糖就相当甜，所以通常与一种淀粉类粉末——麦芽糊精混用。

所有这些人工甜味剂都可能在大量摄入的情况下对健康造成损害。其实，这一事实对地球上包括我们的食物在内的所有物质都成立（试试10磅爆米花？）。然而，依然有一众反对者对这些甜味化学物质鸣鼓而攻之。

在我们结束代糖的话题之前，你可能已经注意到（如果你像我一样看标签的话）无糖糖果和其他食物中的一种叫作山梨糖醇（sorbitol）的成分。它既不是糖，也不是合成代糖，而是一种天然存在于浆果和某些水果中的甜味醇类物质。它的甜度是蔗糖的一半。

山梨糖醇具有保水的特性，用于保持许多加工食品、化妆品和牙膏的湿润度、稳定性及松软的质地。但也是由于这种特性，过多的山梨糖醇会导致水分滞留在肠道，并产生泻药的作用。那些过度沉迷于无糖糖果的人有可能会因为他们的放纵而后悔。

第二章

地中之盐

在堪萨斯州（Kansas）的哈钦森（Hutchinson）及其周围数千平方英里的地表下，蕴藏着巨大的岩状珍贵矿物，名为岩盐（halite）。那里的几个大型矿业项目每年的岩盐开采量接近 100 万吨，而这还不到世界岩盐年产量的 0.5%。

我们怎么处理这些盐呢？有很多，不过首先，用来吃——它是唯一能被人类食用的天然岩石。这种水晶般的矿物质也被称为石盐（rock salt）。不同于某些人随身携带的据说具有疗愈能力的水晶，岩盐是我们生存及健康真正需要的"水晶"。

食盐——氯化钠（sodium chloride），可能是我们最珍贵的食物。它不仅含有我们生活中离不开的含有钠（sodium）和氯（chloride）成分（专业术语：离子 [ions]）的营养素，而且还提供了基础味中的咸味。除了它本身的味道之外，盐还有一种看起来很神奇的能力——增强其他风味。

盐（salt）这个字并不是专指一种物质。在化学中，盐是一整个化学物质家族的通称。（专业术语：盐是酸和碱反应的产物。比如，氯化钠是由盐酸 [hydrochloric acid] 和碱性的氢氧化钠 [sodium hydroxide] 反应生成的）。另外还有一些对美食意义重大的盐，比如：在低钠饮食中用作代盐的氯化钾（potassium chloride），添加在食盐中以提供碘摄入的碘化钾（potassium iodide），以及用于肉类腌制的硝酸钠（sodium nitrate）和亚硝酸钠（sodium nitrite）。在这本书里，除非另行说明，否则"盐"这个字指的就是氯化钠。只要不是在化学实验室里，大家都是这么做的。

既然有这么多不同的盐类，那我们所谓的"咸"真的是氯化钠的专属风味吗？当然不是。如果你尝一下"代盐"氯化钾，你也会将它形容为咸，但它的咸味与我们熟悉的氯化钠的味道不同，就像不同的糖和人工甜味剂的甜味都略有不同一样。

除了营养素和调味品两个作用，盐在几千年的历史中一直被用来保存肉类、鱼类和蔬菜，以保证它们在狩猎或收获结束后的很长一段时间仍可食用。

在这一章中，虽然我无法解释盐的营养价值或美味特质的奥秘，但我可以告诉你它在我们的食物中所起的物理和化学作用，包括它的防腐功效。

盐 棍

超市里卖的那些昂贵的"爆米花盐（popcorn salt）"和"玛格丽塔盐（margarita salt）"有什么特别之处？

从化学角度来说，绝对没有一丝特别。它们就是普通的食盐：氯化钠。但从物理角度讲，它们比普通食盐的颗粒度更细或更粗，除此之外便再无不同了。

批发市场上的专用盐数量惊人。嘉吉（Cargill）公司是世界上最大的盐生产商之一，其生产的食盐有大约 60 种，用于食品生产商和消费者等渠道，包括片状盐（flake）、细鳞状盐（fine-flake）、粗盐（coarse）、精盐（extra-fine）、超细盐（super-fine）、盐粉（fine-flour）和至少两种级别的椒盐（pretzel）。化学层面上，这些盐都是 99% 以上的纯氯化钠，但它们具有特殊的物理特性，适用于从薯片、爆米花、烤坚果到蛋糕、面包、奶酪、饼干、人工黄油、花生酱和泡菜等各种食品。

拿玛格丽塔酒来说，你需要颗粒略粗大的盐沾在涂了青柠汁的杯沿上（你确实是用青柠汁湿润杯沿的，对吧？千万别用水啊）。如果盐粒过细，它就会溶解在果汁里。另一方面，对于爆米花来说，你需要的则恰恰相反：你需要颗粒细小到几乎是粉末状的盐，这样的盐会牢牢吸附在玉米粒的裂隙中。普通颗粒度的盐不会沾在干燥的食物上，而是会像《夺宝奇兵》中那些山崩镜头中的布景假巨石一样弹开。

但是，为什么要出高价购买贴了勾人眼球的标签的普通氯化钠呢？要想涂抹玛格丽塔酒的杯沿，犹太盐的粗颗粒度绰绰有余，虽然犹太盐和玛格丽塔酒的"种族"并不匹配，但两者搭配效果非常好。至于爆米花盐，我会用研钵和杵把犹太盐磨成粉使用。

某个 1 磅售价为 5 美元的"爆米花盐"品牌的标签着实让我吃了一惊（食盐的售价约为每磅 30 美分）。那标签上直截了当地写着"成分：盐"。嗯，对极了。可它接着沾沾自喜地炫耀自己"还能增加炸薯条和玉米棒子的味道"。那可真是稀奇呢！

把盐重拳击碎

杏仁塔帕斯（Tapas Almonds）

　　在西班牙，酒吧外面会提供用橄榄油煎制的盐渍杏仁作为免费赠菜。你可以在家里自己制作，油炸或是放在烤箱里烤都可以，烤箱烤制可以减少脂肪摄入。这两种方法下面均有给出。不管哪种方法，在研钵中将犹太盐磨成盐粉都是让盐沾在杏仁上的最佳方法。你也可以用香料研磨机把盐打成盐粉，只要你下次再用它打香料之前清洗干净就可以了。

- 1 茶匙犹太盐
- 2 量杯完全煮熟的杏仁（¾ 磅）
- ½ 量杯特级初榨橄榄油

一、油炸法

1. 用研钵和杵将盐磨成粉，或用香料研磨机打成细粉（料理机或搅拌器不能很有效地将盐磨成粉）。

2. 在中等大小的煎锅中加入橄榄油和杏仁。冷锅上炉，开中火。不停地翻炒，直到油发出"滋滋"声，且杏仁开始上色。

3. 当杏仁变成褐色时，用漏勺将它们取出，放在纸巾上沥干油分，不要让杏仁变成深褐色。将杏仁趁热放入碗中，撒上盐粉，轻轻混匀。

4. 用过的橄榄油不要倒掉，它被加热的时间还不足以使它的品质完全变坏。将它冷却后倒入罐子中，储存在阴凉避光的地方，留着以后炒菜用。

该食谱可制作约 2 量杯或 8 人份。

二、烤箱法

1. 将烤箱预热至 350°F（约 177℃）。将杏仁置于浅烤盘上。淋上大约 1 汤匙橄榄油，涂抹均匀。
2. 烤制 12 分钟到 14 分钟，直到杏仁呈棕色，中途搅拌一下。
3. 从烤箱中取出杏仁，放入碗中，撒上盐粉，轻轻搅拌均匀。

....

有点小柔软

我看了一下嫩肉粉罐子上的标签，然后发现其成分中的大部分都是盐。盐能使肉变嫩吗？

作用甚微。但如果你继续往下看，你会发现木瓜蛋白酶（papain）——一种存在于未成熟的木瓜中的酶，这才是真正使肉变嫩的成分。而那些盐主要是为了稀释并分散产品中含量相对较少的木瓜蛋白酶，毕竟，我们总不能用沙子去分散吧！

使肉嫩化的方法有几种。为了让肉质尽可能美味，一块新鲜切下来的肉在变成你在超市看到的新鲜的肉的数周期间，其实一直在逐渐嫩化。因此，肉要在 36°F（约 2℃）及特定湿度下熟成（aging）两到四周。也有些肉仅在 68°F（约 20℃）下快速熟成 48

小时。但很明显，所有的熟成过程都需要时间，而时间就是金钱，所以，在肉从包装公司发货之前，有些甚至连快速熟成都没有完成。这实在令人遗憾，因为熟成过程不仅能使肉质嫩化，还能改善其风味。

不过，水果中有很多种酶，它们可以分解蛋白质，因此可以用来嫩化肉类。这些酶类包括菠萝中的菠萝蛋白酶（bromelain）、无花果树中的无花果蛋白酶（ficin），以及木瓜中的木瓜蛋白酶。但它们不能渗透进肉的深层，基本只能嫩化肉的表面，因此对牛排的作用不太显著。而且，一旦温度超过180℉（约82℃），这些酶就会被摧毁，所以它们只有在烹饪之前才有效。

那怎么办呢？找一个贩卖熟成肉的肉店（如今很难找得到了），或者买那些天生肉质就更嫩的肉。当然，它们更贵些。

当你光临超市的香辛料及调味料货架时，留意一下所有"混合调味料"的标签，包括卡真调味料（Cajun seasoning）、汉堡调味料、猪肉调味料等。你会发现最主要的成分，即配料表中排名第一的成分是盐。继续读下去，从配料表中的香辛料中选一两样，买回去自己动手给食物调味。没必要为了主要成分是盐的东西去支付香辛料的价格。

什么时候盐不是盐？

我在市场上看到的代盐是什么？它们比真正的盐更安全吗？

"真正的盐"是氯化钠。所谓的安全问题针对的是其中的钠含量，氯从未受到过苛责。所有代盐的目的都是降低或除去钠。

　　长期以来，人们一直怀疑饮食中的钠是导致高血压的原因，但医学研究人员似乎并未达成一致意见。有些人认为钠会导致高血压，有些人则不然。虽然尚未出现确凿的证据，但舆论似乎已经倒向了"钠有害"的一边。

　　所有的健康研究能给出的某种饮食习惯的最差评价是：它会增加或这或那的风险。有风险不代表"吃了就会死"。风险只是一种可能性，而不是必然性，但是，减少钠的摄入量总归是小心驶得万年船。

　　医学上的不确定性并没有阻止我们食品企业生产出大量的"惧钠"产品。代盐通常是氯化钾，它是氯化钠的化学孪生兄弟。它尝起来是咸的，但是一种不同于氯化钠的咸味。氯化钾和氯化钠同属于盐类这个化学大家族，但由于氯化钠是目前为止最常见的盐类，所以我们直接称其为"盐"，显得它好像是唯一的盐类。不过，你可能会听到化学家们经过超市非盐类货架时发出的大笑——因为他们看到了氯化钾，一种名副其实的化学盐，但它的标签却声称它"不含盐"。这只是因为 FDA 允许标签上使用"盐"这个字来专指氯化钠。

　　莫顿牌（Morton's）的低盐混合物（Lite Salt Mixture）是一种氯化钠和氯化钾各占一半的混合物，适合那些想减少钠摄入量但又想保留一些氯化钠独特味道的人。

　　最后再介绍一种产品：盐感盐（Salt Sense）。它声称自己是100% 的"真正的盐"（也就是说是真正的氯化钠），但它同时声称"每茶匙少 33% 的钠"。这一说法令化学家感到不安，因为氯化钠是由一个钠原子和一个氯原子组成的，这意味着氯化钠的钠含量必须始终保持不变：39.3%（这个数字小于 50% 是因为氯原子比钠原子重）。所以，在"真正的盐"中到底含多少钠这件事上其实没什么花头可搞。这就如同宣称 1 美元的价值少于 100 美分一样。

那么，盐感盐的秘诀是什么呢？是"茶匙"这个词。一茶匙的盐感盐确实少了 33% 的钠，这是因为一茶匙的盐感盐中少了33% 的盐。盐感盐由片状蓬松的盐晶体组成，所以它们不会像普通的颗粒食盐那样密实地沉在量勺中。因此，如果你取用同样体积容量的盐感盐和普通盐，盐感盐其实会更轻，钠含量也更少。这就好比某个牌子的冰激凌声称每口的卡路里减少 33%，其实只是因为这些冰激凌被打发了更多空气进去（是的，他们真的会这么做的），所以一口吃到的冰激凌含量少了一些。

在盐感盐标签底部的小字中有一个脚注："100 克产品（盐感盐或普通盐）含有 39100 毫克钠。"这就对了。当你用等量的重量，而不是等量的茶匙数来衡量时，盐感盐不过就是盐和一点点添加剂罢了：这营销真有创意（好吧，你们这些吹毛求疵的人，你们已经注意到我用的是 39.1 克而不是正好 39.3 克了，这是因为盐感盐的纯度只有 99.5% 左右）。

快煮意面

为什么我们在煮意大利面之前要在水里放盐呢？
它能让意大利面煮得更快吗？

几乎每一本烹饪书都告诉我们要在煮意大利面或土豆的水里加盐，我们也不问缘由地遵守了。

　　加盐的原因很简单：它能增加食物的风味，这与它在其他烹饪中的用途一样。而这就是它的全部功效。

　　在这一点上，只要化学课上稍微听过讲的读者都会表示反对："可是在水中加入盐会提高水的沸点，所以水沸腾时更热，食物也就煮得更快。"

　　对于这些读者，我在化学课上给他们 A，但在"美食 101"专栏就只能给个 D 了。没错，在零海拔的水中溶解盐，或者其他任何东西（后面我会解释），确实会将水的沸点提至超过 212℉（约 100℃）。但对于烹饪来说，这点提高只是杯水车薪，就算你真的下血本往水里加盐，这些水也就只能用来为你家的车道除冰罢了。

　　每个化学家都会乐意替你算上一算：将一汤匙（20 克）食盐加入 5 夸脱（4.73 升）将要用来煮意面的沸水中，大概能将水的沸点提升 1℉ 的 7%，而这大概能将烹饪时间减少半秒。如果一个人连这点时间也要紧赶慢赶的话，那把意大利面从厨房端到餐厅也得用轮滑吧。

　　当然，你肯定发现了，作为一个好为人师的教授，我要开始给你讲讲盐为什么能提高水的沸点了，虽然提升效果很不明显。给我一个段落，让我发挥一下。

　　为了完成蒸发，也就是说，为了让水变成蒸汽，水分子必须脱离将它们维持在液体状态的束缚。因为水分子之间的联系很有力，所以单纯靠热量挣脱彼此的束缚已经很困难了。而如果液态水中还有其他任何外来粒子塞进来，挣脱束缚将变得更加困难，因为盐中的粒子（专业术语：钠离子和氯离子）或其他溶解了的物质都将成为束缚的一部分。因此，水分子需要一些额外的能量，以确保它们能够逃逸到空气中，而这些能量的存在形式就是更高的温度（想了解更多信息的话，可以去请教你亲切的化学家邻居什么是"活性系数"）。

现在说回烹饪。

不幸的是，比起对沸点的误解，在烹饪用水中加盐的各种说法更令人费解。下至最广为流传的谣言，上至最受尊敬的烹饪书，都能"准确地"告诉我们应该什么时候往水里加盐。

最近的一本意大利面食谱指出："习惯上来说，应先在沸水中加入盐，再放意大利面。"这本食谱同时还告诫读者："在水煮沸之前加入盐可能会产生令人不悦的回味。"因此，推荐的做法是：第一，将水煮沸；第二，加盐；第三，加意大利面。

与此同时，另一本意大利面食谱建议我们"先把水烧开再加盐或意大利面"，但对先加盐还是先加意大利面这一重大问题却没有给出答案。

事实上，加盐时水是否已经烧开并不重要，只要最后将意大利面放进盐水中煮就可以了。盐在热水或温水中都很容易溶解，即使没有立即溶解，水沸腾时的滚动也会很快将其溶解。盐对时间和温度是没有记忆的，一旦溶解，不论它何时入水、入水时温度是 212°F（约 100°C）还是 100°F（约 38°C）都不重要。因此，不同时间在水中加盐并不能对意大利面产生不同的影响。

我从一位厨师那里听说一个理论：盐在水中溶解时会释放热量，如果你在水已经沸腾的时候再加盐，额外的热量会使水溢出锅。不好意思，这位厨师，盐溶解时不会释放热量，反之，它其实吸收了一点热量。你一定会发现，加盐时，水会突然沸腾得更厉害。这是因为加盐，或加几乎任何其他固体粒子，能给萌芽的气泡提供许多新的位点（专业术语：成核位点［nucleation site］），每个位点的气泡都能膨胀到最大尺寸。

还有另一种理论（看起来大家都有自己的理论，煮意大利面真的这么有挑战性吗？）：盐的加入不仅仅是为了增加风味，还能使意大利面变硬，防止它被煮得软趴趴的。针对这个理论，我已经听说一些看似合理但其实相当具有技术性的原因，我就不讲出来烦你了。我们想加盐的时候，随时随地加就是了。总之，盐一定要加，否则意大利面吃起来会很糟糕。

我说，大海知道吧？

请给我讲讲海盐。为什么现在这么多厨师和食谱都用海盐呢？它为什么比普通盐更好呢？

海盐（sea salt）与普通盐（regular salt）或食盐这些词常被用来表示两种仿佛性质截然不同的物质。并非如此。盐确实有两种不同的来源：地下矿和海水。但仅仅这一事实并不能使它们在本质上有所不同，就像井水和泉水也不会因为来源不同而具有本质区别一样。

短至几百万年前，长至数亿年前，古代海洋在地球历史的不同时期中逐渐干涸并形成了地下盐层。一些盐层后来被地质力推动上移至非常接近地表，并呈"天穹"状。其他盐层则位于地下数百英尺，使得开采难上加难。

岩盐是由大型机械自盐洞中凿出的。但是，因为远古海洋干涸后混杂着泥土和岩屑，所以岩盐不适合食用。因此，为了开采出食品级岩盐，首先需将水泵入竖井（shaft），盐溶解后再将盐水（卤水［brine］）泵至地表，沉淀出杂质，然后将澄清的卤水真空干燥。由此而来的就是你的盐瓶中众所周知的食盐小晶体。

在阳光充足的沿海地区，可以通过阳光和风将卤水池或"盐田"（pan）中的海水蒸发，从而获得盐。海盐有很多种，或提取自世界各地的海水，或经过不同程度的提炼。

韩国和法国有灰色和灰粉色的海盐，印度有黑色海盐，这些海盐的颜色都源自当地的黏土和蒸发池中的藻类，而非它们所含的盐分（氯化钠）。夏威夷的海盐之所以会呈现黑色和红色，是因为那里的人们特意加入了黑色的熔岩粉和红陶土。勇于尝试的厨师们会选用这些罕见且独特的小众盐。当然，它们肯定都有独特的风味——尝起来就像盐与各种黏土和海藻混合的味道。这些小众盐都有狂热的拥护者。

在接下来的文章中，我并不会写这些家庭厨师难以买到的罕见、昂贵（每磅至少33美元）的彩色小众盐。我要写的是通过各种方法从海水中得到的种类繁多且颜色相对白的盐，单就来自海水这一事实来说，海盐就备受推崇，因为人们认为其富含矿物质，而且味道普遍很好。

矿物质

如果你把一桶海水（先把里面的鱼捞出来）中的水蒸发掉，你会得到一种黏稠的、灰色的、具有苦味的淤泥状沉积物，其中含有78%的氯化钠——普通盐。剩下的22%中有99%都是镁和钙化合物，它们是造成苦味的主要原因。除此之外，至少还有75种含量极少的其他元素。最后这条陈述就是海盐"富含营养矿物质"这一普遍说法的事实基础。

　　但冰冷无情的化学分析表明：即使是在这些未经处理的淤泥状沉积物中，矿物质的营养含量也是微不足道的。比如，你需要吃两汤匙这种沉积物，才能得到一颗葡萄所含的铁元素量。虽然一些国家的沿海地区的人们会使用这种未经处理的沉积物作为调味品，但 FDA 要求美国食品级盐中至少含有 97.5% 的纯氯化钠。而实际上，食盐的纯度还总是远远高于 97.5%。

　　这还只是庞大矿物质骗局的开端。那些堆在仓库里的海盐中所含的矿物质仅为未经处理的沉积物中的 $\frac{1}{10}$。这是因为，在食品级海盐的生产过程中，虽然卤水池中的大部分水都被太阳蒸发了，但绝非全部水分都能被蒸发——这点至关重要。随着水分的蒸发，剩余水分中的氯化钠含量越来越高。当卤水池中的盐浓度大约达到海水浓度的 9 倍时，由于剩余的水量不足以溶解所有的盐，盐将开始以晶体形式析出。接着，这些晶体被耙出或铲出，并进行后续的清洗、干燥和包装（怎样洗盐才能不使盐溶解殆尽呢？你用来洗盐的溶液要已经溶解了尽可能多的盐，以至于它再也不能溶解更多的盐。用专业术语来说：使用饱和溶液洗盐）。

　　在这一"天然"结晶过程中有一点很关键，即它本身就是一个非常有效的精炼步骤。在阳光作用下的蒸发和结晶使得氯化钠的纯度比普通海水的纯度高了 10 倍，也就是说，经过该结晶过程的氯化钠中的矿物质比普通海水少 10%。

　　下面是原因：

　　如果你手上的水溶液中有一种含量较多的化学物质（也就是上面例子中的氯化钠）和很多含量少得多的其他化学物质（也就是上面例子中的其他矿物质），那么随着水逐渐蒸发，含量较多的化学物质将会以纯度较高的形式结晶析出，留下所有其他化学物质。该工艺一直被化学家们用来提纯，居里夫人就是多次使用这种方法从铀矿中分离出了高纯度的镭。

通过太阳能蒸发海水而获得的盐被称为太阳盐（solar salt），其无须经过进一步加工就已含有约 99% 的纯氯化钠。剩下的 1% 几乎完全由镁和钙的化合物组成。其他 75 种左右的"珍贵矿物质营养素"实际上已经消失了。如果要得到一颗葡萄所含的铁元素，你需要吃大约 ¼ 磅（约等于 454 克）的太阳盐才行（两磅的盐就有致命风险了）。

顺带一提，认为海盐天然含碘的说法纯属虚构。有些人仅仅因为某些海藻富含碘，就认定海洋是一大锅碘汤。单就海水中的化学元素而言，以硼为例，硼的含量是碘的 100 倍，而我从未听人提及海盐能补充硼。未额外添加碘的市售海盐的碘含量还不到加碘盐的 2%。

"海盐"是海里的盐吗？

实际上，市售的"海盐"可能根本不是从大海中提取的，因为只要它们符合 FDA 的纯度要求，制造商就不必说明它们的来源，而且据我接触过的业内人士说，确实有人针对海盐的来源撒点小谎。比如，两批来自矿厂同一个储存箱中的盐，其中一批就可能被打上"海盐"的标签出售。哦，也没什么，不就是这批盐其实早结晶了个几百万年嘛。相反，在美国西海岸，盐瓶中常见的食盐很可能来自大海，而不是矿山。

重点是，盐的特性取决于原料的加工程序，而不是它的来源，你不能一言带过。因此，如果菜谱告诉你用"海盐"，那么这个指示毫无意义，这就跟某个菜谱告诉你用"肉类"一样毫无参考价值。

添加剂

海盐中通常避免使用盐瓶盐（shaker salt）含有的"难吃的添加剂"。因为盐粒是微小的立方体，平整的晶面容易粘连在一起，所以无论是来自矿山还是大海，盐瓶盐中确实含有抗结剂（anti-caking additive），用以保证盐粒能够顺畅地流动。但 FDA 规定所有抗结剂的总含量不得超过 2%，而实际情况中的添加量都远远不会达到 2%。比如，莫顿牌食盐含有 99.1% 以上的纯氯化钠，而抗结剂硅酸钙的含量只有 0.2% 到 0.7%。因为硅酸钙（calcium silicate，以及所有其他抗结剂）不溶于水，所以盐瓶盐的溶液会略显浑浊。

其他常见的抗结剂包括碳酸镁（magnesium carbonate）、碳酸钙（calcium carbonate）、磷酸钙（calcium phosphate）和铝硅酸钠（sodium aluminum silicate）。**这些化学物质都是完全无味无臭的。**

即使这些化学物质并非完全无味无臭，即使专业的品尝师能够察觉那不到 1% 的抗结剂所产生的微妙的味道差异，食谱中使用盐时产生的 5 万倍的稀释系数也肯定会把这些差异抹去。算一下就知道了，在一道 3 夸脱或超过 3 千克的炖菜中，盐的用量为 6 克，1% 的抗结剂就是 0.06 克，则稀释系数为 3000 ÷ 0.06 = 50000。

风　味

不可否认，有些更优质的（更昂贵的）海盐，无须上升至小众盐的高度，也具有特别的风味特征。不过，这取决于你如何使用它们以及你对"风味"的定义。

食物的风味（flavor）由三部分组成：味道（taste）、气味（smell）和质地（texture）。对于盐来说，我们几乎可以不考虑气味，因为不管是氯化钠还是可能存在于纯度较低的海盐中的钙镁硫酸盐都没有任何气味（专业术语：它们的蒸气压极低）。尽管如此，我们的嗅觉是非常灵敏的，所以有可能闻得到这些纯度较低的盐中的海藻味。此外，有些人指出，不管吸入任何种类的盐粉，鼻腔内都会有轻微的金属味。

排除了气味，剩下的就是味道和质地了：味蕾真正感受到的味道和盐在口中的感觉。

由于提取手段以及加工方式的不同，不同品牌的海盐晶体的形状可能有很大的不同，从薄片状、金字塔形，到一簇一簇的不规则状、参差不齐的碎片应有尽有（用放大镜观察一下）。晶体的大小也有细有粗，不过，几乎所有种类的盐晶体都比盐瓶盐粗。

如果将盐撒在相对干燥的食物上，比如，在临上桌前往一片西红柿上撒盐，那么，晶体颗粒较大且易碎的盐在碰到舌头溶解时或被牙齿咬碎时就会释放出少量但集中的咸味。因为这种细小的咸味爆发，老练的厨师很重视这些晶体较大且易碎的盐。盐瓶盐无法做到这一点，因为它微小的小方块晶体在舌头上的溶解速度要慢得多。因此，很多海盐的感官特性源自它们复杂的晶体形状，而非它们来自哪片海域。

大多数海盐的晶体颗粒大、形状不规则是由于其缓慢的蒸发过程，而制作盐瓶盐时使用的快速真空干燥工艺则会生成形状规则的微小颗粒，以适应盐瓶上的小孔。这是一种化学家们熟知的现象：晶体生长得越快，晶体颗粒就会越小。

烹　饪

当盐用于烹饪时，其晶体的大小和形状就无关紧要了，因为晶体会溶解并完全消失在食物的汤汁中。一旦溶解，所有的质地差异就消失了。食物可不知道晶体在溶解前是什么形状。这也是在任何含有水分的食谱中指定用海盐是件蠢事的另一个原因了，再说，哪有食谱不含水呢？在焯蔬菜和煮意大利面的水中加海盐就更没有意义了。

但是，不同种类的海盐溶解在水中后，它们的味道还是各有不同吗？据说，2001 年英国莱瑟黑德食品研究协会（Leatherhead Food Research Association）主办的一系列受控味觉测试中，品尝员们曾试图区分溶于水中的数种不同种类的盐。据《时尚》杂志报道，这一系列测试的结果毫无说服力。

有一种常见的说法，称海盐比盐瓶盐更咸，但由于它们都含有大约 99% 的纯氯化钠，所以这一说法不可能是真的。这种说法无疑来自这样一个事实：在舌头的味觉测试中，许多海盐的片状不规则形状的晶体会瞬间溶解，而盐瓶盐微小、密实的块状小晶体则溶解得缓慢，因而海盐的咸味释放比盐瓶盐更快。但是，这并不是因为海盐来自大海，而是因为海盐的晶体形状。

海盐更咸的观点促成了用海盐调味可以减少盐摄入的说法。（一家海盐制造商吹嘘说："这对那些需要留意钠摄入量的人群来说是个好东西。"）很明显，因为海盐晶体通常较大且形状复杂，所以它们比较蓬松，与晶体微小、密实的盐瓶盐相比，一茶匙的海盐实际所含的氯化钠更少。因此，以茶匙计量，海盐的咸味实际上比盐瓶盐更淡。但用重量计量，它们的咸味当然是一样的，因为只要克数一样，氯化钠的咸味就一样。你不可能通过吃等重的不同形式的盐来减少盐摄入量。

充分利用它

在家庭厨房中，上餐前应该在鹅肝酱（foie gras）或生鹿肉片（venison carpaccio）上撒哪种粗粒且形状复杂的海盐呢？在厨师中备受赞誉的是（保准让你大吃一惊！）来自布列塔尼（Brittany）南部的盖朗德（Guérande）、努瓦尔穆捷岛（île de Noirmoutier）或雷岛（île de Ré）的沿海水域的法国海盐。这些盐有几种形式。比如，大颗粒盐（gros sel）和灰色盐（sel gris）是沉到卤水池底部的重晶体，并可能因沾染了淤泥或藻类而呈灰色。

在这场海盐之战中，大多数鉴赏家都认为冠军是盐之花（fleur de sel）。盐之花来自法国卤水池表面一层精美易碎的晶体薄壳，需要丝毫不得偏差的阳光和风力才能形成。由于它的数量非常有限，且必须极其小心地靠人力从水面撇出，所以其价格高居榜首，也得到了一流厨师的高度评价。由于其易碎的金字塔状晶体，在上菜前或食用前将其撒在相对干燥的食物上确实会产生一种清脆的咸味爆发，但在烹饪中使用它毫无意义。

犹太盐和犹太教没什么关系

许多厨师和食谱都指定用犹太盐。它有什么不同吗？

犹太盐的名字取得不对，它应该被称为犹太化盐（koshering salt），因为它是用在犹太化工艺中的。犹太化工艺是一种用盐覆盖生肉或家禽来净化它们的工艺。

犹太盐可以是岩盐，也可以是海盐，似乎没人在意过它的来源。不过，它的晶体必须是粗糙且不规则的，这样，它才能在犹太化的过程中附着在肉的表面，普通的粒状食盐会马上脱落。犹太盐与其他盐之间的区别，除了犹太教对其制造过程的监管外，只有它晶体大小的不同。

由于犹太盐很粗糙，所以最好的取用方法是用手捏取，而不是从罐子中摇出来。捏取可以让你看到并感觉到你究竟取用了多少，这就是为什么大多数厨师会用犹太盐。我会将犹太盐放在一个随手可取的小盘中，并且不仅放在厨房里，也放在餐桌上。在给禽类的尾端撒盐时，我会用到盐瓶。

有些人认为犹太盐比细粒食盐的钠含量更低，这是无稽之谈。它们实际上都只是纯氯化钠，氯化钠永远含有 39.3% 的钠。只要按克重计量，每一种可食用盐都和等重的其他盐一样咸。

但是，在烹饪中使用犹太盐时，确实需要采用不同的量。如果菜谱中只说用"盐"，那么它几乎一定指的是细粒食盐：那种晶体小到足以穿过盐瓶小孔的盐。但是犹太盐的颗粒更大且形状不规则，一茶匙的犹太盐不如一茶匙食盐那样密实，所以一茶匙犹太盐实际所含的氯化钠较少。因此，为了获得相同程度的咸味，你需要加大犹太盐的使用体积。这就是"少钠"神话背后的真相——如果你用同样茶匙数的犹太盐和细粒食盐，当然是犹太盐的量更少，所以钠的量更少。

我仔细称量了每种盐在一量杯体积下的重量，并确定了以下换算系数：对于指定体积的细粒食盐来说，可以用 1¼ 倍的莫顿牌犹太粗盐代替，或正好两倍的戴蒙德（Diamond）牌犹太晶盐代替。

人们常说犹太盐不含添加剂。的确如此，因为它的晶体和盐瓶盐的方形小晶体不同，不容易粘在一起，所以不需要添加盐瓶盐中的抗结剂。但看看标签，戴蒙德牌犹太晶盐虽然不含添加剂，但莫顿牌犹太盐中含有少量抗结剂亚铁氰化钠（sodium ferrocyanide）——FDA规定其含量不得超过1%的13‰。

亚铁……什么？冷静。尽管亚铁氰化物是一种完全不同于有毒氰化物的化学物质，但为了保险起见，标签上还是列出了它不那么令人担忧的名字——苏打粉的黄色氰化物（prussiate）。

无论是岩盐还是海盐，犹太盐还是非宗教盐，所有的盐都可以加碘。添加碘化钾可以用来预防缺碘性甲状腺肿（goiter），添加量不能超过1%的1%。不过，由于碘化钾不太稳定，在温暖、潮湿或酸性的环境中会分解导致碘元素挥发进空气中（专业术语：碘被氧化成游离碘），所以加碘盐需要一种特殊的添加剂。为了防止碘被氧化，加碘盐中通常会添加微量的葡萄糖——1%的4%。

在盐里加糖吗？没错。葡萄糖被称为还原糖，它可以防止碘化物被氧化成游离碘。但是在烘焙的高温下，有些碘化物还是会被氧化成游离碘，从而产生一种辛辣的味道。因此，没多少面点师会在面团和面糊中使用加碘盐。

老派研磨方案

为什么现磨的盐比精制细粒食盐更好？

这对那些在所谓的美食商店里兜售高档盐磨粉机和胡椒研磨机的人来说更好。这种观点似乎是觉得，如果现磨的胡椒粉比罐装的胡椒粉要好得多，那么为什么不把盐也换成现磨的呢？

这只是一种错觉。与胡椒不同，盐不含也不会在研磨后释放出挥发性芳香油。盐是完全的固态氯化钠，所以一小块盐和一大块盐，除了大小和形状，其他方面是完全一样。研磨盐的乐趣在于，经过研磨的盐会在你的食物上沉积成粗糙的小盐团，而不是其被研磨前的小颗粒，因此当你吃到它们的时候，会有一瞬间的咸味爆发，但这和它们是不是"刚磨的"没有关系。

哎呀，放太多盐了！

做汤的时候，我不小心放了太多的盐，我能做些什么去补救吗？我听说生土豆可以吸收多余的盐分。

几乎每个人都听过这样的建议：往锅里扔一些生土豆块，小火炖一段时间，它们就会吸收多余的盐。但据我所知，这一点和其他很多众人坚信不疑的观点一样，从未得到过科学的证实。我把这当成一个挑战，并做了一个对照实验。我在盐水中炖生土豆，并在一位化学教授同事的实验室助手的帮助下，检测了加入土豆前后水中的含盐量。

我是这么做的。

我做了两道过咸的模拟汤——其实只是简单的盐水，这样就不会有其他的配料，防止它们在盐溶液中的不同表现而扰乱实验。但是，我的样品应该多咸呢？许多食谱都是在 4 夸脱汤或炖菜中加入一茶匙盐，并在烹饪结束时"根据口味需要"加入更多的盐。

所以我在一号样品汤中，每夸脱①水中溶有一茶匙食盐，而二号
样品汤中，每夸脱水中溶有一汤匙食盐。这两个样品的咸度分别
是通常做法的 4 倍和 12 倍，就算对于已经"根据口味需要"多加
了盐的汤，这两个样品的咸度也大概是其 2 倍和 6 倍。

我将两种模拟汤样品分别加热至沸腾，加入 6¼ 英寸厚的生
土豆片，在一个盖得很紧的锅里小火炖了 20 分钟，取出土豆后让
液体冷却。

为什么我用土豆片而不是土豆块？因为我想让土豆和"汤"
的接触面积尽可能大，让土豆们有足够的机会不辜负它们吸盐的
名声。我在两个样品中所用的土豆表面积相同（300 平方厘米，
如果你非要知道的话）。当然，这两种液体都是在同一规格的有盖
锅中炖的，用的也是同一个炉子。你现在一定在想，科学家们绝
对都是疯子，他们控制所有可以想象的（甚至一些无法想象的）
变量，只留下他们正在比较的那个变量。否则，他们永远不会知
道是什么导致了他们观察到的差异。如果一个人在完全没有对照
的情况下对某件事做了一次尝试，就到处跑着宣扬"我试过了，
很有效"，我就会非常生气。

四个样品——与土豆一起炖煮之前和之后的两份盐水——
的盐含量是通过测量它们的电导率得到的。其原理是海水导电，
而电导率与含盐量直接相关。

那么，结果如何呢？土豆真的降低了盐的浓度吗？这个嘛……

首先让我告诉你味道测试的内容。我把在盐水中炖过的土豆
片留了下来。我还用白开水（等量的土豆和水）炖了土豆片。我

---

① 美制 1 夸脱等于 0.946 升；英制 1 夸脱等于 1.136 升

和妻子马琳一起尝了它们的咸味。马琳并不知道哪个样品有盐。果然，在白开水里炖的土豆无味，在每夸脱一茶匙盐的水里炖过的土豆是咸的，而在每夸脱一汤匙盐的水里炖过的土豆要咸得多。这是否意味着土豆真的从"汤"中吸收了盐分呢？

并非如此。这仅仅意味着土豆吸收了一些盐水——它们没有选择性地从水中吸取盐。海绵放进盐水里再拿出来也是咸的，这会令你感到惊讶吗？当然不会。水中盐的浓度——每夸脱水中的盐含量，不会受到影响。因此，土豆有咸味只是证明了：如果想要加重口味，我们应该用盐水煮土豆和意大利面，而不是用白开水。

那么，电导率的检测结果是什么呢？你准备好了吗？与土豆一起炖煮前后，盐浓度无明显差异。也就是说，无论是在每夸脱一茶匙盐的"汤"中，还是在每夸脱一汤匙盐的"汤"中，土豆都丝毫没能降低盐的浓度。这个土豆小把戏根本不管用。

还流传着一些其他降低咸味的方法，比如加一点糖、柠檬汁或醋来降低咸味的感知。那么，在咸味和甜味或酸味之间有什么反应可以降低咸味的感知吗？毕竟，就算盐含量不会变，我们只是想减少咸味罢了。

是时候去找味觉专家了——费城莫奈尔化学感官中心（Monell Chemical Senses Center）的科学家们，该机构致力于研究与人类味觉和嗅觉相关的复杂领域。

首先，就土豆效应而言，和我交谈过的人都不觉得土豆或它富含淀粉的特性会降低咸味的感知。但莱斯利·斯坦（Leslie Stein）博士好心地为我提供了一篇于1996年发表在《食品科学与技术趋势》（*Trends in Food Science & Technology*）杂志上的综述论文。该论文的作者是莫奈尔中心的保罗·A. S. 布雷斯林（Paul A. S. Breslin），文中论述了口味之间的相互作用。

一种味道能抑制另一种吗？对，也不对。这取决于相互作用的味道的绝对数量和相对数量。"一般来说，"布雷斯林博士写道，"盐和酸（酸味）在中等浓度下会相互增强，但在较高浓度下会相互抑制。"这可能表明，在非常咸的汤中加入适量的柠檬汁或醋确实可以让它尝起来不那么咸。但是，布雷斯林指出："这些普遍性也有例外。"以盐和柠檬酸（柠檬汁中的酸）为例，他引用了一项研究的结果，其中柠檬酸降低了咸味的感知；另一项研究中咸味并未受到柠檬酸的影响；还有两项研究中，咸味的感知反而上升了。

那你打算怎么办？加柠檬汁？加醋？加糖？真的没有办法预测它们在你的汤里会有怎样的反应，因为你的汤中的盐含量和其他配料的量都是独一无二的。但在你把失败之作拿去喂狗之前，请务必挑一种方法试一下。

对于太咸的汤或炖菜，似乎只有一种稳妥的挽救方法：用更多高汤稀释它——当然，得用没加盐的高汤。这样做会使口味偏向没加盐的纯高汤，但淡了的汤是可以补救的。

后 记

我为热衷科学的读者们记录了一些这个实验的有趣笔记（不怎么热衷科学的可以去看下一个问题了）。

首先，研究结果表明，加了土豆炖煮的盐水的电导率略高于而非低于未处理的水，因此土豆本身必定贡献了一部分电导性。这让我很吃惊，因为乍一看，人们会认为只有土豆中的淀粉析出并溶入了水中，而淀粉是不导电的，但是土豆含有大量的钾元素（大约2‰）而钾元素和钠元素同样具有导电性。无论如何，我通过用土豆盐水的电导率减去土豆的电导率修正了这一影响。

其次，如果没有盖紧盖子并用很小的火炖煮，就会导致大量水分在炖煮土豆的过程中蒸发，在这种情况下，水的导电率会上升，而非下降。在我的实验中，修正了土豆本身的电导率后，并未发现这样的现象。

我觉得这个实验密闭性挺好，你说呢？

把盐留住

为什么菜谱告诉我要用无盐黄油，然后又让我加盐？

这听起来很傻，但却是有原因的。

一条¼磅的经典咸黄油可能含有1.5克到3克或半茶匙盐。不同品牌和地区的黄油产品的含盐量可能有很大的不同。当你按照一个精心制定的食谱，特别是一个使用大量黄油的食谱烹调时，你可不能用盐这么重要的东西当作玩俄罗斯轮盘的筹码。这就是为什么严肃、高质量的食谱会指定用无盐或"甜"黄油，而把盐留在独立的调味步骤。

无盐黄油的品质通常更高，这也是许多厨师喜欢它的原因。在黄油中添加盐的部分原因是为了起到防腐作用，而在饭店的厨房这类黄油消耗很快的地方，黄油则不需要用盐。此外，无盐黄油中任何不新鲜的味道，比如早期的酸败，都更容易被发现。

千万不要拿饼干赌博

黄油星星曲奇

制作这些黄油饼干时，你不会希望在盐量上赌一把的，所以我们选用无盐黄油，并在面团里加适量的盐。这就是你想要的那种脆糖曲奇。你可以跟随心意不对它们做任何修饰，或者给它们撒上糖，又或者用糖屑和彩色糖衣装饰它们。制作时在两张蜡纸之间揉面团会更容易。

- 2¼ 量杯中筋面粉，再加一些额外的量用作撒粉
- 1 茶匙塔塔粉
- ½ 茶匙小苏打
- ¼ 茶匙盐
- ½ 量杯（或 1 条）无盐黄油
- 1 量杯糖
- 2 个大号鸡蛋，打匀即可，无须过度打发
- ½ 茶匙香草香精
- 1 个蛋黄，加 1 茶匙水混匀
- 撒糖

1. 取一只中等大小的碗，加入面粉、塔塔粉、小苏打和盐，搅拌均匀。另取一只大碗，加入黄油和糖并用电动搅拌器打发。加

入鸡蛋和香草香精搅拌均匀。加入前面的干燥原料混合物，用木勺搅拌，直至面团成型。

2. 把面团分成 3 份。将 ⅓ 的面团放在水平的台面上，并上下各垫一张蜡纸。用擀面杖将面团擀成约 ⅛ 英寸的均匀厚度。将面团"三明治"移至冰箱中，放置在平整的隔层上。对另外两份面团重复同样的步骤，在蜡纸之间擀平，然后把 3 份面团在冰箱中叠在一起。在烘烤前，面团可冷藏长达 2 天。

3. 将烤箱预热至 350℉（约 177℃）。从冰箱里取出一张面团。剥掉顶层的蜡纸，但不要丢弃。在面团表面薄薄地撒一层面粉，手掌蘸些油，将撒粉抹匀。轻轻盖上刚才剥掉的蜡纸，将"三明治"翻个面。剥去另外一张蜡纸并丢弃。在面团的另一面撒上面粉，手掌蘸油后抹匀撒粉。

4. 用撒了面粉的曲奇模具，切出想要的形状并置于喷了不粘烘焙喷雾的曲奇烤板上。刷上蛋黄和水的混合物后，撒上一层糖或彩色糖屑。可以不对曲奇做任何装饰，也可以在烘烤后对其进行装饰。

5. 烤制 10 分钟到 12 分钟，或者烤至浅棕色。让饼干在烤板上静置 2 分钟后，再用较宽的金属铲把饼干移到架子上冷却。这些饼干在密封的容器中可以保存几个星期。如需长时间储存，可以放进冰箱冷冻。

该食谱可制作大约 4 打曲奇，具体数量受擀制厚度和模具尺寸影响。

第三章

肥沃之地

食物的 3 种主要成分是蛋白质、碳水化合物和脂肪。但是，由于报纸、杂志和官方饮食指南中充斥着大量关于脂肪的相关文章，人们可能会觉得脂肪才是我们唯一需要关注的东西——而关注的重点也不是脂肪这一必要营养素的摄入是否足够，而是脂肪的过量和（或）不当摄入。

人们对脂肪的担忧主要有两点：其一，所有种类的脂肪每克均含约 9 卡路里的热量，而蛋白质或碳水化合物每克只含 4 卡路里热量；其二，食用某些脂肪对健康有不良影响。

我不是营养学家，因此没有资格讨论各种脂肪对健康的影响——在很多问题上，即使是营养专家也尚未达成一致意见。因此，我将把重点放在什么是脂肪，以及我们如何利用脂肪上。理解了这些基础知识，你就能更有效地解读并评价这些关于脂肪的大量文章。

关于脂肪和酸

每当我阅读一些饱和脂肪和不饱和脂肪的文章时，这些文章的开头讲的都是"脂肪"，但讲着讲着就会毫无预兆地从"脂肪"（fat）

切换到"脂肪酸"（fatty acid），然后开始随机地在这两个术语之间来回切换，就好像它们是同一个东西似的。它们是同一个东西吗？如果不是，它们有什么区别？

我读到这种描述不准确的文章的次数可能远远比你多。事实上，作为一名化学家，我不禁怀疑许多作者是真的不明白脂肪与脂肪酸的区别。是的，它们确实有区别。

每一个脂肪分子都含有 3 个脂肪酸分子。脂肪酸可以是饱和的，也可以是不饱和的，而脂肪酸的不同特性也会影响脂肪的整体特性。

首先，我们来看看脂肪酸是什么。

脂肪酸是脂肪的组成部分。化学家们将它们所在的大家族称为羧酸（carboxylic acid）。它们的酸性是非常弱的，不像汽车蓄电池中具有高度腐蚀性的硫酸。

脂肪酸分子由多达 16 或 18 个（或更多）碳原子组成的长链构成，每个碳原子携带一对氢原子（专业术语：长链是由 CH_2 基团构成的）。如果长链中的氢原子一个不少，那么该脂肪酸就被称为（氢）饱和脂肪酸，但如果长链上的某个地方少了一对氢原子，该脂肪酸则被称为单不饱和脂肪酸。如果缺少两对或两对以上的氢原子，则被称为多不饱和脂肪酸（实际上，是相邻的两个碳原子各失去了一个氢原子，但我们就别太较真儿了）。

常见的一些脂肪酸包括硬脂酸（stearic acid，饱和）、油酸（oleic acid，单不饱和）、亚油酸和亚麻酸（linoleic and linolenic acid，多不饱和）。

脂肪酸分子不饱和部分（专业术语：双键，double bond）的确切位置对化学家和我们的身体而言都很重要。你听说过在富含脂肪的鱼类中发现的"Ω-3"脂肪酸有预防冠心病和中风的作用吗？没错，化学家们就是用"Ω-3"这种叫法来精准指示第一对缺失的氢原子（第一个双键）和多不饱和脂肪酸分子末端的距离的："Ω-3"的第一个双键是末端数起第三个（Ω 是希腊字母表的最后一个字母，代表末端）。

　　脂肪酸通常是既难吃又难闻的化学物质。幸运的是，它们通常不会以令人作呕的游离状态存在于食物中。它们被化学作用力乖乖地固定在一种叫作甘油的化学物质上，每个甘油分子上固定有 3 个脂肪酸分子。这种 3 个脂肪酸分子与一个甘油分子相连的结构就是一个脂肪分子。化学家们会用一根飘荡着三条长横幅（脂肪酸）的短旗杆（甘油分子）来表示脂肪分子的结构示意图。他们将这样的脂肪分子称为甘油三酯（triglyceride，tri- 这个前缀

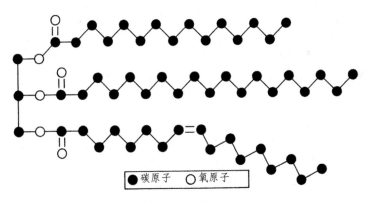

●碳原子　○氧原子

脂肪（甘油三酯）分子

其中 3 个脂肪酸链连接在左边的甘油分子上（氢原子没有显示出来）。前两个脂肪酸链是饱和的，最下面的那个是单不饱和脂肪酸，也就是说，它含有一个双键。

表示该分子含有 3 个脂肪酸），不过，它常用的名称还是"脂肪"而已，因为到目前为止，大多数天然脂肪分子都是甘油三酯。

脂肪分子中的脂肪酸（fatty acid，简称 FA）可以全部是同一种，也可以是不同种类的任意组合。比如，可能是两个饱和脂肪酸加上一个多不饱和脂肪酸，或者一个单不饱和脂肪酸加上一个多不饱和脂肪酸再加上一个饱和脂肪酸，或者可能三个都是多不饱和脂肪酸。

在现实生活中，动物或植物脂肪都是由许多不同的脂肪分子混合构成的，而这些脂肪分子中的脂肪酸组合也多种多样。一般来说，链长较短和饱和脂肪酸含量较低的脂肪更软，而链长较长和饱和脂肪酸含量较高的脂肪更硬。这是因为在不饱和脂肪酸中，只要缺少一对氢原子（专业术语：只要有一个双键），脂肪酸分子就会具有一个扭结，因此，它们就不能紧密地堆叠在一起，形成坚硬的固体结构，所以它们通常更容易呈现液态而非固态。

因此，主要成分为饱和脂肪酸的动物脂肪通常是固态，而主要成分为不饱和脂肪酸的植物脂肪通常是液态。比如，如果你留意某一橄榄油的标签，你就会发现它有 70% 是单不饱和脂肪酸，15% 是饱和脂肪酸，还有 15% 为多不饱和脂肪酸，这是它所含的 3 种脂肪酸的百分比，而这些脂肪酸又进一步构成了各种不同的脂肪分子。每个脂肪分子中的脂肪酸配比并不重要，因为最终决定脂肪健康与否的，是脂肪分子中所含有的三种脂肪酸的相对含量。脂肪分子中的甘油部分并没有重要的营养价值，它就是凑个热闹。所谓的必需脂肪酸指的是那些身体合成过程（比如前列腺素［prostaglandin］）这种重要激素的合成所必需的脂肪酸。

既然我们谈到了脂肪酸和甘油三酯，那就让我们来纠正一下其他一些你可能听说过的与脂肪相关的术语。

单甘油酯（monoglyceride）和二甘油酯（diglyceride）与甘油三酯很像，但是，正如你所猜测的那样，它们只有一个或两个脂肪酸分子附着在甘油分子上。它们与甘油三酯一同存在于所有天然脂肪中，但含量非常少，它们的饱和与不饱和性同样由其中的脂肪酸决定。单甘油酯和二甘油酯常被当作乳化剂（帮助油和水混合的物质）用于许多加工食品中。但是它们可以被归类为脂肪吗？算是吧。在消化过程中，甘油三酯会被分解为单甘油酯和二甘油酯，因此它们的营养价值从本质上来讲是相同的。

最后一个单词是脂质（lipid），来自希腊语 lipos，意为脂肪，但我们使用这个词的范围远不止于脂肪。脂质是一个统称术语，指生物中所有油脂类或亲油性的物质，其中不仅包括单甘油酯、二甘油酯和甘油三酯，还包括磷脂（phosphatides）、固醇（sterols）和脂溶性维生素等其他化学物质。你那来自医学实验室的血液化学报告中可能包含一份脂质专区（lipid panel），其中不仅列出了甘油三酯的含量（血脂含量过高是不好的），还包括各种形式的胆固醇含量，胆固醇是一种脂肪醇。

怎样做才能尽量认清"脂肪"和"脂肪酸"在食品文章中混乱的使用呢？

首先，我们必须认识到，虽然与蛋白质或碳水化合物不同，"脂肪"这个词专指一种特定的化学物质——甘油三酯，但在实际使用中，"脂肪"一词常常用来指代各种脂肪混合物，如黄油、猪油、花生油等（这些产品在饮食结构中都被称为"脂肪"）。对于这种模棱两可的用法，读者基本无能为力，只能试着结合上下文去判断这个词是用来指代一种特定化学物质的，还是某一类食品的。

其次，我们可以拜托美食作家在"脂肪"和"脂肪酸"之间来回切换时更加谨慎。以下是一些建议：

第一，在表达含脂食品的饱和度与不饱和度时，不一定要使用这两个术语。比如，我们可以将该食品描述为 $x\%$ 饱和，$y\%$ 单不饱和，$z\%$ 多不饱和，而无须添加这些形容词所实际修饰的对象（即脂肪酸）。

第二，我们应该说"高饱和（或高不饱和）脂肪"或"饱和度高的（或不饱和度高的）脂肪"，而不是像我多次见过的那样说"饱和（或不饱和）脂肪"，这是毫无意义的，这是"饱和（或不饱和）脂肪酸含量高"的简写方式。

第三，一般来说，"脂肪酸"这个词用得越少越好，因为人们已经理解了（或者认为他们已经理解了）"脂肪"这个词，而且这个词不那么令人望而生畏。但是，如果必须单独讨论脂肪酸，则应在第一次使用该术语时给出其定义，如"脂肪的组成部分"。

当好的脂肪变坏

是什么导致了脂肪的酸败？

游离脂肪酸（free fatty acids），也就是从脂肪分子中脱离出来的脂肪酸分子。大多数脂肪酸都是既难闻又难吃的化学物质，而且少量游离脂肪酸就会让含脂食物变臭。

使脂肪酸脱离的方法主要有两种：脂肪与水的反应（水解，hydrolysis）和脂肪与氧的反应（氧化，oxidation）。

你可能觉得脂肪和油类不会与水反应，因为它们非常讨厌彼此混合，但只要时间一长，许多脂肪食物中天然存在的酶就能导致这种反应发生（专业术语：酶能催化水解）。所以像黄油和坚果这样的食物只要储存时间一长就会因为水解而酸败（rancid）。黄油含有短链脂肪酸，所以更易酸败，而且这些短链脂肪酸小分子更容易飞散到空气中（专业术语：它们更容易挥发），并产生难闻的气味。丁酸（butyric acid）是导致黄油酸败的罪魁祸首。

高温也会加速水解导致的油类酸败，比如，油炸富含水分的食物时就会发生这样的状况。这就是使用次数过多的油炸油会发臭的原因之一。

氧化是导致脂肪酸败的第二个主要原因，它最容易发生在含有不饱和脂肪酸的脂肪中，多不饱和脂肪酸比单不饱和脂肪酸更容易被氧化。热、光和加工食品的机器中可能存在的微量金属都会加速（催化）氧化。乙二胺四乙酸（还好它有缩写：EDTA）等防腐剂可以通过锁住（隔离）金属原子来防止金属催化氧化。

总结：因为酸败反应是由热和光催化的，所以食用油和其他含脂食品应该保存在阴凉、避光的地方。现在你知道为什么标签总是告诉你这样做了。

够了就是够了

我经常在食品标签上看到"部分氢化"（partially hydrogenated）植物油。什么是氢化（hydrogenation）？如果氢化很好，为什么不全部氢化呢？

　　油被氢化指的是，为了获得比不饱和脂肪更稠厚、更偏固态而非液态的饱和脂肪，将氢原子借由高压强行挤进油分子，使油分子更加饱和的过程。这些氢原子填补了油分子中氢原子不足的空隙（专业术语：双键比单键更不易弯曲），使得油分子变得更加灵活。这样，它们就可以更紧密地堆叠在一起，彼此之间的结合也更加牢固，它们的流动性也会更差。所以，氢化的结果是：脂肪变稠厚，更偏固态而非液态。

　　如果你的人造黄油（margarine）里的油没有经过部分氢化，你应该只能把它倒出来，而不能涂抹它。但是部分氢化工艺只能用来填补油分子中20%缺失的氢原子。如果你的人造黄油的氢化程度达到100%，那你在吐司上涂它会像涂蜡一样。

　　不幸的是，饱和脂肪比不饱和脂肪更不健康。因此，为了健康和理想的产品质构，食品制造商只得在尽量减少氢化与达到足够的氢化之间如履薄冰。

脂肪数学

为什么食品标签上的脂肪含量总量不对呢？当我把饱和脂肪、多不饱和脂肪和单不饱和脂肪的克数相加时，得到的总数小于标签上的"总脂肪"。还有其他种类的脂肪没有列出来吗？

　　没有，所有的脂肪都属于这三类。

　　我从来没有注意过你们提到的这个有趣的算术题，但一收到你们的问题，我就马上跑到储藏室拿了一盒纳贝斯克牌（Nabisco）薄脆饼干。下面是我在营养成分表上看到的每份中的脂肪含量："总脂肪 6 g。饱和脂肪 1 g，多不饱和脂肪 0 g，单不饱和脂肪 2 g。"

我拿出了计算器，现在，让我们来算算。1 克饱和脂肪加上 0 克多不饱和脂肪再加上 2 克单不饱和脂肪等于 3 克总脂肪，而不是 6 克。剩下的 3 克呢？

接下来，我拿了一盒优质原装苏打饼（Premium Original Saltine Crackers）。更糟糕！从标签来看，2 克总脂肪中包括 0 克饱和脂肪、0 克多不饱和脂肪和 0 克单不饱和脂肪。从什么时候开始"0 + 0 + 0 = 2"了？我甚至不需要计算器就知道这有问题。一定发生了非常奇怪的事情。我急忙跑到电脑前，打开了 FDA 的网站，该机构制定了预制食品营养标签的相关规定。FDA 的网站上有一个页面专门回答有关食品标签的常见问题。下面是我的发现。

"问题：饱和脂肪酸、单不饱和脂肪酸和多不饱和脂肪酸的总和是否应该等于总脂肪含量？"

"回答：不是。脂肪酸的重量总和一般会低于总脂肪的重量，因为反式脂肪酸和甘油等脂肪成分的重量不包括在内。"

啊哈，就是这样！

还不明白？我来给你解释一下。

脂肪分子由两部分组成，即甘油部分和脂肪酸部分。虽然标签上的"总脂肪"的克数确实是整个脂肪分子的重量，包括甘油等所有部分，然而，"饱和脂肪""多不饱和脂肪"和"单不饱和脂肪"的重量却只是脂肪酸部分的重量。缺失的部分重量是所有脂肪分子中甘油部分的总重量。（我稍后会讲到反式脂肪酸。）

那么，为什么标签上的这些成分被称为"脂肪"，而不是它们真实的本质——脂肪酸呢？根据 FDA 营养产品、标签和膳食补充剂部门副主任弗吉尼娅·维尔克宁（Virginia Wilkening）的说法，原因有二：第一，公众只想知道他们脂肪中饱和与不饱和物质的相对数量，而这些数量是由脂肪酸部分单独决定的；第二，食品标签上的空间很重要，"脂肪酸"（fatty acids）比"脂肪"（fats）占的空间更大。

但是措辞不准确仍然会让像我这样吹毛求疵的人不爽。

正如 FDA 的问答页面所承认的那样，在营养标签中还有更多模糊处理，因为反式脂肪酸的重量并没有在清单中列明。而实际上，反式脂肪酸在缺失的重量中所占的比例通常比甘油还要高。

反式脂肪酸是那些恐怖脂肪闹剧中的新晋反派——它们似乎和天然饱和脂肪酸一样，会提高血液中的低密度脂蛋白（LDL）也就是"坏"胆固醇的含量。反式脂肪酸并不是天然存在于植物油中，而是在氢化过程中形成的。氢化过程中加入的两个氢原子可能会连接到碳链的相反两侧（专业术语：反式结构），而不是同一侧（专业术语：顺式结构）。这改变了脂肪酸的分子形状，从扭结变成了直线形，从而使它的形状和特性都与饱和脂肪酸相似。

部分氢化植物油可能含有大量反式脂肪酸，但目前并没有在食品标签上单独标出，主要原因是其含量难以确定。

如果你想追求长寿，你还是应该继续留意标签上列出的"总脂肪"含量。但是，要知道这些脂肪中主要是"好脂肪"还是"坏脂肪"，请忽略确切的克数，着重关注饱和脂肪（酸）、多不饱和脂肪（酸）和单不饱和脂肪（酸）的相对含量，这才是关键。请记住，在写本章时，有害的反式脂肪酸仍然潜伏在标签之外的某个地方，FDA 正在考虑将它们与饱和脂肪酸放在一起。

哦，还有我的优质苏打饼里那些"0 克脂肪（酸）"，怎么莫名其妙地加起来竟有 2 克总脂肪呢？有没有一些脂肪是完全不含脂肪酸的呢？没有。如果真的不含脂肪酸就不能算脂肪了。其实就是 FDA 允许制造商在某种脂肪或脂肪酸的含量低于 0.5 克时将其列为"0 克"。

我们一年级学过的算术还是相当可靠的。

够清了吗？

我有一份食谱需要用到澄清黄油（clarified butter）。我怎么做才能把黄油澄清呢？澄清黄油有什么用呢？嗯，除了把黄油变清澈之外。

这取决于你的看法。将黄油澄清可以除去所有的东西，只留下美味的、会堵塞血管的、高度饱和的乳脂。但是如果我们炒菜时用乳脂来代替普通黄油，就可以避免摄入有潜在致癌风险的有害褐变蛋白质。选一种毒药吧！

有些人认为黄油是一块包含负罪感的脂肪，但无论有没有负罪感，它并不全是脂肪，而是由脂肪、水和固态蛋白质三部分组成的混合物。当我们澄清黄油时，我们会将脂肪分离出来，并舍弃其他部分。使用纯脂肪，我们就能以更高的温度煎炒而不会导致脂肪烧煳或冒烟，因为普通黄油中的水会阻止温度升高，而固态蛋白质则容易烧煳及冒烟。

如果在煎锅里加热普通黄油，固态蛋白质会在 250°F（约 121℃）褐变并冒烟。减少这种现象的方法之一是在锅中加少许食用油来"保护"黄油，食用油的烟点大概是 425°F（约 218℃）。不过，黄油里的蛋白质多少还是会褐变的。

或者，你可以使用澄清黄油。澄清黄油是没有蛋白质的纯油，温度不到350℉（约177℃），它是不会冒烟而触发你的烟雾报警器的。

因为细菌会不断侵蚀蛋白质，但不会影响纯油，所以，澄清黄油比普通黄油的保存时间长得多。在缺乏冷藏设备的印度，人们会将黄油慢慢熔化，然后煮沸直至水分蒸发且蛋白质和糖轻微烧焦，产生一种令人愉快的坚果风味，从而制成澄清黄油（usli ghee）。

澄清黄油最终还是会酸败的，但酸败只是产生一种酸臭味，而不是细菌污染。事实上，西藏地区的人民更喜欢他们的澄清酥油有点酸败风味。萝卜青菜各有所爱嘛。

要想澄清含盐或无盐黄油，你需要在尽可能低的温度下慢慢熔化它，记住，它很容易烧焦。油、水和固态蛋白质会分成三层：顶层的酪蛋白泡沫、中间的透明黄色油、底层含有牛奶固形物的水悬浮液。如果你用的是含盐黄油，盐会分布在顶部和底部的两层中。

撇去顶层的泡沫，把油——澄清黄油倒进或舀进另一个容器，留下水和沉淀物。或者用肉汁分离器把水层倒掉。更好的办法是把整锅东西拿去冷藏，然后上面的泡沫可以从凝固的脂肪上刮去，而脂肪也可以从水层上剥离出来。

不要丢弃酪蛋白泡沫——它含有大部分的黄油风味，可以用它给蒸蔬菜调味。用它来做爆米花简直绝了，尤其是那些来自含盐黄油的酪蛋白泡沫。

我一次会澄清几磅黄油，然后将它们倒入塑料制冰盒中，每个冰格大概是两汤匙的量。冷冻过后，我会把"黄油方块"取出放在塑料袋里，保存在冰箱冷冻层，需要时再取出。

1量杯（两条）普通黄油可以产出约¾量杯的澄清黄油。你可以用等量的纯黄油替代食谱中的普通黄油。

顺带一提，水层中包含了所有的乳糖。那些因为乳糖不耐症而不能吃普通黄油的人，可以使用澄清黄油烹饪。这可能是要澄清黄油的主要原因之一。

禁止吸烟

脆皮土豆安娜

在这道经典菜肴中使用澄清黄油可以将土豆烤得金黄酥脆。即使烤箱温度很高，澄清黄油也不会烤煳或冒烟，因为其中不含牛奶固形物。选用铸铁平底锅效果最好。

○ 4个中等大小的土豆，最好是育空（Yukon）金土豆
○ 2到4汤匙澄清黄油
○ 粗盐
○ 现磨胡椒粉

1. 将烤箱预热至450℉（约232℃）。取一个8½英寸的铸铁平底锅和一个合适的盖子，在煎锅中涂上厚厚的黄油。土豆洗净擦干，切成⅛英寸的薄片。去不去皮由你自己决定。

2. 从锅的中心处开始，将土豆片彼此重叠着向外扩散排列，按圆形或螺旋状在平底锅底部码上一层土豆片。在这层土豆片上刷上黄油，撒上盐和胡椒。继续码土豆层并刷上黄油，直到用完所有土豆片。

3. 把剩下的黄油倒在顶层的土豆上。炉子开中火，把土豆加热到"嘶嘶"作响。盖上盖子，放入烤箱，烤制30分钟到35分钟，也可用叉子或牙签测试。用餐刀或叉子将土豆层边缘抬起时，如果可以看到底部有一层薄薄的脆壳，则烤制完成，如果没有，就再烤久一点。

4. 使劲摇一摇平底锅，弄松所有粘在锅上的部分。如果有必要，可以用宽边金属刮刀刮一下锅底。把平底锅翻转过来，将土豆有脆皮的一面朝上倒在浅盘或大号深盘中。

该食谱可做约 4 人份。

更好的黄油

在法国，我吃到了最美味的黄油——比我在美国吃过的任何黄油都好吃。是什么让它如此不同？

更多的脂肪。

市售黄油含有 80% 到 82% 的乳脂（milk fat 或 butter fat），16% 到 17% 的水，和 1% 到 2% 的牛奶固形物（如果是含盐黄油，还会有大约 2% 的盐）。美国农业部（USDA）规定，美国黄油的乳脂含量不得低于80%，而大多数欧洲黄油的乳脂含量下限为82%，有些甚至高达84%。

这乍一听似乎没有什么区别，但是脂肪更多意味着水分更少，因此风味更浓郁、醇厚。糕点师们通常称欧洲黄油为"干黄油"。此外，使用脂肪含量更高的黄油，可以做出更顺滑的酱汁和更酥脆、风味更饱满的酥皮糕点（把你在法国吃过的羊角包和美国那些高不成低不就的山寨货比比就知道了）。

如你所知，黄油是通过搅拌奶油或未均质的全脂牛奶制成的。搅拌力会打破奶油中的乳化体系（扰乱悬浮在水中的微小脂肪球），因此其中的脂肪球得以脱离而出并自由地结合成米粒大小的颗粒。这些颗粒继续缠聚在一起，从牛奶中被称为脱脂乳（buttermilk）的水层中分离出来（如今的人工脱脂乳产品还会经过进一步加工）。接着，用水清洗分离出的脂肪，并对其进行"处理"以榨出更多脱脂乳。欧洲黄油通常是小批量生产的，这样可以更彻底地去除脱脂乳。

美国品牌的欧式黄油有凯勒斯牌（Keller's），它之前的名字是普拉格哈（Plugrá），是法语"plus gras"的双关语，意为"更多脂肪"。另外还有蓝多湖牌（Land O' Lakes Ultra Creamy）和查林杰牌（Challenge）。专卖店有售自法国和丹麦进口的欧洲黄油，多带点欧元。

使劲压榨

我觉得玉米是低脂食物。那么他们是怎么搞到这么多玉米油的呢？

他们用了很多玉米。

玉米确实是一种低脂食物，只要你不要在吃的时候把它涂上厚厚的黄油，一根玉米大约只含有 1 克脂肪，但它是美国迄今为止产量最大的农作物，在 42 个州均有种植，每年的产量超过 90 亿蒲式耳[①]。90 亿蒲式耳的玉米中含有大约 30 亿加仑[②]的油，这个数量的油足以油炸整个特拉华州。

谷物的胚芽中含有油，大自然母亲将油作为能量的浓缩形式储存起来——每克 9 卡路里，为种子发芽孕育新生物这样随处可见的奇迹提供养料。对玉米来说，胚芽只占玉米粒的 8%，而这 8% 中只有大约一半是油，所以一根玉米确实没法跟喷油井相提并论。

你应该可以想象得出，把油从玉米中取出来需要做些什么。首先，玉米粒要在磨坊中浸泡热水 两天，然后粗磨一次使胚芽变得松动。然后，用浮法（floationg）工艺或旋流（spinning）工艺将胚芽分离。最后将其干燥并压碎以榨出油分。

烟雾之中

不同的食用油的沸点有何不同？对厨师会产生什么影响？

我觉得你想问的不是沸点，因为尽管"下滚油锅"这个说法确实弥漫着残忍的诗意，但油其实是不会滚沸的。

---

① 1 蒲式耳约等于 27.2 千克。
② 1 加仑约等于 3.79 升。

在远没有达到可以冒泡的热度之前，食用油就会分解为难闻的化学物质和碳化颗粒，这时，你的味蕾会检测到烧焦的味道，鼻腔里会充满难闻的气味，耳朵里还会响起刺耳的烟雾警报声。如果你想问的是实际烹饪中油能承受的最高温度，那这和它的沸点并没有关系，而是受制于油开始冒烟时的温度。

植物油大部分来自植物的种子，常见的植物油的烟点范围为250℉到450℉（约121℃到232℃）或更高。虽然某些书中给出了所谓的精确烟点数值，但是实际情况中的烟点温度是无法具体给出的，因为即使是一种特定类型的油，其提炼程度、种子品种，甚至用来榨取该油的植物生长期间的气候和天气都会使烟点发生很大的变化。

不管怎么说，起酥油和食用油研究所（什么东西都有个研究所，不是吗？）给出了一些常见食用油的大致烟点范围：红花油，325℉到350℉（约163℃到177℃）；玉米油，400℉到415℉（约

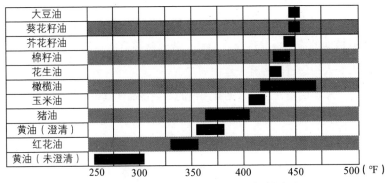

一些新鲜食用油的大致烟点范围，包括猪油
确切的烟点取决于油的提炼方法，如果油已被使用过，其烟点可能会大大降低。除猪油外，其余信息皆来自起酥油和食用油研究所（Institute of Shortening and Edible Oils）。

204℃到213℃）；花生油，420℉到430℉（约216℃到211℃）；棉籽油，425℉到440℉（约218℃到227℃）；芥花籽油，435℉到445℉（约224℃到229℃）；葵花籽油和大豆油，440℉到450℉（约227℃到232℃）。不同类型的橄榄油的烟点从410℉到460℉（约210℃到238℃）不等。特级初榨橄榄油的烟点通常比较低，而轻质橄榄油由于已经过滤过，烟点是最高的。动物脂肪的烟点通常比植物油更低，因为饱和脂肪酸更容易分解。

如果温度达到约600℉（约316℃），大部分食用油将达到其闪点，在闪点温度下，油的蒸汽可以被明火引燃。如果温度继续升高至大约700℉(约371℃)，大多数油会达到其燃点并自发着火。

美国厨师认为，除了少数专用油外，大多数油都很柔和，没有什么突出的风味。而橄榄油则因其复杂的风味而备受推崇，其时而带有坚果味或胡椒味，时而带有青草味或果味，这取决于橄榄油的产地和国家、橄榄的种类以及其生长条件。地中海菜系的独特品质很大程度上是因为这个菜系对橄榄油使用独到，它在食谱中不只充当一种烹饪媒介，更是一种风味成分。从烘焙到油炸，橄榄油的应用极其广泛。而且，我还从没有听过哪个西班牙或意大利人抱怨过厨房有一丝油烟。

幸运的是，几种常见食用油的烟点都高于其理想的油炸温度范围，也就是350℉到375℉（约177℃到191℃）。但是如果你控制得不够仔细，脂肪的油炸温度还是会达到约400℉（约204℃），所以安全范围其实也不是很大。只要你在火力控制上下手不是非常重，那么除了食用脂肪中烟点最低的未澄清黄油会在250℉到300℉（约121℃到149℃）就开始冒烟，其他油脂在煎炒时不需要太过担心冒烟的问题。

　　需要特别注意的是，上面提到的所有烟点都是对于新鲜的油来说的。油一旦经过加热或氧化，就会分解成游离脂肪酸，进而降低其烟点，并使其味道发苦。因此，重复使用的油炸油，或任何过度暴露在高温或空气中的油，都将更容易冒烟，并产生一种令人不悦的味道。此外，热油易于聚合——它们的分子结合在一起，形成更大的分子，增加油的黏稠性并加深其颜色。最后，热油会分解成有害健康的化学物质，比如那些叫作自由基的反应活性极高的分子碎片。

　　所以，综合各方面的考量，既要满足健康又要满足口腹之欲，最安全、最棒的办法就是，油炸不超过两次之后就换油，或在察觉到它冒烟时就立即弃用。

　　　　　　　　　　　　　　　　　　　　　　　　　　　

油炸甜点

意大利乳清干酪油炸馅饼（Ricotta Fritter）

　　油炸食品并非注定油腻，厨房也可以保持无烟。这些油炸馅饼口感轻盈且酥脆，而且，只要油炸温度保持在 355℉ 至 365℉（约 179℃ 到 185℃），就不会有橄榄油的特殊味道或油腻感。最后洒上蜂蜜是传统的画龙点睛之笔，但水果糖浆也是不错的选择，尤其是草莓糖浆。

　　○ 1 量杯又 2 汤匙（8 盎司纸盒装）意大利乳清干酪
　　○ 2 个大号鸡蛋，轻轻打匀
　　○ 1½ 茶匙熔化的无盐黄油
　　○ 1 汤匙糖

○ 1 颗柠檬的外皮搓丝

○ ⅛ 茶匙新鲜磨碎的肉豆蔻

○ ⅛ 茶匙盐

○ ⅓ 量杯通用面粉

○ 橄榄油

○ 果糖浆或蜂蜜

1. 将乳清干酪置于一个中等大小的碗中。加入打好的鸡蛋，并搅打至完全混匀。加入黄油、糖、柠檬皮、肉豆蔻和盐，搅拌均匀。加入面粉搅拌均匀，将得到的混合物放在一边静置两小时。

2. 在一个小而深的炖锅中加入 1 英寸（约 2.5 厘米）深的橄榄油，开中高火（我们使用的是一口沉甸甸的、直径 7 英寸［约 17.8 厘米］的炖锅）。将油加热到 365°F（约 185℃），用煎炸型温度计测量油温。如果你没有合适的温度计，可以通过往油里滴一点面糊来估测温度，如果面糊立即浮上表面，那么温度就差不多了。

3. 每次放入一汤匙的面糊，另取一把勺子用来将汤匙中的面糊推出来，一锅不用炸太多面糊。油炸馅饼会膨胀并变成褐色，用筷子或木勺将它们翻面，将另一面炸至褐色。炸好后，用漏勺将它们捞出来，放在纸巾上沥干油分。重复这个步骤，直到用完所有的面糊。

4. 将油炸馅饼趁热上桌，并淋上果糖浆或蜂蜜。

该食谱可制作 30 个油炸馅饼，约为 4 到 6 人份，除非厨师的助手特别喜欢试吃。

摆脱讨厌的脂肪

在做了油炸食物后，我该怎么丢弃用过的油脂？
这是环保大忌，不是吗？

是的。虽然食用油脂总会被生物降解，但它们会在垃圾填埋场中积聚多年。不过，它们比石油好多了，因为只有一两种细菌可以消化石油，所以石油基本算得上是"永世长存"了。

少量的油脂可以直接用纸巾吸收，然后扔进垃圾桶。对于量稍微大一些的油脂，我会把它们倒进空的食物储存罐中并放入冰箱冷冻层，它们会被冻得结结实实。当储存罐装满后，我会把固态油脂密封在塑料袋中，然后丢进垃圾桶，希望它不会融化，也不会漏出来，直到它离我远远的，远到没人知道它是从我这里来的。我知道这么做不太好，但这比直接把它倒进下水道要好得多。再说，等到垃圾被焚烧时，它还能助燃呢。

大量的二手油炸油就比较棘手了。餐馆通常会订购一项处理服务，帮助他们回收大量二手"油脂"，然后倒卖给肥皂和化学品公司。但是如果是在家里，你还能拿这些废油怎么办呢？把它们打包成"礼物"塞进没上锁的车里，然后把车留在危险街区等着别人把它偷走吗？

我曾向环保局的一位水文地质学家（他研究地下水）咨询，他建议，除非你的房子下面有一整套污水处理系统，否则，你应该在废弃油脂中加入大量去油力很强的洗洁精，搅拌或摇晃至彻底均匀，然后慢慢地倒进垃圾粉碎机并灌入大量冷水，最后，等待当地的污水处理厂处理它。但是，我并不建议你这么做，否则如果你的管道堵塞了或者你所在当地的污水处理厂停机了，别怪我。

其实，更好的方法是将环境债务转化为环保资产，将二手食用油用作替代燃料，比如用于柴油驱动的大众、奔驰或皮卡车。毕竟，1900 年鲁道夫·狄塞尔（Rudolf Diesel）在巴黎世界博览会上展示的他新发明的发动机是用花生油发动的。约书亚·蒂克尔（Joshua Tickell）的《从炸锅到燃料箱》（*From the Fryer to the Fuel Tank*，格林蒂奇出版社，2000 版）会教授具体做法，如果你还没读过这本书，先不要尝试这种做法。

如果你采用了这个方法，我建议，如果你开的是大型车，就不要给你的车灌食用油脂了。

什么情况下油不是油？

那些不粘烹饪喷剂的工作原理是什么？它们的标签上写着零脂且低卡路里，但当我把它喷在平底锅上时，它看起来就像油一样。有没有所谓的零脂油？还是它们含有某种油的化学替代品？

不，没有所谓的零脂食用油。脂肪是一类特殊的化合物，而油就是一种液态脂肪。喷雾中也没有油的替代品，因为——准备好知道真相了吗？——它们就是油。

这些方便的小易拉罐非常适合给烤盘和松饼模具上油层，比手动涂油方便得多。它们的主要成分是植物油，通常还会添加一些卵磷脂（lecithin）和酒精。卵磷脂是一种类似脂肪的物质（专业术语：磷脂），存在于蛋黄、大豆中及其他一些地方，有助于防止食物粘在一起，但是，这些喷剂依然基本全是油。

这些喷剂的主要优点是能让你更好地控制卡路里和脂肪的摄入。因为你不需要往煎锅里倒很多油，只需要用喷剂快速一喷就可以了。酒精会蒸发，留下油和卵磷脂覆盖在锅中。你仍然是在一层油上进行烹饪，但是油层很薄，因此热量较低。

为了争取高利润的"零脂"宣传语，生产商可能会在烹饪喷雾的标签上放一些相当匪夷所思的数字。比如，帕玛牌（Pam）喷雾的标签上夸口说"每份仅含 2 卡路里热量"。但是"一份"是多少呢？标签上的定义是 ⅓ 秒喷出的剂量，并声称这个剂量足够覆盖一口 10 英寸（约 25 厘米）煎锅的 ⅓（那做 ⅓ 的欧姆蛋肯定是刚刚好咯）。在这场比拼谁家宣称的卡路里更低的竞赛中，某种喷剂的标签上甚至写着"一份"是仅仅 ¼ 秒喷出的剂量。

即使你没有比利小子（Billy the Kid）那样如扳机般精准校正的手指，或者毫不谨慎地随便往锅里喷了整整 1 秒钟，你所摄入的热量也不会超过 6 卡路里。即便如此，脂肪很少也不代表零脂。那么，如果要在标签上合法地声称"零脂"，脂肪的含量必须低至多少呢？

根据 FDA 的规定，任何每份脂肪含量低于 0.5 克的产品都可以被标注为含有"零克脂肪"。⅓ 秒喷出的油脂喷雾含有大约 0.2 克脂肪，因此，它的"零脂"是合法的。如果他们将一份定义为一整秒喷出的剂量，那就超过了 0.5 克的限制，也就不能称之为零脂了。聪明的一招，对吧？

顺带一提，如果你是那种一板一眼的人，你可以在不粘煎锅上喷一点不粘喷雾，这样煎出来的食物比没喷油脂喷雾的上色更好。不好意思，我是说比没喷"零脂"喷雾的上色好。

从瓶子里倒出的橄榄油很难呈一股整齐的细流。每个品牌的油嘴似乎都有所不同，而重新罐装那些"油壶"分装瓶又十分麻烦。所以，我会把油留在它原装的瓶子中，但是把瓶盖换成那种酒瓶子用的带有酒嘴的瓶塞。这种瓶塞几乎适用于所有橄榄油瓶子，可以重复使用，并且倒出的细流不会滴滴答答的。

橄榄油的油嘴

警告：肥腻腻的面条来袭

我喜欢吃方便面，但我注意到每份方便面都含有大量的钠和脂肪。这些脂肪是来自于面条还是调味料？

面条和调味料包中的成分是分开列出的，所以你很容易就能知道哪些成分来自哪里。盐（通常含量很高）来自调味料。你可能觉得面条里不会含有脂肪，但事实就是这么令人惊讶，大部分脂肪都藏在面条里。

我知道你们一直很好奇那些弯弯绕绕的、压得很紧实的长方形面饼是如何制作出来的，我也好奇，所以，在你们的问题的启发下，我找到了以下这些信息。

首先，面团被从一排喷嘴挤出，形成一排长长的、波浪状的面条。然后，面条被按照一定的长度剪短并折叠起来。接着，折叠后的面条被放入模具中油炸，面条因此变干并使面饼可以一直保持其卷曲的形状。显然，深度油炸会增加面条的脂肪含量，尽管一些调料包中也含有少量油，但实际上基本所有的脂肪都在面条中。

有些品牌的方便面是风干的，而非油炸的，但如果包装上没有注明，唯一能判断方便面是否油炸的方法就是查看方便面的配料表中有没有脂肪。我对四种知名品牌的方便面的营养成分表进行了计算，发现除了热水外，一碗汤面的成分中含有 17% 到 24%的脂肪。所以，如果你认为方便面"只是意大利面"，那你可能需要重新想一想了。

一场毫无悬念的酒吧赌注

一个朋友想跟我打赌，说高脂奶油（heavy cream）比低脂奶油（light cream）轻。我应该下注吗？

别，你会输的。

高脂奶油比低脂奶油含有更多的乳脂（通常称为黄油脂肪，因为它可以用来制作黄油）：高脂奶油中含有 36% 到 40% 的脂肪，而低脂奶油中只有 18% 到 30%。（如果你感兴趣的话，高脂奶油的胆固醇含量是低脂奶油的两倍。）但体积相同的话，脂肪是比水轻的——它们的密度较小。因此，水基溶液中脂肪的比例越高，溶液就越轻。

但是差别并不大。在我的厨房实验室里，1 品脱（约 568.26 毫升）高脂奶油重 475.0 克，而 1 品脱低脂奶油重 476.4 克，比原来重了 0.3%。

两种奶油的英文名字中的"重"（heavy）和"轻"（light）完全不是用来表示重量——它们表示的是奶油的浓郁感和醇厚感。脂肪含量越高的物质越醇厚、越稠厚，因此在舌头上的感觉更厚重（heavier）。

切割脂肪

他们是怎样使牛奶达到均质的？

我的读者中较年长的那些可能还记得，牛奶曾经是装在瓶子里送到门口的（我在历史书里读到过）。那时候的牛奶顶层有一层分离出来的奶油。为什么呢？因为奶油其实就是乳脂含量更高的牛奶，而脂肪比水轻（密度更小），所以它会浮在上层。我们（我是说那些老前辈们）必须使劲摇晃瓶子才能使乳脂均匀分布。

如果脂肪球可以被切成足够小的"小球"（直径约为 1 英寸

［2.54厘米］的 $\frac{1}{80000000}$）它们就不会再上浮了。因为在这个尺寸下，水分子会从各个方向对它们狂轰滥炸，使得它们悬浮在原位。

为了做到这一点，牛奶从管道中以每平方英寸（约6.45平方厘米）2500磅（1133.98千克）的压力通过金属筛子喷出，形成由尺寸微小到足以悬浮的脂肪颗粒组成的细腻喷雾。

酸奶和冰激凌通常是由均质牛奶制成的，但黄油和奶酪不是，因为在黄油和奶酪的制作工艺中，我们希望乳脂球能够结合形成一个单独的部分。

重温巴斯德

近来，我在超市里看到的牛奶和奶油全都声称是"超高温巴氏杀菌"的。那普通的、老派"巴氏杀菌"怎么了？它杀死的细菌还不够多吗？

我喜欢这个问题，因为它帮我解决了一个老问题。

1986年，我曾在法国南部住了6个月，在那里，我看到了在美国从未见过的景象，超市的牛奶都放在货架上，没有冷藏。这些牛奶并非装在玻璃瓶或覆膜纸盒里，而是装在砖头形状、仿佛只是纸壳子做的盒子中。

我那时很好奇他们是怎么做到的。虽然牛奶在法国确实不是首选饮品，但他们如此漫不经心地处理牛奶也没人找他们麻烦吗？这些牛奶不会变质吗？我暗下决心，一回到美国就要弄清楚这件事情，但我似乎有点拖延症。

玻璃奶瓶发明于1884年，其在第二次世界大战后开始逐渐被覆蜡纸盒所取代。之后，蜡又逐渐被塑料涂层取代。如今，覆膜纸盒与全塑料的半透明牛奶桶平分秋色，全塑料牛奶桶在大尺寸包装中尤占优势。而那些砖头形状、无须冷藏的容器被称为无菌包装，当然，就是完全没有细菌的包装。

但是，我们在这个国家买的牛奶难道不都是无菌的吗？答案令人惊讶，虽然那些牛奶都进行了不同方式的巴氏杀菌，但它们并非无菌。杀死所有的细菌与阻止少数存活细菌进行繁殖是有区别的。

巴氏杀菌法的目的是通过"蒸煮"杀死或使所有致病微生物失活。不同时长和温度的组合都能完成有效的巴氏杀菌，这就像你在烤鸡时可以选择在较低温度下烤制更长时间或较高温度下烤制更短时间一样。传统的巴氏灭菌，最初的目的是杀死结核杆菌（tuberculosis bacilli），须将牛奶加热至 145°F 到 150°F（约 63℃ 到 66℃）并在该温度保持 30 分钟。传统的巴氏杀菌法已不常用，因为它不能杀死、灭活耐高温的细菌，如乳酸菌（Lactobacillus）和链球菌（Streptococcus）。这就是为什么普通的巴氏杀菌奶仍然需要冷藏保存。

后来的巴氏瞬间灭菌法（flash pasteurization）将牛奶加热至 162°F（约 72℃）并保持 15 秒。但是如今，现代化的奶制品加工机器可以瞬间将牛奶加热至 280°F（约 138℃）并仅需保持 2 秒就能到达灭菌效果。在该工艺中，牛奶穿过滚烫、平行的加热板之间狭窄的空隙，然后被迅速冷却至 38°F（约 3℃），这就是超高温巴氏灭菌。超高温巴氏杀菌的牛奶和奶油仍然需要冷藏，但是它们的保质期根据冰箱温度（绝不能高于 40°F［约 4℃］）的不同从 14 天到 18 天延长到了 50 天到 60 天。

我刚才是不是说超高温巴氏灭菌能将牛奶加热到280℉（约138℃）？我是这么说的。但是，那么高的温度，牛奶不会先被煮沸吗？没错，如果牛奶是在一个与大气相连的容器中，它确实会被煮沸。但正如高压锅会提高水的沸点那样，巴氏杀菌设备也是在高压下加热牛奶的，从而防止其沸腾。

欧洲对超高温巴氏杀菌和无菌包装的使用早于美国，就是我在法国看到的牛奶"砖头"。在无菌包装技术中，牛奶在超高温巴氏灭菌技术下经过高温短时灭菌后，被送往经过蒸汽或过氧化氢灭菌的容器和包装机器，进行无菌灌装和密封。由此得到的产品无需冷藏便可以保存几个月甚至一年。此外，由于包装内不含空气且完全密封，乳脂不会因为氧化而酸败。

我们很少能在美国的市面上看到无菌包装的牛奶或奶油。无菌包装通常见于有机区与"健康食品"区的豆奶和豆腐，以及那些小"饮料盒"包装的果汁。在欧洲，无菌包装使用广泛，这可能与无菌包装更节能有关。无菌包装的食品在运输过程中无须冷藏，而且重量比不锈钢罐头或玻璃瓶要轻。业内人士曾向我透露，美国对无菌包装的使用度不如欧洲的另一个原因是美国消费者不信任没有冷藏的牛奶。许多消费者也曾告诉我，高温巴氏杀菌奶有一种不讨喜的蒸煮味道。

但无论你家的牛奶或奶油是经过了何种巴氏杀菌或包装，它都会过期，就像你我一样，所以，一定要检查包装上的日期。

第四章

厨房里的化学物质

烹饪即化学，这话已是老生常谈了。诚然，加热食物会引起化学反应，继而导致化学变化。我们衷心地希望这些化学变化能够改善食物的味道、质地和可消化性。但是，烹饪的技艺之所以能上升到艺术，关键在于明了哪些"反应物"配料可以相互组合，以及如何对这些组合加以利用，以产生最令人满意的化学变化。

这样描述人生最大的乐趣是不是太有失浪漫了？诚然。但事实就是如此，所有的食物都是化学物质。碳水化合物、脂肪、蛋白质、维生素和矿物质都是由那些叫作分子和离子的微小化学单位组成的。所谓的烹饪、新陈代谢，甚至生命本身就是一个几乎无限复杂的化学反应集合体，各种不同的分子在其中扮演着数量庞大且各不相同的角色。

除了主要的营养素外，我们在烹饪中还会遇到许多其他的化学物质。在这一章中，我们来看看"我们食物中的化学物质"。这句话的含义并不像食品添加剂反对者宣称的那样可怕，而是为了使我们认识到，归根结底，我们的食物都只不过是化学物质。纯水，或者说 H_2O，毋庸置疑是最为重要的化学物质。

滤水器

滤水器到底是干什么用的？我买了一个碧然德滤水壶，它声称可以用叫作"离子交换树脂"的玩意儿来去除铅和铜等物质。那它们也会去除有用的东西吗？比如氟化物？

"滤水器"（water filter）这个名字有些歧义。"过滤"（filtered）这个词的字面意思是指，水通过一个含有小孔或细小通道的介质并过滤出悬浮颗粒。当你在一个供水系统不甚可靠的国家旅行时，若你询问服务员水是否经过过滤，一个肯定的答复可能仅仅意味着水是清澈的。

在美国，过滤器（filter）已经成为一种设备通用词，它不仅能洁净水体，还能通过去除异味、有毒化学物质和致病微生物来纯化水体。这样做是为了确保水体不仅安全，而且可口。

去除气味和味道的必要性，你靠鼻子和上颚就能明白。至于有毒化学物质和病原体，众多当地自来水公司或独立实验室都能提供分析。如果你足够偏执，你可能会想要寻找一个除了水的湿润感，其他所有东西都能去的过滤器。但请谨记，为了去除不存在的东西而购买设备是在浪费金钱，不断更换滤芯可是很费钱的。

什么样的"坏东西"会污染水体呢？工业及农业化学品、氯及其副产品、金属离子和胞囊。胞囊是寄生性原生虫（如隐孢子虫和贾第鞭毛虫）中微小的囊状结构，对氯有抵抗性，可在免疫力低下的人中引起腹痛、腹泻甚至更严重的症状。

隐孢子虫和贾第鞭毛虫的胞囊通常大于 1 微米或 $\frac{1}{40000000}$ 英寸，所以任何孔隙小于这个尺寸的屏障都能将它们滤除。但并非所有过滤设备都包含这样的微粒过滤器，所以如果胞囊对你的影响较大，你需要请查看产品说明书中是否有关于减少胞囊的性能说明。

市售的滤水器包括批量生产的滤水壶和用于水龙头或供水管道中的滤芯。它们去除污染物的手段有三种：炭、离子交换树脂和粒子滤波器。

大多数滤水器的主要部件是活性炭，这种材料对所有化学物质（尤其是气体，包括氯气）都有着惊人的胃口。木材等有机物质在有限的空气中加热会分解成多孔的碳元素，但不会真的燃烧，从而形成木炭。根据制造工艺的不同，木炭的微观表面积可以相当大。一盎司所谓的活性炭的表面积可达到约 2000 平方英尺（约 186 平方米）。最好的一类活性炭是用椰子壳制成的。活性炭庞大的表面对水或空气中游离的杂质分子具有很强的吸引力，而且杂质一旦吸附在活性炭表面，便会被牢牢粘住。

糖溶液中的有色杂质和防毒面具中有毒气体的吸附（adsorb）都用到了活性炭（adsorb 并不是印刷错误。吸附，adsorb，是指分子附着在某一表面上；而吸收，absorb，是指将某种物质整个吸入。炭可以吸附，而海绵可以吸收）。滤水器中的木炭可以去除氯和其他异味气体，以及除草剂和杀虫剂等各种化学物质。

现在讲讲那些离子交换树脂。它们是类似塑料的小颗粒，可以去除铅、铜、汞、锌和镉等金属。当然，这些金属不是以块状存在于水中，而是以离子的形式存在。

当某种金属化合物溶解在水中时，金属会以离子（带正电的原子）的形式进入溶液。但是，想要直接用木炭将这些离子吸取出来却是行不通的，因为除去了正电荷会让水体带有过多负电荷，而且这种操作非常昂贵，需要消耗大量能量，因为大自然十分喜欢让世界保持电中性。

我们能做的就是把这些阳离子换成其他相对无害的阳离子，比如钠离子或氢离子，这就是离子交换树脂的作用原理。离子交换树脂中含有结构松散的钠离子或氢离子，可以与水中的金属离子交换位置，并将金属牢牢地困在树脂中。树脂（以及木炭）最终会因为充满污染物而必须被替换，它能工作多久取决于水的污染程度，如果你家的水很硬，那么离子交换树脂还须同时去除水中的钙镁离子，更换频率会更高。

大多数家用滤水器都含有活性炭和离子交换树脂，这两部分通常放在同一个滤芯中。因此，家用滤水器可以去除金属和其他化学物质，但不一定能去除致病性胞囊。正如我上文提到的，记得查看一下产品说明书中关于胞囊的声明。

滤水器能去除氟化物吗？一般来说，不会。氟是带负电荷的，而非正电荷，所以只能交换阳离子的离子交换树脂不会对它做什么。但如果滤水器的滤芯是新换的，那么活性炭的吸附作用可能会将前面一两加仑①水中的氟滤掉。但是，在那之后，滤水器就不会去除氟化物了。

白色粉末双胞胎

有些食谱需要用到小苏打，有些则需要泡打粉，还有些两者都要用到。它们有什么区别呢？

---

① 1加仑约等于3.79升。

它们所含的化学物质不同。

小苏打（又名碳酸氢钠）是一种单一化学物质——纯碳酸氢钠，而泡打粉是小苏打与一种或多种酸性盐的混合物，比如一水磷酸一钙、二水磷酸二钙、硫酸铝钠或磷酸铝钠。

现在，我成功地给化学迷们吃了颗定心丸，而其他的读者已经被我说得云里雾里了，让我努力挽回后者。

小苏打和泡打粉的作用都是胀发：产生数以百万计的二氧化碳小气泡，从而使烘焙产品胀发。气泡在湿面糊中产生，并因烤箱的加热而膨胀，直到面糊因加热而凝固，将气泡固定在其中。最终将（有希望）获得一个轻盈、松软的蛋糕，而不是一摊浓稠、黏糊糊的东西。

这两种名字容易混淆的膨松剂的工作原理如下。

小苏打一旦接触到如脱脂乳、酸奶油或硫酸（不推荐）这类的酸性液体，就会释放出二氧化碳气体。这是所有碳酸盐和碳酸氢盐都具备的特性。

而泡打粉则是一种已经混入了干燥酸的小苏打。当食谱中不含其他酸性成分时，就可以选用泡打粉。一旦泡打粉接触到水分，其中的两种化学物质就会开始溶解并相互反应，继而产生二氧化碳。为了防止它们过早开始"交往"，它们必须被严格保护在一个密封的容器中，以免受到空气中水分的影响。

小苏打几乎可以无限期保存，不过它会在储存过程中吸收酸性气味和味道，这也是人们会在冰箱里放一盒敞开的小苏打的原因。而泡打粉在几个月后就会失去效力，因为其中的化学物质会缓慢地相互反应，尤其是当泡打粉暴露在潮湿空气中时。你可以

在水中加入一些泡打粉来测试，如果它不能产生大量气泡，就说明它已失去效力，胀发效果也会很差。扔掉它，买一罐新的吧！

在大多数情况下，我们不希望泡打粉在搅拌面团时就释放出所有的气体，因为这时的面糊还没有经过烘烤，无法留住气泡。所以，我们可以购买"双作用"泡打粉（现在大多数泡打粉都是这种类型，不管标签上有没有注明），这种泡打粉接触到水分时只会释放一部分气体，其余气体只有在烤箱中接触到高温后才会释放。一般来说，这种泡打粉中含有两种化学物质，分别负责这前后两步的反应。

但是为什么会有同时需要小苏打和泡打粉的食谱呢？在这种情况下，实际上负责胀发蛋糕或饼干的是泡打粉，泡打粉中所含的碳酸氢盐与酸的比例正好可以完全相互反应。但如果食谱中碰巧还有脱脂乳这种酸性成分，泡打粉的平衡比例就会被打破，所以需要小苏打带入一些额外的碳酸氢盐以中和多余的酸。你可以问任何一个化学家，但如果他或她说出"滴定"（titration）这个词，你就赶紧走人。

一般的面包师会自制膨松剂，以便在烘焙过程中的适当时间和温度下释放出适量的气体。在家庭厨房中，最安全的做法就是不要随意篡改久经考验的食谱——使用指定剂量的膨松剂。

铝会引起什么病吗？

泡打粉罐子的标签上写着：含有硫酸铝钠。但是吃铝不是很危险吗？

　　FDA 将硫酸铝钠和其他几种铝化合物列为 GRAS，即一般认为安全（Generally Regarded as Safe）。

　　大约 20 年前，一项研究发现，老年痴呆症患者脑中的铝含量更高。从那时起，人们就开始怀疑，无论是食物中的铝、水中的铝，还是被番茄等酸性食物从铝制炊具中溶解出来的铝，都会导致阿尔茨海默病（Alzheimer's）、帕金森综合征（Parkinson's）和 / 或卢伽雷氏病（Lou Gehrig's disease）。

　　自这项研究发现之后，人们又进行了大量研究，得到的结果却是相互矛盾的。在本书撰写之时，阿尔茨海默病协会（Alzheimer's Association）、FDA、加拿大卫生部（Health Canada）都一致同意目前尚无可被证实的科学依据表明铝摄入与阿尔茨海默病之间的联系，因此人们也没有必须远离铝的理由。用阿尔茨海默病协会的话说："铝在阿尔茨海默病中的确切作用（如果有的话）仍有争议且正在被研究。但是，大多数研究人员认为，没有足够的证据表明铝是导致阿尔茨海默病或痴呆的危险因素。"

　　作为数百万慢性胃灼热患者中的一员，在新型抗反流药物尚未问世的多年中，我已经服用了大量的氢氧化铝镁（Maalox 或 MAgnesium ALuminum hydrOXide）和类似的含铝抗酸药，但我尚未出现任何阿尔茨海默病的迹象。

　　好了，现在你的问题应该得到了解答。

．．．

　　铝箔有光亮的一面和哑光的一面，有些人认为这两面各有其特定的作用。但并非如此，哪面朝上都没有区别。这两面的外观不同的唯一原因是：在轧制的最后阶段，为了节省时间，两片铝片会像三明治一样叠在一起进行轧制。所以，这两片铝片与抛光滚轮接触的一面就会更加光亮，而彼此接触的那面就更偏哑光一些。

氨，我们几乎不曾相识

我手上有份古老的食谱需要用到烘焙氨（baking ammonia），那是什么？

氨本身是一种具有刺激性气味的气体，通常溶于水中，用于洗衣和清洁。但烘焙氨指的是碳酸氢铵（ammonium bicarbonate），是一种膨松剂，受热分解成 3 种气体：水蒸气、二氧化碳和氨气。如今它的使用量不大了，你都不一定能找到它，因为氨气如果没能在烘烤过程中完全挥发，就会产生苦味。商业的曲奇烘焙师会用它，因为扁平的曲奇表面积很大，足以让氨气逸出。

酸的力量

我妈妈的肉馅卷心菜食谱需要用到酸盐（sour salt）。我找了好多家商店都没人知道它是什么。我想了想，我也不知道它是什么。酸盐到底是什么？哪儿能买到？

酸盐这个名字取得不恰当，它与食盐或氯化钠毫无关系。事实上，它根本不是盐类，而是一种酸。盐与酸是两类不同的化学物质。每种酸都是独一无二的化学物质，具有不同于其他酸的特性。

但一种酸可能拥有几十种衍生物，这些衍生物被称为盐类，每一种酸都有一系列下属的盐类。所谓的酸盐不是这些下属盐类的其中一种，而是能够衍生出一系列盐类的母酸——柠檬酸。柠檬酸的味道非常酸，广泛应用于从软饮料、果酱到冷冻水果等数百种预制食品中，用以增加酸味。

　　除了酸味，柠檬酸和其他酸类还能延缓酶和氧化作用引起的水果褐变。柠檬酸提取自柑橘类水果或发酵过的糖蜜，常用于中东及东欧菜式中，尤见于罗宋汤中。你可以在犹太市场或大型超市的民族食品区找到以酸盐命名的柠檬酸，而在中东市场它则被称为柠檬盐。

　　当然，柠檬酸不是唯一具有酸味的酸，所有酸类都具有酸味。应该说，只有酸类才具有酸味，酸类独特的性质使其能够产生氢离子，而氢离子能使我们的味蕾对大脑大喊"好酸"。厨房中最强的酸是醋和柠檬汁，但是，酸盐是100%的柠檬酸结晶，而醋只是5%的醋酸水溶液，柠檬汁也只含7%的柠檬酸，所以酸盐比醋和柠檬汁都酸得多。

　　柠檬酸的独特之处在于它的酸味几乎不含任何其他的风味，而柠檬汁和醋的独特风味对于一道菜的整体口味平衡的影响则必须被考虑在内。厨师们如果想要为菜肴增加一点酸味，但又不想带入柠檬味或醋味，就可以尝试一下酸盐。

塔塔粉的坏名声

什么是塔塔粉（cream of tartar）？它和塔塔酱（tartar sauce）或鞑靼牛排（steak tartare）有关系吗？

完全没有。"塔塔粉"和"鞑靼"这两个词的来源不同。

意为鞑靼人的"Tartar"或"Tatar"是中世纪时期横扫亚洲和东欧的成吉思汗蒙古大军的波斯语名字。欧洲人认为鞑靼人缺少文化,或者说起码是政治不正确的,因为他们身着整只动物的皮毛,并且经常生吃兽肉。因此,我们将鞑靼牛排这种当代的半生美食称为"steak tartare":绞碎或切碎的生牛排,加上生洋葱末、生蛋黄、盐和胡椒,再随意来一些点睛的塔巴斯科辣酱(Tabasco)、伍斯特郡酱(Worcestershire)、第戎芥末酱(Dijon mustard)、凤尾鱼和刺山柑花蕾(詹姆斯·比尔德[James Beard]则大胆使用了干邑白兰地来提高菜肴品味)。

塔塔酱是由切碎的泡菜、橄榄、香葱、刺山柑花蕾等混合而成的蛋黄酱(mayonnaise)。通常,塔塔酱是搭配炸鱼一起吃的。经典塔塔酱可能含有醋、白葡萄酒、黄芥末(mustard)和药草,所以塔塔酱可能因其含酒精和刺激的味道而被赋予了"tartar"的名字。事实上,法国人把各种高度调味的菜肴称为"à la tartare"(鞑靼风味)。显然,几乎所有生的、味道刺激或未经太多加工的东西都让鞑靼人(the Tartars)背了锅。

然而,塔塔粉中的"tartar"则完全是另一回事。这个词来源于阿拉伯语 durd,并经由古拉丁语传承给我们,意思是在发酵葡萄酒的木桶中形成的渣滓或沉淀物。如今的酿酒师们专门用"tartar"这个词来指代葡萄酒被放空后留在酒桶底部的棕红色结晶沉淀物。从化学角度来说,这些沉淀物是不纯的酒石酸氢钾(potassium hydrogen tartrate、potassium bitartrate 或 potassium acid tartrate)——一种酒石酸盐。人们将那些在食品店出售的白色高纯度酒石酸氢钾称为"塔塔粉"(cream of tartar)。

酒桶中形成的"tartar"来自葡萄汁液中的酒石酸（tartaric acid）。葡萄酒的总酸度中约有一半来自酒石酸（剩下的主要来自苹果酸和柠檬酸）。酒石酸盐的发现远远早于其母酸，因此，当化学家们终于发现了酒石酸之后，便以酒桶里的"tartar"来命名它了。这是一个典型的母体化学物质以其衍生物命名的例子。

塔塔粉在厨房中最常见的用途是稳定打发的蛋白。它之所以能做到这一点，是因为它虽然是盐，却呈微酸性（专业术语：它能降低混合物的 pH 值）。蛋白泡沫之所以能够稳定是因为蛋白中几种蛋白质的凝固，其中，球蛋白产生泡沫的能力最强。适度的酸性条件下，球蛋白会失去彼此之间相互排斥的电荷，从而更容易凝结在气泡壁上，使气泡更强韧，就像用更强韧的橡胶做气球一样。

很多书误将塔塔粉描述为酒石酸而非其盐类衍生物酒石酸氢钾。这个错误很常见，因为，正如我说过的那样，塔塔粉虽然是盐，却呈微酸性。

没有塔塔粉，这只能是锅汤

葡萄牙水煮蛋白酥

这道特别的甜点来自葡萄牙，其烹饪方式温和，看起来像是不含面粉的天使蛋糕（angel food cake），但不同于天使蛋糕，这道甜点虽然也用圆环蛋糕烤盘制作，但它却不是蛋糕。这道甜点是一块异常轻盈且蓬松到令人吃惊的蛋白酥。如果少了食谱中那半茶匙的塔塔粉，蛋白就会分崩离析并最终消融回到液态。

葡萄牙人用蛋黄和糖做成的甜品——ovos mole 十分有名，

这种甜品有上千个变种。而这道水煮蛋白酥可能是由一位制作完 ovos mole 后正在苦于如何用完剩下的蛋白的厨师发明的。制作了水煮蛋白酥后，你将会面临相反的问题：剩下的 10 个蛋黄怎么办？解决方案是做两次柠檬凝乳（lemon curd）就行了（见288 页）。

○ 约 2 汤匙糖用作撒糖

○ 10 个室温蛋白（1½ 量杯）

○ ½ 茶匙塔塔粉

○ 1 量杯糖

○ ½ 茶匙香草香精

○ ¼ 茶匙杏仁提取物，可选

○ 切片并加糖腌制的新鲜水果、浆果或果酱

1. 将 2 夸脱（约 2 升）的水烧开，用小火煨煮备用。取一个 3 升的圆环蛋糕烤盘，喷上不粘烘焙喷雾，并用纸巾擦掉多余油分。在烤盘中撒入糖，并倾斜烤盘使得内表面全部沾上糖，轻拍烤盘去除多余的糖分。将烤炉架置于烤箱最低位置并将烤箱预热至 350℉（约 177℃）。

2. 取一只大碗，加入蛋白和塔塔粉并用电动搅拌器中速搅打至起泡。按照一次一汤匙的量加入糖。继续搅打，直到搅拌头在混合物中划出的纹路不会消失且搅拌头提起时能形成柔软的尖角。加入香草香精和杏仁提取物（如果用了的话）搅打均匀。不要过度搅拌，否则混合物会在烤箱中过度胀发，或变成"舒芙蕾"那样。

3. 将蛋白混合物倒入烤盘中，轻轻用刀或金属刮刀在其中划几刀，以释放出大气泡。在最底层的烤架上放一个浅烤盘，将圆环蛋糕烤盘置于浅烤盘上。在浅烤盘中加入约 1 英寸（2.54 厘米）深的微沸热水，营造隔水炖（bain-marie 或 double-boiler）的效果。烤制 45 分钟，直到蛋白酥凝固且顶部呈金黄色。如果胀发过高也无须担心，它会慢慢平复的。

4. 如果从烤箱中取出后发现蛋白酥粘在了烤盘上，立即用刮刀将其沿烤盘边缘撬松动，通常情况下，它可以直接滑脱出来。将蛋白酥倒在一个色彩明艳的大盘子上，冷却至室温后再进行切割。室温下或冷藏后皆可食用。冷藏保存，但制作后 24 小时内食用味道最新鲜。食用时，将蛋白霜切成楔形，在上面放上加糖腌制过的新鲜水果、浆果或果酱。

该食谱可制作约 12 人份。

瓶子里的"化身博士"

为什么香草提取物闻起来那么香，而且能让食物尝起来那么美味，但从瓶子里直接拿出来尝却那么难吃？

　　香草提取物中含有大约 35% 的酒精，因此有一种刺激辛辣的味道。当然，威士忌和其他蒸馏酒中的酒精含量更高（通常为 40%），但它们经历了精心的调味及悠长酿制过程，从而缓解了其刺激的味道。

如果想要使用"纯香草提取物"这样的商标，该产品就必须提取自真正的香草豆荚。但是，香草豆荚绝大部分的最佳风味和香气来自其中的化学物质——香兰素，而化学家获得香兰素的方法比从香草植物（一种兰花）中获取要便宜得多。合成香兰素的商业用途是烘焙食品、糖果、冰激凌等食品的调味。它与天然香兰素的化学结构完全相同，也是人工香草香精的主要成分。

但是，真正的香草提取物要比纯香兰素复杂得多，特别是以你那少得可怜的用量，可能永远也用不完一瓶香兰素，所以以买人工香兰素也不怎么划算。从真正的香草提取物中，人们已鉴别出130 多种不同的化合物。

在某些情况下，使用整颗香草豆荚（vanilla bean）的效果更好，香草豆荚通常密封在玻璃或塑料试管中，花几美元就能买到。香草豆荚应具有柔韧的质地，而不是又干又硬（顺带一提，香草豆荚的英文中的"bean"并非真的指豆，它其实是个豆荚。豆是种子，而豆荚是装有种子的果实）。香草的风味和香气主要集中在豆荚的种子部分，特别是环绕着种子的油性液体中，所以若想让食谱获得最浓烈的香草风味，可用一把锋利的刀纵向剖开豆荚，并用刀的背面将种子刮出来使用。

但是，豆荚也芳香味美，不应该被丢弃。把它们埋在白砂糖中，在密封的罐子里放上几周并定期摇晃罐子。香草的风味会融入糖中，这样的糖用在咖啡或烘焙食品的调味中都非常棒。

或许能增强

什么是味精（MSG），它真的能"增强风味"吗？

这些看起来人畜无害的白色晶体自身没有什么特别味道，却能提升如此多种食物的内在风味，这听起来确实不可思议。谜团的本质不在于味精是否真的有用——没有人怀疑这一点——而在于它是如何起作用的。就像许多古老的做法皆是偶然所得一样，缺乏科学认识并不妨碍人们一直享受着味精带来的好处。

味精作为一种增味剂（flavor enhancer）的名声之所以让人难以接受，是因为这个术语有点误导人。增味剂对食物风味的增强并非体现在改善其风味——也就是说，增味剂不一定能让食物更美味。它们的功效更像是强化或放大已经存在的某些味道。食品加工业喜欢将它们称为增效剂，我称它们为风味激发剂。

现在，我必须声明有关它对敏感个体产生影响的争论。

很多人都听说过"中国餐馆综合症"（Chinese Restaurant Syndrome 或 CRS），这个既不恰当又政治不正确的名称是 1968 年产生的，用于指代一系列包括头痛和灼烧感等莫名的症状，而报告者是一些食用过中餐的人。化学名称为谷氨酸钠的味精似乎是 CRS 的元凶。一场长达 30 年的安全性争论战由此拉开帷幕。

战场的一角坐着"禁止谷氨酸全国动员组织"（National Organization Mobilized to Stop Glutamate），该组织在这场争论战中简单粗暴的观点完全显示在其首字母缩写中（NOMSG，不要味精）。根据 NOMSG 的说法，谷氨酸的各种隐藏形态（见下文）造成了至少 23 种病痛，从流鼻涕和眼袋到恐慌症和部分麻痹。

可想而知，战场的其他三个角落是预制食品制造商，他们觉得味精及其相似化合物能大大提升产品对消费者的吸引力。

这场战事的官方裁判是 FDA，经过多年的数据评估，FDA 依然相信"对大多数人来说，正常食用量的味精及其相关物质是安全的食品成分"。问题是，并非所有人都是"大多数人"，因此，FDA 仍在努力规范含谷氨酸盐食品的标签，使其尽可能适用于所有消费者。

1908 年，一位日本化学家首次从昆布中分离出了谷氨酸钠。日本人称之为"aji-no-moto"，意思是"味道的精华"或"风味之源"。如今，纯味精的生产遍及 15 个国家，年产量达 20 万吨。味精有售卖给食品制造商的卡车装大包装，也有面向消费者的盎司装小包装。

谷氨酸钠是谷氨酸盐中的一种，而谷氨酸是蛋白质组分中最常见的氨基酸之一。增强风味的特质来自分子中谷氨酸的部分，所以任何能够释放出游离谷氨酸基团的化合物都同样具有增强风味的功能。谷氨酸钠只是谷氨酸含量最高且最易得到的谷氨酸盐。

帕玛森（Parmesan）干酪、西红柿、蘑菇和海藻类都含有丰富的游离谷氨酸。所以，只需少量使用这些食材中的任意一种，就能大大提升菜肴的风味。日本人自古以来就利用海藻中的谷氨酸来制作美味的汤。

我们的味觉感知中包含若干极为复杂的化学及生理反应。谷氨酸具体在其中的哪一步生效一直难以得到定论，但是，已有一些想法得到了详细讨论。

众所周知，不同味道的分子在我们味蕾的接收器上从停留到分离的时间各有不同。谷氨酸盐能增强味道的其中一种可能性是其能延长某些分子停留在味蕾上的时间。此外，谷氨酸盐很可能拥有它们专属的味觉接收器，与传统上所谓的甜、酸、咸、苦四种基础味的接收器不同。更复杂的是，除了谷氨酸盐，还有很多其他物质也具有"增强风味"的特性。

　　日本人很久以前就发明了一个词，用以指代海藻中谷氨酸盐的独特味道：鲜味（umami）。如今，umami 代表着由谷氨酸盐所激发的一类鲜美味道，就像甜味指代了由糖、阿斯巴甜及糖精等类似甜味剂所激发的味道。

　　许多蛋白质都含有谷氨酸，它可以通过包括细菌发酵和人体消化等多种方式分解成游离谷氨酸基团。构成人体的蛋白质中大约含有 4 磅（约 1.8 千克）谷氨酸。谷氨酸分解为游离谷氨酸基团的化学分解反应叫作水解（hydrolysis），所以，只要你在食品标签上看到"水解蛋白"，不管它是植物、大豆还是酵母水解蛋白，都可能含有游离谷氨酸基团。水解蛋白是预制食品中使用最广泛的风味激发剂。

　　某种食品可能不含味精，甚至可能在其标签上声称"不含味精"，但它依然很可能含有其他谷氨酸盐。因此，如果你怀疑自己是少数对谷氨酸盐过敏的人之一，那么以下这些汤品、蔬菜和小吃标签上可能出现的委婉说法你都要留意：水解植物蛋白、自溶酵母蛋白、酵母提取物、酵母营养素以及天然香精或香精。

　　你想问什么是"天然香精"？它是从自然界中提取出来的物质，而不是完全在实验室或工厂里从零合成的。若要称之为"天然"，那么，不论分离出风味物质的工艺多么具有化学复杂性、多烦琐，这些工艺的源头必须是人类未曾染指过的纯天然物质。

　　正如《美国联邦法规》第 101.22（a）（3）条规定所述："术语天然香精（natural flavor 或 natural flavoring）指精油（essential oil）、油树脂（oleoresin）、精华（essence）或精粹物（extractive）、水解蛋白、蒸馏物（distillate），或任何烘焙、加热或酶解的产物，天然香精含有的风味成分来源于香辛料、水果或果汁、蔬菜或蔬菜汁、食用酵母、药草、植物的皮、芽、根、叶或类似植物原料、肉类、海鲜、家禽、蛋类、乳制品或其发酵产品。天然香精在食品中的主要作用是调味而非提供营养。天然香精包括本章第 182.10、182.20、182.40 及 182.50 节和 184 部分中所列出的来源于植物的天然精华或精粹物，以及本章第 172.510 节所列出的物质。"

懂了吗？

新数学题：零 ≠ 0

为什么我的奶油奶酪标签上写着不含钙？
它怎么说也是用牛奶做的啊，不是吗？

如果你不介意，我想用一下双重否定，奶油奶酪并非不含钙。在令人晕头转向的食品标签世界中，"零"和"不含"是不一样的。

如果你足够刨根问底，没有什么东西的含量能绝对达到零。人们只能说，某种物质的数量太小，无论使用何种检测方法都检测不到。即使你找不到某种特定物质，它的大量分子依旧可能藏匿在低于你的敏感阈值的某个地方。

基于这条基本原则，FDA 就得解决一个问题：在允许食品生产商在食品标签上的营养成分表中声称"不含"或"含 0%"某种营养成分或"非该种营养成分的主要来源"之前，需要给该种成分定一个含量上限。这项工作可不容易，尤其是碰上何时食品可以宣称"不含脂肪"这种模棱两可的问题时（每次看到标签上写着"97% 不含脂肪"而不是"含 3% 脂肪"的时候，我都觉得好笑）。

奶油奶酪这个例子尤其有趣，因为它的钙含量正好落在"零"的边缘。

首先，由于奶酪是用奶油或牛奶与奶油的混合物制成的，所以奶酪中的钙含量比你想象的要少。原因可能会令你很惊讶，同等重量的奶油中的钙含量远远低于牛奶。重量同样是 100 克时，全脂牛奶的钙含量平均值为 119 毫克，而高脂奶油只有 65 毫克。这是因为与奶油相比，牛奶中的脂肪更少，水更多，而大部分钙都存在于含水更多的部分中。因此，当奶酪凝固成凝乳时，大部分的钙都随水留在了乳清液中。奶油奶酪尤其如此，因为它的乳清液呈酸性（专业术语：pH 值 4.6 至 4.7），所以可以保留更多的钙。

因此，奶油奶酪每盎司仅含 23 毫克钙，而一盎司的马苏里拉奶酪则含 147 毫克钙，但是，23 毫克多少也算含有钙，绝不能说是完全没有。那么为什么标签上写着"0%"呢？

好，注意力集中，因为从这里开始就有点复杂了。营养成分表中列出的某种营养素的百分比并不是该营养素在产品中所占的百分比，而是该营养素占其日参考摄入量（Reference Daily Intake 或 RDI）的百分比。日参考摄入量，过去叫作推荐日摄入量（Recommended Daily Allowance 或 RDA），现在常以日需百分比（Percent Daily Value 或 %DV）的形式出现在标签上，指的是每人份食品中该营养素的量占该营养素每人每天推荐摄入量的百分比。

比如，根据 Jif 牌奶油花生酱的标签所说，其一份两汤匙（32

克）的量提供了你每日所需脂肪量的 25%。但是这 32 克中含有 16 克脂肪，所以该产品的实际脂肪含量是 50%。

现在说回奶油奶酪。钙的日推荐摄入量高达 1000 毫克，所以一盎司奶油奶酪中那 23 毫克的钙只占日推荐摄入量的 2%。然后你猜怎么着？ FDA 允许一份中小于等于 2% 的剂量被标识为"0%"。

这个故事告诉我们：

> 如果玛菲特小姐坐在她的矮凳上
>
> 只吃奶酪块，不吃乳清液，
>
> 她最终会变成个老太太，
>
> 骨头脆又弱，
>
> 白白浪费好好的钙[1]。

双重铝箔

上次做千层面（lasagne）的时候，我把吃剩下的用铝箔纸盖上放进了冰箱。当我把它从冰箱里拿出来准备重新加热时，我发现只要是碰到了千层面的铝箔纸上都有小孔。是不是发生了什么化学反应？如果是的话，千层面会对我们的胃造成什么影响？

正如你所担心的那样，你的千层面确实是把金属"啃"出了洞（绝对不是在影射你的厨艺）。化学家们将铝称为活泼金属，它

---

[1] 改编自一首童谣。原文大意为："玛菲特小姐坐在矮凳上，吃着奶酪和乳清，来了一只蜘蛛坐在她身旁，把玛菲特小姐吓跑。"

很容易被酸攻击，比如番茄中的柠檬酸和其他有机酸。事实上，你不应该用铝锅煮番茄酱或其他酸性食物，因为这些食物会从铝锅中溶解出很多金属，以至于最终的食物尝起来会有股金属味。另一方面，胃黏膜中所含的酸（盐酸）比任何食物中的酸都要强，甚至连办公室的咖啡也不是它的对手。

但在你的例子中，并不只是金属被酸溶解这么简单。事实证明，只有当盛放剩菜的容器是金属制而不是玻璃或塑料材质时，其中的番茄酱才能在包覆容器的铝箔纸上"啃"出小洞。所以我问都不用问就知道你吃剩的千层面一定是用不锈钢锅或碗盛的，对吧？（显而易见，我亲爱的华生。）

当金属铝同时与另一种金属和某种诸如番茄酱的导电体接触时，（番茄酱是能导电的，这你肯定知道的，对吧？）这3种材料的结合其实就构成了一个电池。是的，如假包换的电池。所以，将铝箔纸"啃"出洞来的是一个电学过程（更准确地说是电解过程），而不是一个简单的化学过程。虽然用千层面发电带动随身听理论上是可以做到的，但这很困难，更别说还很脏了。

原理是这样的。

你的不锈钢碗绝大部分是铁，这毫无疑问。铁原子对其电子的吸附力远比铝原子强。所以一旦瞅准机会，不锈钢碗中的铁原子就会从铝箔纸中的铝原子那里抢夺电子。碗中的酱汁提供了一个导电通道，使得电子有机会沿着通道从铝跑到铁那边。但是失去了电子的铝原子就不再是一个金属铝原子了——它变成了一个铝化合物原子并能够溶解在酱汁中（专业术语：铝被氧化成酸溶性化合物了）。因为酱汁使得电子可以从铝转移到铁，所以你会看到，只有接触到酱汁的铝箔纸才会被溶解。

如果把千层面放在一个非金属碗中，这一切就都不会发生了，因为玻璃和塑料并不想从其他物质中吸取电子。你要么相信我的话，要么就报名参加化学进阶班。

你可以自己测试一下。在不锈钢碗、塑料碗和玻璃碗中分别加入 1 汤匙左右的番茄酱汁（市售番茄酱就可以）。在每一团酱汁上放上一片铝箔纸条，确保铝箔纸也能和碗单独接触到。过几天，你就会发现不锈钢碗里接触到酱汁的铝箔纸都被"吃"掉了，而另外两个碗里的铝箔纸则没有变化。

这个故事对日常生活的启示如下。

首先，用任何类型的容器盛放你吃剩的酱汁都可以，用来包覆的东西也可以随便用，只是，如果是用铝箔纸包覆金属碗，只要确保铝箔纸没有碰到酱汁就行——酱汁也不一定非得是番茄酱汁，它可以是任何酸性的酱汁，比如红酒酱汁，或者含有柠檬汁或醋的酱汁。

其次，面对那些超市里卖的千层面铝箔烤盘，不要犹豫，买它！它们不贵，而且是一次性的，绝对不影响你发挥厨艺。即使你用铝箔纸包覆这些烤盘，也只不过是铝和铝，并不是两种不同的金属，所以不会发生电解腐蚀。

醋意大发！

我读过很多关于醋的功效的文章，从清洁咖啡壶到缓解关节炎疼痛和促进减肥。醋有什么特别之处？

醋为人所知已经几千年了。甚至都不需要有人去做那制造醋的第一人，因为它自己就能把自己造出来。只要附近恰巧有糖或酒精，醋也就不远了。

每个化学家都会毫不犹豫地告诉你，醋是一种醋酸水溶液。但这么说的话，我们也可以把红酒定义为酒精在水中的溶液。醋可远不止醋酸水溶液那么简单。最常见的醋是用葡萄（红葡萄酒醋或白葡萄酒醋）、苹果（苹果醋）、麦芽或燕麦（麦芽醋）和大米（嗯，就是米醋）制成的。这些醋都保留了其原料中的化学物质，使得它们具有独特的风味和香气。除此之外，还有一些醋会特意使用覆盆子、大蒜、龙蒿以及其他所有能塞进瓶子里浸泡几周的东西来调味。

人们所熟悉的纯度最高的蒸馏白醋实际上就是 5% 的醋酸水溶液，它进得了洗衣机，下得了厨房。白醋由工业乙醇制成并经过蒸馏提纯，不含水果、谷物或其他风味。

终于该讲葡萄醋（balsamic vinegar）了。真正的葡萄醋在意大利的艾米利亚-罗马涅大区（region of Emília-Romagna）已经有近 1000 的制作历史，尤其是在雷焦艾米利亚（Réggio nell'Emília）大区的摩德纳（Módena）镇及其周边地区。在那里，特雷比奥罗（trebbiano）葡萄被碾碎成果汁和果皮的混合物，然后在一连串木桶中进行至少 12 年的发酵和陈酿，甚至可能长达 100 年之久。最终酿造出的浓厚棕色酒液带有复合的甜酸味和橡木味。葡萄醋的用途和普通醋不同，通常用作调味品且用量较少。

不幸的是，没有人对印在标签上的"balsamic"字样进行监管，这个词时常被贴在那些小巧且造型别致的瓶子上，然而瓶子里装着的却只是加了糖和焦糖色素的普通醋，而且还漫天要价。即使瓶子的标签上写着摩德纳葡萄醋（Aceto Balsamico di

Módena），也没什么实际的方法能判断其内容物的真假。正如琳内·罗塞托·卡斯珀（Lynne Rossetto Kasper）在她《精彩餐桌》（*The Splendid Table*，威廉·莫罗出版社，1992 年版）一书中所说的那样，"购买葡萄醋全面展现了俄罗斯轮盘赌的风险"（好吧，可能也没那么夸张），而且，"价格不能代表质量"。琳内的建议是：如果你想买的是货真价实的意大利慢速发酵的传统手工制葡萄醋，试着在标签上找找传统摩德纳葡萄醋（Aceto Balsamico Tradizionale di Módena）或与雷焦艾米利亚传统葡萄醋生产商合作（Consortium of Producers of Aceto Balsamico Tradizionale di Réggio-Emília）的字样，后者奇怪地结合了两种语言。最后，带够钱。

但是，听我说，如果你发现了一瓶你很中意的标有"balsamic"的醋，别在意它的价格有多便宜，随心所欲地用就是了。

无论自然发生还是人为诱导，所有的醋意都是这样"大发"的。

化学反应分为两步：第一，糖被分解为乙醇和二氧化碳气体；第二，乙醇被氧化成醋酸。第一步中的变化叫作发酵，是指酵母菌或细菌中的酶将葡萄中的糖和无数其他碳水化合物制成葡萄酒或无数其他酒精饮料的过程。在第二步转化中，名为醋酸杆菌（Acetobacter aceti）的细菌促使酒精与空气中的氧气反应并生成醋酸。没有醋杆菌属的细菌帮忙，葡萄酒也会氧化变酸，但过程更加缓慢。事实上，醋（vinegar）这个词正是源于法语 vin aigre，意思是"酸的酒"。

你可以在家里制作醋，在葡萄酒或其他酒精类饮品中加入少量醋酸杆菌含量很高的醋（醋母）即可启动反应。如需了解其他关于制作醋的知识，请访问品醋师国际网站（Vinegar Connoisseurs International）：www.vinegarman.com。

市售醋的醋酸含量从 4.5% 到 9% 不等，其中最常见的是 5%。醋的醋酸含量必须至少达到 5%，才能对食物进行腌制，这是醋最古老的用途之一，因为大多数细菌无法在这种强度及以上的酸中繁殖。

既然讲到了酸，我就多说两句。人们往往认为形容词"呈酸性的"（acid）基本等同于"有腐蚀性的"（corrosive）。他们一定是想到了诸如硫酸和硝酸这种确实足以溶解一辆大众汽车的无机酸。但我们可以食用醋酸而不会产生不良反应的原因有二：第一，醋酸是一种弱酸；第二，醋是醋酸的稀释溶液。100% 的纯醋酸具有很强的腐蚀性，你根本不会想要碰它，更别说用来拌沙拉了。即便醋的醋酸浓度只有 5%，它依然是厨房中仅次于柠檬汁的第二强酸。

醋能用来干些什么？放眼望去，还有什么它不能干呢？民间医学中有很多关于它的传言，称其能治疗头痛、打嗝和头皮屑，并能缓解晒伤和蜜蜂蜇伤；此外，引用我在网上找到的一则中国米酒醋的广告："醋是长寿、宁静、平衡和力量的秘诀。"对这些说法或类似偏方深信不疑的人会热情地告诉你，科学从未成功证明醋没有效用。原因很简单，科学家们有更好的方法来支配他们的时间，而不是一味地追求那些虚无缥缈的东西。

在砧板或料理台上切过红肉或禽肉后，比较明智的做法是用消毒剂溶液擦拭其表面，比如 1 夸脱（约 1 升）水中加入 1 汤匙或 2 汤匙氯漂白剂。但是，漂白剂会让台面上留下经久不散的氯味，很难洗掉。

醋可以去除味道。用随便一种醋清洗砧板，醋中的醋酸可以中和漂白剂中的碱性次氯酸钠（sodium hypochlorite），从而消除异味。

我可不想影响清洁品牌埃洛伊丝（Heloise's）的生意，但是，如果你用氯漂白剂洗白色衣物，只要在最后一步漂洗时向水中加入一些蒸馏白醋，你的手帕就不会闻起来像化学实验室了。

当心土豆上的芽

绿皮土豆会渐渐成熟吗？

不，不会，不会的。绿皮土豆的绿色不是因为它还未成熟，土豆在其生长的任何阶段都可以吃。它们的绿色可不是为了表彰自己是什么传统爱尔兰食物[1]。这种绿色是大自然母亲的警告便利贴，警示我们此物有毒。

土豆中含有茄碱（solanine），茄碱具有苦味，是臭名昭著的生物碱家族中的一员。生物碱是一类毒性很强的植物化学物质，包括尼古丁、奎宁（quinine）、可卡因（cocaine）和吗啡。土豆植株中的大部分茄碱位于叶和茎之中，块茎表皮和表皮下部分的茄碱含量则较少，块茎上坑坑洼洼的眼状部分的茄碱含量更少。

如果埋在地下的土豆在生长过程中意外地露出了地面，或者

---

[1] 绿色是爱尔兰的代表颜色，也是其国旗上的主色之一。

在被挖出来后暴露在了光中，它就会认为是时候苏醒并开始进行光合作用了。所以，它会生成叶绿素，使表面呈现绿色，茄碱也在同样的位置生成。

茄碱如非大量摄入不会对身体造成伤害，但谨慎起见还是应该把绿色的部分切除丢掉——土豆剩下的部分完全没有问题。你也可以选择刮土豆皮时下手重点，因为茄碱集中在土豆表皮附近。但是，不要买已经多处变绿的土豆，不然切除起来也是挺麻烦的。

当土豆容颜不再，变得皱巴巴或变软时，茄碱含量就会增加。所以务必扔掉你那些放了太久、再无用武之地的土豆。对于已经发芽的土豆来说，其芽中的茄碱含量很高，尤其是芽开始变绿的时候。

土豆最好保存在避光、干燥、阴凉的地方，但也不能太凉。在冷藏温度下，土豆容易产生茄碱，还会将部分淀粉转化为糖，这种糖会产生一种奇怪的甜味，并且会导致土豆在油炸时产生褐变。

边缘发绿

为什么有些薯片的边缘是绿色的？它们还能吃吗？

这些薯片是从绿皮土豆上切下来的，因此它们含有少量有毒的茄碱，油炸也无法破坏茄碱。但它们能吃，因为你需要吃很多包薯条，多到差不多要嚼到腮帮子僵硬发青，比薯片边缘还绿，才会感到不舒服。

哦，如果你觉得在购买之前就能检查商店里到底有多少绿边的薯片，那你就草率了。你有没有注意到，薯片的袋子总是不透明的，不像椒盐卷饼和其他零食的袋子，总让你能看得到里面的东西。这样做并不是为了防止顾客窥探，而是为了阻挡紫外线，紫外线会加速薯片中脂肪的氧化，使其酸败。事实上，所有的脂肪和食用油都应该远离强光。

袋装的薯片通常还会做充氮处理，以排出含氧空气，这就是薯片包装像气球一样鼓起来的原因。当然，不得不说，这些不透明的、鼓鼓囊囊的包装更占空间，并妨碍我们意识到其真正的含量可能只有看上去的一半。

避开"恶魔之眼"

每当刮土豆皮的时候，我都觉得自己在和死亡博弈，因为一个朋友曾好意告诫我，土豆的眼状部分是有毒的，最好谨慎地将它们全部挖除。它们到底有多危险？

没有那些散布恐怖故事的好意朋友危险，但是这个故事也有一丁点真实性。

当土豆在 16 世纪下半叶被传入欧洲时，人们怀疑它要么有毒，要么有催情作用，或者令人匪夷所思地——两者兼是。欧洲人往往对来自新大陆的任何外来食物都抱有同样的看法，包括番茄（它鲜红的颜色无疑促使了法国人将其称为 pommes d'amour，也就是爱之土豆）。

但是我们实在不能过分苛责这些多疑的老前辈们，因为土豆和番茄其实都属于茄属植物，而茄属植物中最臭名昭著且致命的有毒植物就是颠茄（belladonna）。

这里我得插一句，在意大利语中，"bella donna"的意思是"甜心"或"漂亮女人"。这种植物怎么会得名如此？因为它含有阿托品（atropine），一种能扩大瞳孔的生物碱。16世纪的意大利妇女用它作为一种化妆品来让双眼变得更大更有神（传说是这样的）。

快进到21世纪，说回你那好意的朋友。有毒的茄碱在土豆中的含量通常很少，但土豆一旦发芽，茄碱确实会在眼状部分积聚。因此，开始发芽的眼状部分必须切除，尤其是当芽开始变绿的时候。尽管如此，茄碱并不会扩散到土豆深处，用削皮刀刮一下就可以了。

教育一个美国佬需要粗玉米粉吗？

美国南方的淀粉摄入通常来自粗玉米粉，而不是土豆或米饭。我知道粗玉米粉是使用碱液制成的。碱液不是一种用于清洁下水道的腐蚀性很强的化学物质吗？

是的，但远在粗玉米粉进入你的早餐盘之前，其中的碱液就已经被彻底洗净了。

碱液（lye）这个词与拉丁语中的洗（wash）有关，其最初指的是通过在水中浸泡或洗涤木灰（wood ash）所得到的强碱性溶液（木灰中的碱性物质是碳酸钾，由于碱和脂肪会发生反应形成一种叫作皂类的化学物质，所以早期的肥皂是由木灰和动物脂肪制成的）。

如今，碱液通常指苛性钠，化学家称之为氢氧化钠。它当然不是什么好东西，不仅有毒，而且碰到一点就能溶解你的皮肤。它之所以能够疏通下水道，是因为它能将油污转化为肥皂并溶解毛发。

如果你把玉米粒浸泡在弱碱液中，其坚韧的纤维素外壳就会松脱。含油的胚芽也会分离出来，只留下富含淀粉的胚乳，随后，胚乳经过清洗和干燥，成为玉米片。这全套步骤当中最令人安心的是彻底清洗，它能够去除所有多余的碱液。干燥的玉米片经过粗磨制成粗玉米粉，煮熟后是美国南方常见的食物。

石灰（氧化钙）的碱性比苛性钠弱一些，但它也可以在制作玉米片的过程中将玉米粒解体。通过加热石灰石或贝壳（碳酸钙）可以很容易制造出石灰，因此人们知晓并使用石灰已有数千年的历史。比如，美洲原住民几个世纪以来一直用它来处理或烹饪玉米。在如今的墨西哥和中美洲，人们用石灰水煮制玉米并将其洗净、沥干、风干，然后再磨成玉米粉（masa），这种面粉正是制作墨西哥薄饼（tortilla）的原料。

早些时期的美国人在用石灰处理玉米的同时，也在不知不觉中改善了玉米的风味和营养价值。玉米中缺乏某些必需的氨基酸，碱能改善这种情况。石灰能与色氨酸反应，产生一种非常美味的化学物质（2-氨基苯乙酮 [2-aminoacetophenone]），墨西哥薄饼的独特风味正是来源于此。石灰还能增加饮食中的钙含量，此外，其最重要的作用应该是，促进我们对烟酸（niacin）这种必需的维生素 B 的吸收。

饮食中缺乏烟酸会导致糙皮病（pellagra），此病使人衰弱，并伴随着三种症状：皮炎（dermatitis）、腹泻（diarrhea）和痴呆

（dementia）。糙皮病在以玉米为主食的群体中很普遍，比如以玉米为主食的意大利和美国南部的郊区。直到1937年，人们才认识到这种疾病是由缺乏烟酸引起的。因为墨西哥人和中美洲人习惯用石灰处理玉米，所以他们当中糙皮病的发病率一直相当低。

但回头细说粗玉米粉，虽然我自小在没有粗玉米粉的美国北方长大，但我敏锐地意识到，这本书在美国南方也有出售。于是我立马对一次难忘的早午餐来了一通表扬，那是在新奥尔良西方的一个法裔区，早午餐中有橘汁香槟酒、煎蛋、粗玉米粉、辣熏肠、粗玉米粉、饼干、粗玉米粉和欧蕾咖啡。吃得我都要变成南方人了。

想知道更多关于粗玉米粉的信息吗？去www.grits.com吧（不然还能去哪呢？）都是干货。

小苏打变蓝了

蓝莓蓝玉米班戟

蓝玉米常见于美国西南部，具有一种浓郁的坚果风味。它经过木灰处理（木灰和石灰及碱液一样是碱性的），可以使人们更容易获取某些氨基酸。蓝玉米粉的营养价值很高，很多人都很喜欢它。碱处理还能增强蓝玉米粉的蓝色，这就是碱性小苏打在这个食谱中的作用。

但你会发现玉米粉呈现令人失望的灰色，不要绝望，在烹饪煎饼的过程中，玉米粉会跟小苏打反应，并增强其蓝色。当然，蓝莓会让颜色更蓝的。

因为蓝玉米粉不是一种标准化产品，所以你可能会发现其研磨程度多种多样，很细的和很粗的都有。但无伤大雅，粗颗粒的能做出口感很好的煎饼。

你可以在出售墨西哥或西南部食材的专卖店里找到蓝玉米粉。如果找不到，用黄色或白色的玉米粉代替也没问题，只是颜色和质地可能会有所不同。

- ○ 1 量杯蓝玉米粉
- ○ 1 汤匙糖
- ○ 2 茶匙泡打粉
- ○ 1 茶匙小苏打
- ○ ½ 茶匙盐
- ○ 1 量杯牛奶
- ○ 2 个大号鸡蛋，轻轻打匀
- ○ 3 汤匙熔化的无盐黄油
- ○ ½ 量杯中筋面粉
- ○ 1 量杯新鲜蓝莓
- ○ 用来涂抹煎锅的黄油或食用油
- ○ 黄油和糖浆

1. 将玉米粉、糖、泡打粉、小苏打和盐在大碗中混匀。另取一个小碗，加入牛奶、鸡蛋和黄油混合均匀。将湿的配料加入干的配料中，混合至形成均一质地的稀面糊。将面糊静置 10 分钟。
2. 加入面粉，将面糊搅拌至无白色斑点，不要过度混合。拌入蓝莓。

3. 加热煎锅至手掌在锅上几厘米处能感到热量。用黄油或食用油
   薄涂煎锅。将面糊滴在煎锅上，一次 ¼ 量杯的量。

4. 当煎饼表面开始起泡、边缘开始凝固且底部呈棕褐色时（1 分
   钟到 2 分钟），翻转煎饼，将另一面煎至微微呈棕褐色。食用
   时淋上黄油和糖浆。

该食谱可制作 14 到 16 个直径 10 厘米的煎饼。

第五章

海陆双鲜

　　人类是杂食性动物，我们的牙齿和消化系统能很好地适应植物和动物类食物的摄入。尽管动物权利保护者从未停歇，但事实不可否认，在人类社会中，大鱼大肉总是占据着餐盘的中心位置，是我们主菜中最亮的星。

　　在地球上几乎无穷无尽的动物物种当中，通常会被人类以食用为目的进行猎杀、诱捕或钓取的可能只有几百种，而在这几百种物种之中，被驯为家养的更是只有少数。在当代西方社会，我们日常食用的种类甚至更少。在超市的肉类分区走马观花，你会发现肉的种类基本不超过4种：牛肉、羊肉、猪肉和禽肉。

　　而对于水产来说，在美国能买到的鱼类和贝类大约有500种，在全球范围内，这个数字还能再翻一倍多。海洋中可食用的物种之繁多难以想象，但人类从商业角度大量驯养，或者说"开垦"的，仅仅是冰山一角（海洋一角）。

　　因此，我们的选择相对匮乏，并不是因为自然界缺乏多样性，而是因为我们自己附加的文化和经济限制。我们中的很多人都曾品尝过诸如蚱蜢、响尾蛇、短吻鳄、鸟贝、海胆和海参等来自其他文化地区的美食，并且，由于兔子、野牛、鹿肉、鸵鸟和鸸鹋的商业价值逐渐提高，越来越多的人开始喜欢上了它们。

尽管种类繁多，我们日常所食用的动物性食物还是可以分为两大类：肉和鱼。当某些可以报销餐费的顾客无法决定点哪道昂贵菜品时，一些餐馆就会呈上海陆双鲜——一种龙虾尾与牛排的组合菜，就像凤尾鱼与冰激凌一样搭呢。

本章中，我们将了解到是什么导致了陆源性动物蛋白与海源性动物蛋白在外观及烹饪方式方面的差异。

陆地之上

红、白、蓝

我喜欢吃半生的牛排和烤牛肉，但在餐桌上，常有人对我开低俗玩笑，说我吃"血淋淋的"肉。我该说些什么作为回击呢？

你就笑笑别说话，继续切你的肉，因为他们都错了。红肉中几乎没有血。那些循环于牛的静脉和动脉之中的血液，绝大部分连肉店的门都进不去，更别说上你的餐桌了。

我不想讲得过于绘声绘色，但是，屠宰场的动物刚被杀死，就会被放干大部分血液，只有少量残留在心脏和肺里，但这些部位的烹饪价值微不足道，这点你肯定也同意。

血液之所以呈红色，是因为它含有血红蛋白。血红蛋白是一种含铁的蛋白质，它能将氧气从肺部输送到肌肉组织那些运动中需要氧气的地方。但是，红肉的颜色却并非主要来自血红蛋白，而是来自另一种被称为肌红蛋白的红色含铁携氧蛋白质。肌红蛋白的作用是在肌肉中储存氧气，以便在肌肉接到行动指令时立刻派上用场。如果没有驻扎在现场的肌红蛋白，肌肉会很快缺氧并不得不等待更多的血液运送过来，而长时间的剧烈活动也就因此成为不可能完成的任务了。

煮熟后的肌红蛋白会变成棕色，血红蛋白也是如此。因此，熟透的牛肉会呈现浅灰色，而半生的牛肉则仍然呈现红色。不过，如果你想要在法国点生牛排，你得在点餐的时候说 bleu。没错，就是"蓝色"的意思，法国人的心思你别猜（好吧，平心而论，新鲜的生牛肉确实因为肌红蛋白而略带蓝紫色）。

因为不同动物剧烈活动时所需的储氧量不同，所以它们的肌肉组织中所含的肌红蛋白量也各有不同。猪肉（小懒猪们）中的肌红蛋白比牛肉中的少，猪肉商贩们便利用这一点，想把猪肉打造成"另一种白肉"，尽管它的颜色很明显是粉红色。

鱼的肌红蛋白含量更少。因此，根据不同物种对持续性肌肉活动的进化需求，动物的肉的天然颜色可能是红色、粉色或白色。比如，金枪鱼肉很红是因为金枪鱼是体格强壮、速度很快的游泳健将，可以跨越世界各地的海洋进行远距离迁徙。

现在你明白为什么鸡胸肉是白色，而鸡脖子、小腿和大腿则颜色较深了吧。它们的脖子和腿分别通过啄食和行走得到了锻炼，但那巨大的胸脯只不过是个累赘罢了。与世界其他地方的人相比，美国人更喜欢吃白肉。但实际上，除了走地鸡，如今美国饲养的鸡都饭来张口，所以它们的"深色肉"也和胸肉一样白了。

....

　　如果我有吃剩的半生肉类，比如牛排、烤牛肉或羊肉，我会
在第二天重新加热一下，但我又不希望它变熟。如果用微波炉，
哪怕只是快速转一下也会使肉变熟，因为微波的穿透力很强。所
以比起放进微波炉，我会更愿意将肉放在一个密封的自封袋内，
排出所有空气后，从水龙头接一碗热水并把它浸泡在里面。水可
以使肉变暖，但又不至于热到把它煮熟。

....

棕色牛肉饼怎么回事儿？

超市里的牛绞肉外面鲜红，里面却暗淡无光。他们是不是喷了什
么染料让肉看起来仿佛很新鲜？

　　不，他们很可能并没玩什么把戏。

　　刚切好的肉表面不是鲜红色，而是天然就略带紫色，因为它
含有紫红色的肌肉蛋白——肌红蛋白。但当肌红蛋白暴露在空气
里时，它会迅速变成明亮的樱桃红色的氧合肌红蛋白。这就是为
什么牛绞肉只有表面呈现我们通常认为代表着新鲜的漂亮鲜红色，
因为里面的部分没有接触到足够的空气。

　　刚切好的略带紫色的牛肉被装在密封的容器中从包装厂运
到市场。在市场上绞碎后的肉通常会被包裹在塑料薄膜中，因为
薄膜允许氧气通过，所以肉的表面会"绽放"源自氧合肌红蛋白
的红色。但红色的氧合肌红蛋白若长时间接触氧气，就会逐渐被
氧化成棕色的变性肌红蛋白，它不仅颜色不好看，还会让肉产生

一种"怪"味。这种变性肌红蛋白的棕色是一种信号，预示着肉"在走下坡路"。不过，这种转变其实早在肉变得不新鲜之前就已经开始了。

零售市场使用的塑料材质包装（低密度聚乙烯或聚氯乙烯）能够透过足够的氧气，使肉的表面保持在鲜红色的氧合肌红蛋白阶段。

总结一下：如果你的牛肉呈现暗紫色，那么不管它是整块的还是绞碎的，它都非常新鲜。即使它已经因为变性肌红蛋白而开始发棕，它依然可以在数天内保持新鲜。最终决定你的汉堡肉饼是否严重变棕的最佳感官是你的鼻子而非眼睛。

极佳肋条，没有谎言

"极佳肋条"中的"极佳"是什么意思？我本以为极佳肋条牛肉就是最好最贵的牛肉，但是某些餐馆里的极佳肋条真的很难吃。

美国农业部认证的极佳级（USDA Prime）确实是牛肉中最好且最贵的等级。但我们都曾经碰到过那种售价5.95美元的"极佳肋条"（还配有沙拉），它又硬又干，边缘上挂着宛如硫化橡胶一般的脂肪，绝对应该被贴上"美国农业部认证不可食用"的标签。这之中是不是有什么误传？

不一定。确实，在几乎所有情况下，"极佳"这个词都意味着第一或最高的品质。但对于肋条来说，极佳却与品质无关：它只与切割有关——切割自动物的哪个部位。用极佳肋条做的烤肉可能对应美国农业部的任何质量等级。

在屠宰之前，美国农业部会根据牛的成熟度、质地、颜色和脂肪分布等特征，将其划分为 8 个品质类别。这些特征决定了牛肉经过烹饪之后的嫩度、多汁性和风味。按从高到低的顺序排列，牛的 8 个品质类别是：极佳级（Prime）、特选级（Choice）、精选级（Select）、合格级（Standard）、商用级（Commercial）、可用级（Utility）、切块级（Cutter）和制罐级（Canner）（精选级在 1987 年之前被称为良好级［Good］）。

无论一头牛的美国农业部认证等级如何，屠宰都会先将其分割为 8 个"基础"（primal）部分：肩颈部（chuck）、肋脊部（rib）、前腰脊部（short loin）、上腰脊部（sirloin）、后臀部（round）、前胸及腿部（brisket and shank）、胸腹部（short plate）和腹部（flank）。基础肋脊部由牛的 13 根肋骨中的第六到第十二根的部分组成。肋脊部的尖端（牛仔骨）被切掉后，剩下的部分在肉贩的语言中就被简略称为"极佳肋条"。就如刚才提过的，这个名字和美国农业部认证的极佳级品质等级没有任何关系，所以不要被菜单上的词所迷惑，不如根据餐馆的资质来判断烤肉可能是什么品质。

那些骨头

骨头对高汤有什么贡献？我能理解肉和脂肪是如何释放风味的，但是骨头也会分解吗？还是说我们在汤里放骨头只是为了里面的骨髓？

那些骨头可是制作汤、高汤或炖菜必不可少的原料，就像肉、蔬菜和调味品一样必不可少。如果我们只觉得它们是坚硬且没有反应活性的矿物质，那我们对它们的作用可能并不明了。没错，它们的结构材质确实是矿物，具体地说是磷酸钙。但是磷酸钙在热水中不会溶解或分解，所以如果骨头完全是由磷酸钙组成的，那么往汤里加骨头无异于加石头，反正它们都无法给高汤增添任何风味。

但是骨头也含有和矿物质不同的有机物质，其中最主要的是软骨组织和胶原蛋白。在幼小动物的骨头中，软骨组织的含量实际上比矿物质更高，而软骨组织中含有胶原蛋白——一种煮熟后可以分解成柔软明胶的蛋白质。所以说，骨头其实能为食物带来一种浓郁醇厚的口感。

胫骨、股骨以及将它们连接起来的关节中都富含胶原蛋白。如果你真的希望做一锅冷却后会像果冻一样凝固的高汤炖菜，可以在其中加入富含胶原蛋白的小牛蹄或几只猪蹄。煮熟的猪蹄连汤汁一起冷却成汤冻就是一道老式的乡村美食。如果你做了这道菜，不妨告诉你的客人这是一道法国菜，名叫"Pied de Cochon"。

骨头的坚硬部分看起来是固体的，但它们其实含有大量的水、神经纤维、血管和其他一些东西，我就不告诉你这些东西是什么了，不然你说不定会立刻变成一个素食主义者。在关于骨头的入门课程中，你会了解到，典型的骨头包括 3 层结构。内核是一种海绵状物质，含有很多美味的有机物，在较长的骨头的中空处还有更加美味的骨髓。这就是为什么我们需要，并且一定要在把骨头放入汤锅之前将它剁开或敲开。内核之外主要是由矿物质构成的一层坚硬物质，最外是一层坚韧的纤维状外膜，叫作骨膜。

但我们扔进汤锅里的骨头也是带着肉的。除了万圣节骷髅或解剖实验室，你还见过干干净净，不带一丝肉、脂肪、软骨或其他结缔组织的骨头吗？不太可能吧。所有这些粘连物都对高汤的风味有很大的贡献。还有，如果在把小牛骨放进锅里之前拿去烤一烤，它们就能让高汤变成漂亮的褐色。

所以，你可以把所有的骨头都存放在冰箱冷冻层，等到做高汤的时候再用。或者利用一下这世间除了免费建议之外的最后一样免费或几乎免费的东西：肉店里的骨头。

薄皮和明胶

希腊羊小腿

羊羔这类年幼动物的胫骨上包覆着富含胶原蛋白的软骨组织，带着肉的软骨组织会在烹调时形成大量让人垂涎的明胶，并与肉汁、脂肪和骨髓一同形成浓郁的棕色汤汁（你可能无法从特别细的骨头中取出骨髓——意式红烩牛膝骨是不用担心这个问题的——但在烹饪过程中，骨头中美味的油脂还是会慢慢渗进汤汁中）。

这道菜的成功与否很大程度上取决于烹饪器皿的选择。珐琅涂层的铸铁荷兰烤肉锅能保持热度，以确保烹调和上色的均匀性，也因此是最理想的选择。炖好后，肉会变成棕褐色，油光闪闪并点缀着香草，嫩得能从骨头上掉下来。

你可以提前一天做这道菜。将羊小腿和蔬菜从汤汁中分离出来，并将它们分别保存在独立的容器中冷藏，这样就可以从汤汁中分离出凝固的脂肪了。

○ 4 只羊小腿，每只约¾磅（约340克）到1磅（约454克）重

○ 2 汤匙橄榄油

○ 盐和现磨胡椒粉

○ 2 根大号胡萝卜，切成大块（或 12 个小块）

○ 2 根西芹条，粗略切碎

○ 1 颗大号洋葱，粗略切碎

○ 4到6 瓣大蒜，粗略切碎

○ ½ 量杯干红葡萄酒

○ ½ 量杯水

○ 1 量杯（或 1 罐 8 盎司［约 227 毫升］的）番茄酱

○ 1 茶匙干牛至，最好是希腊牛至

○ ½ 茶匙干百里香叶或 1 汤匙鲜百里香叶

1. 将烤箱预热至 350℉（约 177℃）。修剪掉羊小腿上多余的脂肪。将橄榄油放入沉甸甸的荷兰烤肉锅中，用中高火加热。把羊小腿的表面全部烤成棕褐色，如有必要，可以分两批处理。撒上大量的盐和胡椒。用夹具取出，置于盘中。

2. 无须换锅，开中火将胡萝卜、西芹和洋葱炒软，但不要炒至褐变，大约 5 分钟即可。加入大蒜，继续炒 2 分钟。将羊腿放在锅里的蔬菜上。

3. 取一个玻璃量杯，在其中加入葡萄酒和水，搅拌均匀后倒在羊腿及其周围区域上。再浇上番茄酱，撒上牛至和百里香。加热至沸腾。

4. 盖上密闭性良好的盖子或用铝箔纸把锅口包住，放入烤箱中烤制 2 小时，或直到肉质软烂到几乎要从骨头上掉下来。

5. 用夹具把羊小腿移至餐盘中，用铝箔纸包覆以保持温暖。用漏勺将蔬菜舀出，并将它们摆在羊腿的周围。将汤汁倒入量杯中，去除多余的脂肪。剩下的汤汁应该有 1 量杯左右。根据实际情况调整汤汁的调味，并淋在羊腿上或装在味碟中。

该食谱可做 4 人份。

四下无人时

为什么人们说连骨肉最甜？

这句话会让我们联想到一粒糖，因为在美食术语中，"甜"（sweet）这个词的滥用和误用很严重。在美食术语中，这个词通常只是用来表示美味，而不是其字面意思。人们使用这个词来表示美味，可能是因为甜味似乎是所有人类能识别出的基础味中最令人愉悦的一种。

话说回来，连骨肉确实更美味，原因有如下几个：

第一，由于骨头和骨头周围的连骨肉深埋在外部的肉中，所以不会像外部的肉熟得那么快。比如，当你烤制 T 骨牛排时，连骨肉会比其他位置的肉更嫩，而越嫩的肉就越多汁，越美味。

第二，大量将肉固定在骨头上的肌腱和其他结缔组织也起到了作用。这些组织中的胶原蛋白受热后会分解成柔软得多的明胶。明胶的还有一个特性是能够容纳大量的水，最高可达自身体积的10 倍。所以一般来说，胶原蛋白最多的地方（通常在骨头周围）

肉会更嫩更多汁。

第三，连骨肉更美味的第三个原因就明显多了。某些部位的骨头周围有很多脂肪，尤其是肋条肉和连骨肉。所以，当你像亨利八世那样，在四下无人时啃着这些骨头时，你会不可避免地摄入大量脂肪。虽然我们和我们的动脉都会不胜悔恨，但是高饱和的动物脂肪实在是美味。

温度几何学

烹饪书中告诫我在使用温度计测量烤肉的熟度时，绝不能让温度计碰到骨头。我在书中没有找到任何解释。碰到骨头烤肉会爆炸吗？还是有别的什么原因？

我讨厌毫无理由的警告，你呢？因为这样的警告只会散布无谓的焦虑。每当我看到盒子上"打开另一端"的警告时，我就会打开错误的一端，看看会发生什么。反正我还活着。

骨头的导热性比肉差。首先，骨头中含有很多气孔，而气室是不能导热的。此外，骨头相对干燥，而烤肉时的大部分热量是通过肉中的水分传导的。因此，即使大部分肉已经达到特定温度，骨头周围的部分仍然可能相对较冷。这些较冷的部分会使温度计的读数过低，从而误导你把鸡、火鸡或烤肉烤过头。

歌颂那油壶

我在制作含肉高汤、汤羹或炖菜时，它们的表面会逐渐浮起一层油花——肉中熔化的脂肪。我想把它撇掉，但它到处都是，我永远也撇不干净。有什么简单的方法吗？

食谱让你从汤和炖菜中"撇去脂肪"时，说得就像剥香蕉皮一样简单。想象中，你只需要拿把勺子，就可以把那层脂肪舀出来，而且不会带走油层下面的任何固体或液体。然而，"撇"（skim）这个字只是个传说。

首先，如果不能带走大量油层下的液体，就很难知道需要舀多深。如果炖锅或平底锅的锅口很宽，脂肪可能会扩散成极薄的一层，薄到你无法用勺子舀起来。其次，可能会有大块的肉和蔬菜露出油层，妨碍你清除油花。最后，汤或炖菜中的固体还藏有很多脂肪。

如果锅中的液体不是很多，你可以将整锅东西倒进肉汁分离器——一个看起来像微型洒水壶的玻璃或塑料杯子，分离器中的液体会从底部流出，就像作弊的发牌员那样。水样的液体流出来后，剩下的就是最上层的脂肪。

或者，你可以选择滤出汤或炖菜中的液体，放进一个又高又细的耐热玻璃容器中，这样脂肪层就会变厚，以便用胶头滴管将其从顶部吸走。

最吸引人的方法是把整个锅都放进冰箱，这样脂肪层就会凝固，然后你就可以把它捞出来，就像从冻结的池塘中捞出冰块一样。但这种做法有风险，因为这个锅的热度足以将你冰箱中的所有东西加热到有利于细菌生长的温度。所以，在冷藏之前，最好先把热腾腾的食物放在几个小容器中冷却。

还有一个非常快速简单的方法，需要用到一根迷你拖把（是的，一根拖把）它会像字面上说的那样拖走脂肪。你只需在高汤（或汤羹或炖菜）表面快速扫一扫，它就会选择性地吸走油而不会吸收水状液体。这种产品有各式各样让人倒胃口的品牌名称，包括油拖把、脂肪拖把和油渍拖把，厨房用品商店均可买到。

你可能会问，拖把是如何区分油性和水性液体的？

普通的拖把能吸水是因为水会弄湿拖把，也就是说，水会附着在拖把的纤维上。水分子和拖把的棉织物（或其他什么拖布纤维）分子之间有一种吸引力。此外，水甚至会通过毛细现象爬进纤维之间。因此，当你把普通的拖把浸入水中再抽出来的时候，大量的水都会被带走。

但有些物质并不会完全被水打湿，因为水分子对某些特定分子的吸引力很小。比如，将蜡烛浸入水中，拿出来的时候仍然是干的。水不会附着在蜡上或多种塑料上，但是油会。油渍拖把是由一种塑料制成的，它会被油打湿而不会被水打湿。因此，它只会吸出油。

现在你的拖把已经浸满了油，而每扫一次只能浸这么多油，那么，如何在下一次扫油之前处理掉拖把上的油呢？

你可以把拖把放到热水下面冲一冲，让油流入下水道，但它可能最终会流到一个凉爽的地方，然后凝固并堵塞管道，堵塞的地方没有水管工够得到，除非把房子拆掉。或者，你也可以踏出

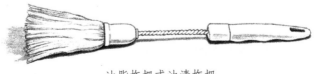

油脂拖把或油渍拖把

后门潇洒地挥一挥拖把。洒点油不会伤害草坪，而且油是可生物降解的，蚂蚁甚至会感谢你，然后，再次回到厨房在锅里扫一扫，直到锅里的油都被吸掉。

火腿测验

自从搬到了弗吉尼亚，我一直对这样一个事实深感困惑："弗吉尼亚火腿"从来不需要冷藏，而是直接摆在路边摊和超市出售。它们为什么不会变质？

它们不会变质是因为它们被"加工处理"（cure）过了，"cure"一词泛指所有即使在室温下也能够抑制细菌生长的加工工艺。但火腿的情况就比较让人眼花缭乱了。它是经过了什么加工处理呢？所有的火腿都是盐渍的吗？还是熏制的？火腿必须浸泡吗？需要煮熟吗？

这些问题并没有统一的答案，因为火腿的种类多种多样，制作方法也各有不同。人类面临的挑战中，能像如何吃猪的臀部那样激发人类智慧的，真是少之又少。

单就切肉方式来说，就有整只火腿、半只火腿（带柄的一端或靠近屁股的一端）、带皮或去皮火腿、火腿卷和捆扎火腿，更别提还有带骨火腿、无骨火腿和充斥着矛盾修辞法的"半无骨"火腿了（"半剔骨"可能更符合逻辑，因为在屠宰场，"剔骨"[boned]就是指无骨[boneless]）。

还有一些火腿不是根据它们所经历的"外科手术"来命名的，而是根据它们的类型或产地来命名的。除了以色列和伊斯兰教地区之外，每个地区和文化似乎都独有一套处理猪臀部的方式。最著名的一些特产火腿来自英国、法国、德国、波兰、意大利和西班牙。美国也有广受好评的火腿，它们来自肯塔基州、佛蒙特州、乔治亚州、北卡罗来纳州，还有……是的，弗吉尼亚（我一直很想在某个问题的答案中使用"是的，弗吉尼亚"这句话）。

现在，请别写信跟我说我漏掉了"世界上最好的火腿"，我对政治、宗教和火腿都不做争论。

这些产品之所以都能被冠以"火腿"这一统称，是因为它们都是经过处理的猪后腿肉，除了未经腌制的"新鲜"火腿。处理工艺可能为以下 5 种中的一种或多种：盐渍、熏制、风干、调味和熟成。这 5 种做法的排列组合几乎和火腿的种类一样多，其中，只有盐渍是所有火腿通用的步骤，通常被直接称为"腌制"（curing）。

盐渍、熏制和风干都有助于杀死导致食品腐败的细菌。具体原理如下。

一、盐　渍

人类用盐保存肉类已有几千年历史了。盐之所以可以使食物保存得更久，是因为它能通过渗透作用杀死细菌或使细菌失去活性。

细菌其实就是细胞膜包裹着一滴细胞质，就像一个装满果冻的枕套。细胞质中的水溶解着很多东西——蛋白质、碳水化合物、盐和许多其他对细菌至关重要的化学物质，但我们目前先把这些物质放一放。

现在，让我们把一个不幸的细菌浸泡在非常咸的水中，使它细胞膜外的环境浓度比细胞内部更高、盐度更高。只要透水屏障（细胞膜）的两侧出现这种不平衡，讨厌不平衡的大自然母亲就会试图恢复平衡。于是，她会迫使水从浓度较低的一侧（细菌内部）进入浓度较高的一侧（外部的盐水），从而稀释浓度高的溶液并提高较稀溶液的浓度，最终达到平衡。对细菌来说，它将不幸地失去水分，枯萎并死亡。至少，它不能再对我们构成威胁，因为它已无法繁殖。（"今晚不行，亲爱的。我脱水了。"）

由于某一薄膜两侧溶液的浓度不平衡而导致水分穿过薄膜的自发性运动就是渗透作用。渗透作用也是腌制肉类的原理，可以改善肉的味道和烹饪特性。

顺带一提，高浓度的糖溶液和浓盐水的效果是一样的。这就是为什么我们可以用大量的糖将水果和浆果制作成蜜饯来长时间保存。从理论上来说，你也可以用盐代替糖来做草莓酱，只要别请我吃早餐就行。

如今，用来腌制火腿和其他猪肉制品的除了盐还有其他物质，包括糖（"糖渍火腿"）、调味料和亚硝酸钠。亚硝酸盐有三个作用：它能抑制肉毒杆菌（Clostridium botulinum）的生长，肉毒杆菌能释放臭名昭著的肉毒毒素，它能增进风味，能与新鲜肉类中的红色肌红蛋白发生反应，形成一种叫作氧化氮肌红蛋白的化学物质，这种物质会随着腌制过程中的缓慢加热将肉变成鲜艳的粉色。

亚硝酸盐会在胃里转化为亚硝胺，而亚硝胺是一种致癌的化学物质。因此，FDA对腌肉制品中亚硝酸盐的残留量进行了限制。

二、熏　制

火腿的腌制过程并没有将它煮熟，所以它通常需要经过进一步处理。在炭火上熏制肉类也能杀死细菌，一部分原因是这样做会使肉变干，另一部分原因是炭火熏制算得上是一种低温烹制，还有一部分原因是烟中含有有害的化学物质（你不会想了解的）。同时，根据熏制采用的木材类型、温度、时间的长短等，熏制也可以给肉类提供丰富多彩的风味。

一般来说，熏制过的火腿，也就是大多数火腿，无须在食用前再次烹制。超市里的火腿可能是半熟的，也可能是全熟的。问问肉贩或者检查一下标签，你就会得到"全熟""即食"或"食用前请煮熟"之类的回答。

那么，回答你的问题：弗吉尼亚火腿已经经过了彻底的腌制和熏制，其中包括著名的史密斯菲尔德火腿，所以这些火腿不需要冷藏或烹制。但依然有很多人把火腿买回家后就大发牢骚，并且对火腿又是浸泡炖煮，又是烤制抹油。

三、风　干

将火腿长时间悬挂在干燥的空气中也能起到脱水和杀死细菌的作用。意大利熏火腿（prosciutto）和西班牙塞拉诺火腿（serrano）就是经过干盐腌制后挂在风洞或阁楼上风干的。因为没有经过热烟熏制，所以从严格意义上说，它们还是生的，并且常被直接切成纸一样的薄片生食。吃不含细菌的生肉没什么问题。

四、调味和熟成

从这里开始才是火腿们真正开始具有独立风格的步骤。火腿会被撒上盐、胡椒、糖和各种秘密混调香料，然后放置熟成多年。如果这些火腿还经过腌制和风干，它们就不会感染细菌并腐败，但是随着时间的推移，它们的表面可能会长出一层霉菌，在食用之前必须将霉菌擦洗干净。所谓的乡村火腿通常都属于这一类。霉菌看起来可能很糟糕，但包裹在里面的肉其实很棒。还是那句话，吃了不会有什么坏处。

超市和便利店熟食区那些塑料包裹的方形或圆形粉红色火腿是所有火腿中等级最低的。它们之所以能被称为火腿，是因为它们含有腌猪肉，但它们与真正的火腿之间的关系也仅限于此。（你见过方方正正的猪腿吗？）这些廉价火腿是通过将碎肉压制成几何块状制成的，最适合夹在便利店那些粘牙的白面包片之间，它们也只配得上这种吃法。即使经过熏制，这些廉价火腿也很容易变质，因为它们中含有很多水，所以必须保存在冷藏货架上。就让它们留在那里吧。

糖渍或盐渍

渍三文鱼片

火腿和其他肉类通常用盐腌制，而水果通常用糖腌制。很明显，造成这种差异的原因与口味有关。但是盐和糖在杀死细菌方面同样有效——它们同样是通过渗透作用把水脱出来。

渍三文鱼片（gravlax 或 gravad lax）是一种经典的斯堪的纳

维亚腌肉——其实是腌鱼。不管拼写方法是 lax（瑞典语）、laks（丹麦语和挪威语）、lachs（德语）还是 lox（意第绪语），其意思都是三文鱼，而"gravlax"的意思是埋在地下的三文鱼。中世纪的斯堪的纳维亚人习惯把三文鱼和鲱鱼埋在地洞里进行发酵。

如今，人们在三文鱼上涂上糖和少许盐进行腌制，法国人有时会用盐和少许糖。本食谱中使用的是一半盐和一半糖，这是我们喜欢的方式，但你可以根据自己的喜好改变盐和糖的比例。只要确保盐糖混合物的总量是 ½ 量杯即可。

渍三文鱼片的制作方法很容易，但你必须提前计划，因为制作需要两三天的时间。两三天之后，你就会拥有最为赏心悦目又美味可口的开胃菜了。上菜前将它切成薄片并配上甜芥末酱（食谱如下）和黄油黑麦面包。

○ 3磅到3½磅的整切三文鱼腩肉，保持鱼皮完整，并尽量切成矩形（头尾宽度一致）

○ 一大束莳萝（约¼磅）

○ ¼量杯粗粒犹太盐

○ ¼量杯糖

○ 2汤匙白胡椒或黑胡椒，用研钵或肉槌粗略捣碎

1. 用手指从头到尾在鱼肉内侧揉搓一遍，看看有没有骨头，用尖嘴钳或镊子将骨头取出并丢弃。莳萝洗净，甩干水分。取一个小盘子，加入盐、糖和碎胡椒并混合均匀。将三文鱼沿宽边切成两半，鱼皮朝下并排放在工作台上。将盐、糖、胡椒粉均匀地撒在鱼肉上，轻轻揉搓至所有裸露的鱼肉上都沾上这些调料。

2. 在其中一片鱼肉上放上莳萝，然后盖上另一片鱼肉，鱼皮面朝上。这时它们看起来就像一个长了胡须的三明治。

3. 用两层保鲜膜把三明治包起来，放在一个浅烤盘中，并在三明治上压上 5 磅到 10 磅（约 2.27 到 4.54 千克）的重物，罐装食品或套了塑封袋的书籍都是不错的选择（我们用的是包了塑料的铅砖，但大多数家庭可找不到这样的东西）。

4. 冷藏 3 天，每隔 12 小时将三文鱼翻个面。打开保鲜膜，用刀或刮刀将鱼肉表面刮干净，丢掉浸满盐和糖的莳萝。上菜时，将鱼肉沿对角线切成极薄的薄片，且每一片都要去皮。

该食谱可制作 10 或 12 人份。

甜芥末酱

　　将 ¼ 量杯辛辣黑芥末酱（spicy brown mustard）、1 茶匙干芥末、3 汤匙糖、2 汤匙红酒醋混合均匀。缓慢平稳地倒入 ⅓ 量杯植物油并搅打均匀至稀蛋黄酱的稠度。加入 3 汤匙莳萝末并搅拌均匀，然后放入冰箱冷藏 2 小时使得口味变得甘醇。

怎么才算盐浸

近来，盐浸似乎相当流行，仿佛盐水是全世界的厨师和美食作家的什么新发现似的，弄得像巴尔沃亚（Balboa）发现了太平洋一样大张旗鼓。盐浸究竟是干什么用的？

盐浸，也就是将肉类、鱼类或禽类浸泡在盐溶液中，根本不是什么新鲜事。当然，在海洋史上的某一时期，有人发现（可能是偶然发现）在海水中浸泡过的肉类更多汁，并且煮熟后更美味。

盐浸的原理是什么？在盐水中泡个澡除了使食物变得又湿又咸之外，还有什么作用呢？那些宣称盐浸能够提升汁水含量和柔嫩度的说法合理吗？

首先，让我们先把术语搞清楚。盐浸（brining）这个词的很多用途都是误用，比如在烤肉上涂抹盐，或者把烤肉浸泡在盐、糖、胡椒、醋、红酒、苹果酒、油、香料（哦，对了）还有水的混合物中。但是，把干燥的盐涂在肉上并不是盐浸，这只是个涂抹过程，目的完全不同。有些人将把肉浸泡在多种原料的混合液体中的做法称为盐浸，但其实这种做法叫作腌渍，是另外一回事。相反，肉类行业向猪肉中注入盐水，并称其为"腌渍"，但实际上这种做法才是盐浸的其中一种形式。

虽然大多数盐浸液中也含有糖，但为了能让这一节的篇幅比《白鲸》稍短一些，我将集中讨论用纯盐水浸泡肉类的效用。

典型的肉类（肌肉）细胞是由蛋白质和含有溶解物质的液体组成的长圆柱形纤维，并且所有细胞都被水分子能够穿过的细胞膜包覆着。当这样一个肉类细胞沐浴在每立方厘米中的自由水分子比细胞中水分子含量高得多的盐水中时，大自然就会试图平衡这一差异，于是，大自然会迫使自由水分子穿过细胞膜，从水含量更高的盐水进入水含量更低的肉类细胞中。这样一个水从水含量高的溶液进入水含量相对较低的溶液中的过程，就是渗透作用，而迫使水通过细胞膜的压力被称为渗透压。对于肉类细胞来说，渗透作用的结果是水从盐水中转移到细胞中，从而使肉变得更加多汁。

与此同时，盐发生了什么变化呢？肉类细胞只有很少的溶解盐（专业术语：很少的钠离子和氯离子），但盐水中含有大量的盐，通常每加仑水中有一到六量杯盐。就像前面提到的，大自然会试图恢复事物的平衡性，不过这次靠的是扩散作用：细胞外的大量盐离子中的一部分会穿过细胞膜，扩散或迁移进肉类细胞中。然后，通过一种尚未完全了解的机制，盐会提升蛋白质的保水能力。于是，盐浸的结果是：肉有了咸味，而且变得更加多汁了。更棒的是，由于蛋白质结构变得可以结合更多水并膨胀变软，肉还可能因此变得更嫩。

因此，盐浸对那些烹调后容易变得干巴巴且相对没什么滋味的瘦肉最为有效，比如如今那些白肉火鸡和没什么肥肉的猪腰肉。但是，我的朋友们，从这里开始科学的工作就结束了，而艺术将从这里接手，因为盐浸的和烹饪各种肉类的方法有数十种之多。需要在某个特定温度下用某种特定烹饪方法烹制特定时长的某种肉类，应该预先用何种浓度的盐浸液盐浸多长时间？这些问题都没有通用的答案。失败乃成功之母，是时候展现你作为食谱开发者的信心了。如果你找到了一份盐浸配方，用它做出来的成品鲜嫩多汁又不是很咸，别问这问那，且用且珍惜就是了。

既然谈了这么久的盐，让我们继续说说盐从食物中"吸走水分"的能力，长久以来，人们就通过在肉和鱼上包覆岩盐来进行干燥和贮存，靠的就是盐的这种能力。但是，这和我刚刚提到的盐水可以增加盐浸肉水分的说法不是恰恰相反吗？完全不是（看我怎么自圆其说）。

盐水和干燥的盐对食物的影响不同。渗透作用之所以能发挥功效，是因为细胞膜两侧可用的水量不同。在盐水中，细胞外的水分子比细胞内的多，所以渗透压会迫使一部分水进入细胞内。但是，如果在一块水含量较高的食物（几乎所有食物的水含量都挺高）表面裹上固体盐，一部分盐就会溶解在食物表面的水分中，并形成一层水含量极少（比食物细胞的水含量少）的高度浓缩盐溶液。因此，如果细胞内的可用水分子比细胞外的多，细胞内的水分就会被抽走。

很棒的康沃尔盐浸母鸡

鲍勃的桃花心木野母鸡

康沃尔野母鸡鲜美多汁，在烤制前进行盐浸则风味更佳。在本食谱中，我们用酱油、蒜和姜制成的酱汁涂抹野鸡表面，烹饪完成后就能得到桃花心木般的漂亮褐色脆皮，赋予整道菜一种亚洲特色。

要用多少盐水？将母鸡放入为盐浸准备的碗、瓦罐或可重复封口的塑封袋中，然后加水直至完全没过母鸡。取出母鸡，测量水量。

盐水的浓度应该是多少？根据经验，每4夸脱（约4升）要用1量杯莫顿牌犹太盐或1½量杯戴蒙德牌犹太盐。可以加入糖和其他配料来平衡味道。

○ 2只康沃尔野母鸡
○ 4夸脱（约4升）水

○ 1 量杯莫顿牌犹太盐

○ 1 量杯黑糖，略微压实一下

○ ⅓ 量杯酱油，最好是龟甲万牌（Kikkoman）

○ 2 汤匙花生油

○ 4 瓣大蒜

○ 3 片一元硬币大小的姜片

1. 拆去母鸡的包装，清除内脏并冲洗干净。将水倒入一个大碗或汤锅中。加入盐和糖，搅拌至溶解。把鸡放入液体中，胸部朝下。在鸡上压一只盘子，以确保其完全没入液体中。在阴凉处或冰箱中放置 1 小时。将鸡从盐浸液中取出，冲洗后用纸巾擦干。如果不需要立即使用，就冷藏起来。

2. 将烤箱预热至 400℉（约 204℃）。用绳子把鸡腿松松地绑在一起，防止它们张开。

3. 将酱油倒入一个体积为 1 量杯的玻璃量杯中，并加入油。将蒜瓣放入压蒜器中，将蒜汁挤到酱油和油中。把姜剁碎，放入压蒜器中，尽可能把所有的汁液和姜蓉都挤进酱油混合物中。尽可能将混合物搅拌均匀（当然，油不会完全混合进去），然后将其涂满鸡的全身。鸡胸朝下放置在烤盘中，然后放入烤箱置于烤架上。

4. 烤制 30 分钟，烤到 10 分钟到 20 分钟时再用酱油混合物将鸡涂抹一遍。每次涂抹之前都要充分搅拌酱汁，使蒜蓉和姜蓉悬浮起来，以便刷子能带起一些姜蒜蓉并涂抹在鸡的表面。如果滴落在烤盘上的油开始冒烟，就往烤盘中加入 ½ 量杯的水。把鸡翻个面，继续烤制 30 分钟到 40 分钟，每 10 分钟涂抹一次酱汁。确保每次涂抹时都能让鸡的表面沾到一些姜蓉蒜蓉，尤其是最后一次涂抹，特别是在最后的糊状物上。这样做出来的鸡会鲜嫩多汁，并呈现桃花心木般的棕褐色。

该食谱制作 2 人份绰绰有余。

不可以不多汁

盐灼汉堡

用煤气或木炭驱动的烤架烤汉堡肉饼会导致大量汁液滴入火中而流失。但如果在煎锅中烹饪，蒸发的汁液会在煎锅中留下美味的"棕色小斑块"，或者叫作"fond on the pan"。如果接下来在锅中加入红酒或其他液体，就能熬成非常美味的酱汁。但是，如果只是单纯用煎锅煎没有任何调味的汉堡肉饼，这些棕色小斑块就毫无用武之地了。

解决方法：在煎锅里放一层薄薄的盐来煎制汉堡肉饼。盐会把肉汁吸出来并迅速将它们凝结，从而在肉的表面形成一层脆壳，防止肉粘在锅上，并把那褐的美味留在锅里。这样制成的汉堡肉饼外表酥脆，咸鲜可口。

○ ¾ 磅到 1 磅（约 454 克）牛肉馅（肩肉）
○ ½ 到 ¾ 茶匙犹太盐

1. 用手将牛肉馅轻轻拍成两个胖胖的椭圆形肉饼。不要把肉压得太紧实。

2. 将犹太盐均匀地撒在一个直径约 20 厘米的铸铁煎锅中。不要撒
   得很满，无须完全覆盖锅底。将撒了盐的煎锅中火加热 5 分钟。

3. 直接把汉堡肉饼放在盐上，将第一面煎制 3 分钟，然后翻面，
   将另一面煎制 3 分钟，这样煎出的汉堡肉饼是半生的，你也可
   以继续煎至你喜欢的程度。

该食谱可制作 2 个汉堡肉饼。

晚安甜酱汁

食谱总是让我腌渍一夜、浸泡一夜、放置一夜之类的。"一夜"是
多长时间？

　　我懂你。为什么是一夜？难道太阳光还能以某种方式干扰腌
渍过程吗？如果我们做到需要"放置一夜"这一步时才下午两点
怎么办？"一夜"的计算最早可以什么时候开始？如果真的要放置
一夜，难道我们必须在公鸡打鸣的那一刻就继续烹饪吗？如果我
们早上要去上班怎么办？看在上帝的份上，到底怎么样才可以终
止放置？

　　一般来说，"一夜"指的是 8 到 10 个小时，大多数情况下 12
个小时并无大碍。但一份精心编写的食谱应该足以让我们自己安
排时间，直接告诉我们需要多少个小时，谢谢，我们已经长大了，
可以自己决定上床睡觉的时间了。

把那些沫沫撇掉！

每当我做鸡汤时，水刚沸腾不久，鸡的周围就会出现泡沫状的白色浮渣。我可以撇掉大部分，但剩下的很快就消失了。这些浮渣是什么东西？我撇掉它们是正确的抉择吗？

这种浮渣是通过脂肪凝聚在一起的凝固蛋白质。虽然它对你没有害处，但它的味道并不好，而且单纯从审美角度来说，也最好把它撇除。

加热会使蛋白质凝结。也就是说，它那长而旋绕的分子会展开，然后以新的方式聚集在一起。这些浮渣之所以会出现，是因为鸡肉中的一些蛋白质溶解在水里，并随着温度升高而开始凝结。与此同时，鸡体内的脂肪已经熔化成油，而油的密度比水小，所以通常会浮在水面上。只要这两者相遇，油就会覆盖在凝结的蛋白质上，像一个救生圈一样使蛋白质浮起来，形成油乎乎的浮渣。浮渣中的东西都是可食用的，只是看起来丑了点。

随着炖煮过程中温度的升高，油会变稀，四散流开，留下蛋白质继续凝结。最终，这些蛋白质会变成成品汤中你常会见到的那种棕色小颗粒——也就是说，如果你没有在早期撇除浮渣的话，就会变成这样。浮渣并没有消失——它只是缩小成了那些棕色的小斑点，这些小斑点大多会粘在水位线周围的锅壁上，形成一种类似（请原谅这个比喻）浴缸圈的东西。

所以尽早、尽全力地撇除浮渣，你就会得到一份美味又清透的汤。

广受推荐的漏勺并不是从汤和炖菜中撇除浮渣的最佳工具，因为漏勺上的洞太大，会漏掉很多东西。最好的选择是撇渣器（惊不惊喜？）它起作用的那端呈扁圆形，上面覆盖着一层筛网。厨具店均有售卖。

快看，快看，快看！那不是小邋遢吗？

我做完烤鸡后，烤盘里尽是些邋遢的滴落物。
它们还能派上什么用场吗？

用不上了。如果你一定要打破砂锅问到底，我只能告诉你，它们配不上你。倒掉油脂，把剩下的"小邋遢"刮到一个罐子里，用次晨达快递寄给我。

不开玩笑了，其实这东西是由非常美味的汤汁和凝胶组成的，把它放到你的洗碗机里简直是在犯罪。我常常想，如果我是一个国王或皇帝，我会命令我的厨师们烤一百只鸡，把鸡都丢给老百姓，然后把那些滴落物用银盘子端给我，再配上几根香脆的法棍面包。

或者我也可以立刻做出一桶史上最美味的肉汁，因为所有这些美味的脂肪、鸡汁、蛋白质凝胶和棕色小斑块都是美味肉汁的基础。

宝宝可不会碰它

为什么我做的肉汁不是结块就是很油腻?

也可以不是两者之一。毕竟,我们都认识一些可以把肉汁做得又结块又油腻的人,不是吗?

结块和油腻都源自于同一种基本现象:油和水不互溶。肉汁的制作既需要油,也需要水,但是你必须巧妙地将两者混匀。

首先,让我们先把一些术语搞清楚。油(oil)、脂肪(fat)和油脂(grease)是同一种物质。固体的叫作脂肪,液体的叫作油。所有固体脂肪都可以熔化成液体,而所有的液体油也可以冷却凝固。

天然的固体脂肪通常存在于动物体内,而天然液体油则通常存在于植物种子中。但食品专业人士将它们统称为脂肪,因为它们在营养方面的功效相同。

油脂的稠度介于固体脂肪和液体油之间。这个词有一个令人讨厌的含义(邋遢寒酸的餐馆叫作 greasy spoon),而且只有在很糟糕的情况下,人们才会在餐桌上提到这个词。在接下来的内容中,我将使用脂肪、油和油脂这几个词来表达我的观点,或者坦白点说,我想用哪个就用哪个。

关于命名法,我再多说一点。最初,肉汁(gravy)的意思是肉在烹制过程中滴出来的汁液。将烤肉和这种相对未加修饰的汁液一起上桌的方式,据说就叫作"au jus",也就是法语中"和汁液一起"的意思(菜单上的"和 au jus 一起"肯定是双语口吃者写的)。不幸的是,大多数餐馆的汁液都只是热水和一种由盐、香精和焦糖色素制成的粉末状商业性"底料"兑出来的。

当你向滴落物中加入其他的食材一起炖煮时，你就是在制作肉汁了。那么，酱汁又是什么呢？酱汁是在单独的锅中制作的，通常也会用到一些相同的滴落物，但是还须额外加入一些调味料、香精和其他配料。

让我们来谈谈最常见的一种肉汁：由烤肉或烤禽肉时滴下的肉汁制成的锅煮肉汁。

没有人喜欢稀稀拉拉的肉汁，所以必须使用增稠剂。这就轮到面粉发挥作用了。面粉含有淀粉和蛋白质。用不含蛋白质的玉米淀粉或竹芋粉来为酱汁增稠是另一回事，所以在接下来的内容中，不要试图用它们来代替面粉。

当你烤完火鸡后，把它从烤箱里取出来，查看一下烤盘里那一团乱七八糟的东西。你会发现其中有两种液体：一种是由熔化的火鸡脂肪组成的油基液体，另一种是由肉和蔬菜中的汁液加上可能是你自己添加的肉汤或水组成的水基液体。肉汤好吃的秘诀就是同时加入这两种互不兼容的液体，因为两种液体都有自己独特的风味。也就是说，某些风味是脂溶性的，而另一些口味是水溶性的。你的目标是将脂肪中的风味和水中的风味混合成一种光滑均质的酱料。

诀窍在于面粉的处理方法，因为面粉不仅仅是增稠剂，还能将油和水混合在一起。

面粉是一种含有特殊蛋白质（谷蛋白和醇溶蛋白）的细腻粉末，这些蛋白质吸水后会结合在一起形成一种黏性物质——面筋。现在，如果你直接把一些面粉倒进烤盘里搅拌，蛋白质就会和水聚集在一起，形成一坨黏糊糊的东西。由于这坨东西是水基的，所以油无法渗透进去。所以，你只会得到一坨坨在油脂中翻滚的黏糊糊的团块。这对某些家庭来说可能习以为常，但是大多数专家认为肉汁不应该是感恩节晚餐中最有嚼劲的部分。

所以，你应该怎么做呢？其实就像一加一等于二一样简单。第一，从那些底部开口的精巧的肉汁分离器中选一个，把肉汁中的水基和油基液体互相分离开来（如果你非要问的话，脂肪在最顶层）。第二，将面粉和一些脂肪混合。这种面粉和脂肪的混合物叫作油面酱（roux）。第三，将油面酱稍微煮一下，使其变成棕褐色，以去除生面粉的味道。第四，这时，你才能慢慢地将水基液体搅拌进去。然后，面粉、油和水就会神奇地混合成顺滑的酱汁，就好像它们并非天敌一样。第五，用文火炖煮以分解面粉颗粒并释放出可以增稠的淀粉。

原理如下：

首先，将面粉和脂肪混合是为了确保每一粒微小的面粉都裹上一层油，这样水基汁液就不会渗透进去，不会粘住面粉中的蛋白质。然后，当你把汁液搅拌进油面酱中时，面粉颗粒会带着表面的脂肪广泛地分散开来。脂肪和面粉均匀地分散在液体中，形成光滑、均质的混合物，这正是你需要的。简而言之，通过将面粉作为油在水中的载体，你成功说服了油和水变得亲如兄弟。接着，面粉在炖煮酱汁的过程中均匀地发挥了增稠作用。不存在稀一块稠一块，也就不存在结块的问题。

但是，如果你做油面酱时加的脂肪太多，面粉就无法把所有的脂肪都带走，而多余的脂肪就会以油沫的样子浮在肉汁上，从而毁掉你厨艺的名声。相反，如果你用了太多的面粉，就没有足够的脂肪能够完全包覆它，而多余的面粉会在你加入水基液体之后变成团块状的浆糊，所以保持面粉和脂肪的分量对等至关重要。

　　需要多少面粉、脂肪、水基液体？1份面粉和1份脂肪，需要用8份或以上的水基汁液和/或高汤，这取决于你想要多稀的肉汁。掌握这些，你的肉汁将成为传奇。

　　在烹制鸡或其他禽类之前，你是否会因为清洁工作而苦恼？你有没有觉得把所有内脏从胸腹腔中去除非常麻烦？我选择用带有硬挺的塑料梳齿的梳子作为"内脏刷"。将它在禽类的胸腹腔中转动就能带出肋骨之间的各种肝、肺及其他乱七八糟的内脏碎屑。然后，我会先用热水冲洗刷子，再把它放进洗碗机中。

用来去除生家禽内脏的"内脏刷"

美味肉汁！

从无败绩的完美鸡肉汁或火鸡肉汁

制作肉汁的时候要记住三件重要的事情：

第一，将脂肪和中筋面粉等比例混合煮熟。

第二，拌入适量的肉汤，直至达到你喜欢的稠度。

第三，炖煮肉汁的总时长为7分钟。

肉汁的标准配比是 1 份脂肪、1 份面粉、8 份或 12 份水基液体。比如：½ 量杯脂肪滴落物、½ 量杯面粉、4 或 6 量杯肉汤；或者，4 汤匙脂肪、4 汤匙面粉、2 或 3 量杯肉汤。做牛肉肉汁时也是使用相同的比例。

以下是制作方法：将火鸡或鸡从烤箱中取出，放置在一旁。现在看看烤盘里面，里面应该是一派由脂肪、肉汤和已经产生褐变的蔬菜组成的盛况。肉汁的精髓来自那些脂肪滴落物，以及你用鸡杂做成的肉汤。

你确实可以直接在烤盘中制作肉汁，但这样做有个缺点，就是很难测量脂肪的含量，而单是这一点就可能会使比例计算出现偏差。以及，将这么一个巨大的烤盘架在炉盘上也很困难，而且这么做的话，晚饭后要清理一大堆东西。

最好这样做肉汁：把烤盘里的油和汁液倒进一个大量杯中，但把烤好的蔬菜留在烤盘中。脂肪和脂肪滴落物会浮在上层，更方便测量。

基础版火鸡或鸡肉汁

- 火鸡或鸡
- 切碎的洋葱、芹菜、胡萝卜各 ½ 量杯
- ¼ 量杯从烤盘中取出的脂肪
- ¼ 量杯中筋面粉
- 烤盘中取出的汁液
- 大约 2 量杯火鸡或鸡肉汤
- 盐和现磨胡椒粉

1. 处理好要烤的火鸡或鸡。先将切碎的洋葱、芹菜和胡萝卜放入烤盘中，再放入火鸡或鸡。

2. 按照你的烤鸡食谱完成烤制。

3. 烤制的同时熬制鸡杂肉汤。

4. 烤制完成后，将烤鸡转移到大号浅盘中放置备用，开始制作肉汁。

5. 将烤盘中取出的所有汁液倒进一个玻璃量杯中。

6. 量出 ¼ 量杯的脂肪，放回烤盘中。

7. 测量并保存棕褐色的水基滴落物（剩下的脂肪可以丢弃，也可以留下为剩菜做肉汁。）

8. 刮一刮烤盘，使烤盘中的蔬菜和褐色小斑块稍微松脱一些。

9. 将面粉加到烤盘中。

10. 用木勺将脂肪和面粉混合均匀，做成稠厚顺滑的混合物。

11. 小火加热，让烤盘中的东西微微冒泡，煮制 2 分钟，这样就能消除生面粉的味道了。

12. 慢慢拌入剩余的棕色水基滴落物和足够的肉汤，使肉汁达到你喜欢的稠度，水基液体的总量大约为 2 量杯。

13. 小火继续煨 5 分钟，直到肉汁变得又稠厚又顺滑。用盐和胡椒调味。

14. 滤入船形肉汁盘中。

该食谱可制作约 2 量杯肉汁。

大海之中

真正的白肉

为什么鱼肉比其他肉类熟得快得多？

就像葡萄酒可以是红葡萄酒或白葡萄酒，肉类中也有红色的牛肉和通常为白色的鱼贝类。三文鱼是粉红色，你喜欢叫它淡红色也可以，因为它们以粉红色的甲壳类动物为食。如果你好奇的话，火烈鸟也是由于差不多的原因而成了粉红色。

在厨房中，我们很快就会发现白色的鱼肉比红肉熟得快得多。当然，这不仅仅与颜色有关——鱼肉本身在结构上就与大多数奔跑、爬行与飞行类生物有本质上的不同。

首先，在水中游弋算不上什么健身运动，至少与在平原上奔驰或在天空中飞翔相比不算。因此，鱼类的肌肉并不像其他动物的肌肉那么"施瓦辛格"。活动量越大的鱼，红色肌肉的含量就会更高，其中含有更多的红色肌红蛋白，鱼肉的颜色也因此更深，比如金枪鱼就是如此。

更重要的是，鱼类的肌肉组织与大多数陆地动物的肌肉组织完全不同。为了瞬间摆脱敌人，鱼类需要迅捷的反应且强有力的爆发速度，而不是像其他动物那样需要长时间奔跑的耐力——它们中的一些后来被我们驯化，变得懒惰，便不再需要这种耐力了。

肌肉通常由纤维束组成，而鱼类的肌肉主要由所谓的快缩肌纤维组成。与大多数陆地动物大体积的慢缩肌纤维相比，快缩肌纤维更短更细，因此更容易被咀嚼之类的外力撕裂，也更容易被烹饪时的热量之类的化学力而分解。这就是为什么鱼肉很嫩，可以放在寿司中生吃，而牛排则需要剁碎才能制成我们的臼齿嚼得动的鞑靼牛排。

　　鱼肉比其他肉类更嫩还有一个重要原因，鱼基本上生活在一个失重的环境中，所以它们几乎不需要结缔组织——软骨组织、肌腱、韧带等，而其他生物则需要这些组织来帮助身体对抗重力，并将身体各部位固定在骨架之上。因此鱼肉大部分是由肌肉构成的，其中很少有软骨类或很难嚼烂的东西，骨头部分也只是一根脊骨就足够了。鱼肉相对缺乏结缔组织意味着其胶原蛋白含量相对较低，这种蛋白质在加热后会变成美味多汁的明胶。这就是做好的鱼肉比其他肉类更干的原因之一。另一个原因是，鱼是冷血动物，不需要很多可以提升多汁性的隔热脂肪。

　　综上所述，烹制鱼肉最需要关注的问题是不要烹饪过度。只要烹制到鱼肉蛋白从半透明变成不透明就可以了，这点和蛋清中的蛋白很相似。如果烹饪时间过长，鱼肉中的肌肉纤维就会收缩变硬，从而导致鱼肉变得又硬又干。与此同时，过多的水分流失也会使鱼肉变干。一般来说，每2.5厘米左右的厚度需要烹制8到10分钟。

做得恰到好处的鱼肉

袋装鱼

　　鱼肉很容易熟，所以可以用蒸制的方法烹饪它，这种做法也可以防止鱼肉变干。经典方法之一是"en papillote"，也就是用烤盘纸将鱼肉包起来，然后放入烤箱加热。如今，我们可以使用铝箔纸代替。

　　本食谱中的鱼排肉种类几乎可以随意挑选：黑鲈鱼、银鲑鱼、石斑鱼、红鲷鱼或鲈鱼。这个食谱每次做出的鱼都很棒（而且不需要盯着进度）。蒸鱼的汁液会与蔬菜和调味品的风味混合在一起。

　　○ 2 张约 40 厘米长的铝箔纸

　　○ 2 茶匙橄榄油

　　○ 2 片鱼排肉

　　○ 盐和胡椒

　　○ 2 根整葱，横切成两半

　　○ 2 根欧芹

　　○ 2 小片洋葱

　　○ 8 个成熟的圣女果

　　○ 2 汤匙干白葡萄酒或柠檬汁

　　○ 2 茶匙刺山柑花蕾，沥干，可不加

1. 将烤箱预热至约 220℃。用冷水冲洗鱼排肉，并用纸巾擦干。将两张铝箔纸的一半部分淋上橄榄油。

2. 拿着鱼排的一头将它拎起来，在其中一张铝箔纸的橄榄油中滑动至沾上一层油，另一面也用同样的方法沾上油。在另一张铝箔纸上用同样的方法处理另一片鱼排。用盐和胡椒粉调味。盖上葱和欧芹，并放上洋葱片。喜欢的话，可以加入圣女果、葡萄酒和刺山柑花蕾。

3. 折叠两张铝箔纸，包裹住鱼肉和蔬菜。将铝箔纸的边缘折好并压住，紧紧封住里面的东西。将包好的鱼肉置于有边的饼干烤板上烤制 10 分钟到 12 分钟。

4. 从烤箱中取出两个铝箔包，分别放在两个大号的深盘中，用刀或剪刀从没有折痕的一面剖开铝箔包，轻轻地将其内容物连同汤汁一起滑进盘子里。

该食谱可制作 2 人份。

什么东西臭了？

鱼闻起来一定是腥气十足的吗？

当然不是。人们习惯于忍受有腥味的鱼可能因为他们是这么想的：就这样吧，不然它还能是什么味儿呢？尽管听起来可能有点奇怪，但鱼并不一定有腥味。

如果鱼和贝类完全新鲜，几个小时前还在水中活蹦乱跳，它们就几乎不会有任何异味。可能会有点"海味"，但肯定不是臭味。只有当海鲜开始变质时，它才会散发出腥味。而鱼变质的速度比其他肉类要快得多。

鱼肉（鱼的肌肉）是由与牛肉或鸡肉不同的蛋白质组成的。鱼肉不仅能通过烹饪迅速软化，也能更快地被酶和细菌分解，换句话说，它的变质速度更快。鱼腥味来自变质过程中的产物，尤其是氨、硫化物，以及蛋白质中的氨基酸分解后产生的胺类化学物质。

即使这些化学物质的气味已经很明显了，食物也还远没到不能吃的程度，所以轻微的鱼腥味只能说明你的鼻子很好，而且鱼肉可能不如一开始那么新鲜了，但不一定说明它已经坏了。胺和氨会被酸抵消（专业术语：中和），这就是为什么吃鱼的时候常会加柠檬片。如果你的扇贝闻起来有点不新鲜了，可以在烹饪之前用柠檬汁或醋迅速润洗一下它们。

鱼类迅速变质的原因还有一个。大多数鱼类在进食其他鱼类时都有囫囵吞枣的坏习惯，因此它们的胃中含有可以降解鱼类的酶。如果鱼类被打捞上来之后的处理过于粗暴，这些酶类就会从鱼的肠胃中逃逸出来，并很快作用于鱼肉上。这就是鱼类被打捞上岸之后需要尽快去除内脏的原因。

鱼类体内和身上所携带的降解细菌也比陆地动物的更高效，因为它们天生就是为了在寒冷的海洋和溪流中工作的。为了阻止这些细菌搞破坏，我们必须迅速给鱼类降温，要比保存温血动物肉类降得更快更低。所以，渔民最好的朋友是温度从不超过 0℃ 的冰，而你家冰箱的温度大概是 4℃。

鱼肉比陆地动物的肉变质更快的第三个原因是：鱼肉含有更多的不饱和脂肪。鱼肉中的不饱和脂肪比牛肉中的饱和脂肪更容易酸败（氧化）。脂肪氧化后变成了难闻的脂肪酸，从而进一步加重了鱼腥味。

假冒鳕鱼

前几天我买了一些人工蟹肉条，还挺不错的。标签上说它们是用鱼糜（surimi）做的。鱼糜是什么，是怎么做成的？

　　鱼糜是制成类似虾蟹形状的碎鱼肉。鱼糜是在日本兴起的，以便对鱼排加工过程中的废料以及捕鱼时混进渔网中的一些不太受欢迎的鱼类加以利用。作为一种低成本的鱼肉替代品，鱼糜已经在美国站稳了脚跟。

　　人们通常会选用青鳕和无须鳕的边角肉料进行碾碎并彻底清洗以去除脂肪、色素和风味，然后进行润洗、过滤，并适度干燥将水分含量减少至82%，接着冷冻备用，这就是鱼糜。

　　如果要用鱼糜制作特定产品，须将鱼糜切成条状纤维，再加入蛋白、淀粉和少许油等配料，使其口感类似于真正的蟹、虾或龙虾。然后将混合物呈薄片状压出，短暂加热使其形成稳定的凝胶。然后，这些薄片经过滚制、折叠和模压形成条状或其他形状，接着通过调味、上色以模仿那些真材实料，并在冷冻后运送到市场上。

你要配薯条还是鱼子酱？

我在购物目录中看到了各种各样的鱼子酱勺子，价格从 12 美元到 50 美元不等。为什么鱼子酱非得盛在一个特制的漂亮勺子里呢？

　　能想得到的原因有几个。第一，商人们觉得，常吃鱼子酱的人肯定是人傻钱多。第二，鱼子酱值得。第三，（最不浪漫的一个）其中有化学反应。

　　鱼子酱是鲟鱼的鱼卵，鲟鱼是一种恐龙时代就有的鱼，体型巨大，不长鳞片，而是长着甲壳。鲟鱼主要生活在里海和黑海，不过，由人工养殖的鲟鱼和其他鱼类制作而来的优质美国鱼子酱已经越来越多。里海的海岸线曾经被伊朗和苏联所垄断，现在则由伊朗、俄罗斯、哈萨克斯坦、土库曼斯坦和阿塞拜疆的一小部分地区共享。

里海的鲟鱼主要品种有 3 种，其中大白鲟（beluga）体型最大（可达 770 千克），鱼卵也是最大的，鱼卵颜色从浅灰色到深灰色再到黑色都有。体型第二大的是奥西特拉鲟（osetra），它能长到 200 多千克，卵呈灰色、灰绿色或棕色。体型最小的是闪光鲟（sevruga，重量可达 100 多千克），其鱼卵很小，呈绿黑色。

因为鱼子酱可能含有 8% 到 25% 的脂肪（还有很多胆固醇），所以它很容易腐败变质，必须用盐腌制保存。品质最好的鱼子酱中的盐添加量不超过总重的 5%。这类鱼子酱被称为"malossol"，是俄语"轻度盐渍"的意思。

这就产生了问题：盐具有腐蚀性。它能与银制和钢制的勺子发生反应，产生微量化合物，这些化合物据说会让鱼子酱带有金属味。

因此，鱼子酱一直使用由惰性材料制成的勺子。人们经常使用不会被盐腐蚀的黄金，但是历史最为悠久的材料是珍珠母贝，是一种名为 nacre 的坚硬、白色、有光泽的物质，贝壳的内表面和珍珠都是由这种物质构成的。

但现在是 21 世纪了，我们现在有了一种非常便宜的材料，它和珍珠母贝一样不会与盐反应，抗腐蚀且没有味道，我们称之为塑料。幸运的是，在快餐店里有各种各样的塑料勺子供你随意索取，虽然不用我说大家也知道那不是为鱼子酱准备的。

抱着为大家服务的心态，我研究了温迪（Wendy's）、麦当劳（McDonald's）、肯德基（KFC）和冰雪皇后（Dairy Queen）

的勺子，看看它们是否适合装鱼子酱。塔可贝尔（Taco Bell）不提供勺子，他们给我的是叉勺（sporks）：一种形状像勺子，但是末端有齿的餐具。还记得《猫头鹰和猫咪》（*The Owl and the Pussycat*）中的叉匙（runcible spoon）吗？那就是一种叉勺。不过，唉，所有这些勺子都太大了。最终，我发现巴斯金·罗宾斯（Baskin Robbins）的品尝勺大小非常理想，而且还是漂亮的粉红色（去拿免费勺子的时候，要买一点冰激凌才算得上礼貌）。

如果你觉得用塑料做的东西盛放鱼子酱是一种亵渎，但又不想花 600 美元买一个镀金的费伯奇牌（Fabergé）鱼子酱勺，那就试试所谓的"手杯"（body shot）吧。一只手握拳，拇指朝下，在拇指和食指之间漩涡状的皮肤上放一团鱼子酱。然后直接送进嘴里，并用装在小巧的龙舌兰酒杯中的冰镇俄罗斯或波兰伏特加送服。

为你的健康干杯！

这是一个非常残酷的世界

当我们吃半壳蛤蜊和牡蛎时，它们还活着吗？

假设你在海边度假呢，好吧？那里到处都是海鲜餐馆。很多餐馆都有生食餐吧，随心所欲的享乐主义者成群地在那里享用着成百上千只不幸的、被强行从双壳降级为单壳的软体动物。对一只刚刚被卸去保护壳的生物狼吞虎咽本就让人有些心生顾忌，而温柔如你，还会忍不住想知道它们还活着吗？

为了彻底解决这个问题，我要先正式声明一下：从某种意义上来说，新鲜去壳的蛤蜊和牡蛎可以说是，确实多多少少是活的。所以，如果你是那种修剪植物时觉得植物会痛的人，你最好跳过这个答案的其余部分。

想想卑微的蛤蜊吧。它每天都被埋在沙子或泥里，蜷缩在贝壳里，通过它的两根管子（虹吸管）中的一根吸水，过滤出它的美食（浮游生物和藻类），然后通过另一根管子喷出废水。当然，它们有时也会繁殖（是的，有蛤蜊男宝和蛤蜊女宝）。

它基本就只干这么些事儿。然后，它到了某家餐馆，拼命地夹住自己的贝壳，不让自己感到被拽到青天白日下的羞辱，当然也没有那么拼命就是了。它既没有视觉也没有听觉，而且毫无疑问，它绝对感觉不到快乐或痛苦，更别说它被放在冰上，早就没有知觉了。你管这叫活着？

生物学上来讲就是这么回事。现在来看看物理学：该怎么在自己毫发无损的前提下，打开这鬼东西？

啊，这破壳！

我在鱼市上买了活蛤蜊，但花了好长时间才把它们打开。有没有简单点的方法？

人类在蛤蜊脱壳和儿童防护瓶盖上动用的聪明才智不相上下，但蛤蜊脱壳伴随的伤痛可多多了。人们曾经正儿八经地推荐了从锤子、锉刀、钢锯到微波炉加热等各种各样的方法。但实际上完全不需要使用暴力，而且微波加热还会严重影响它们的风味。

要想轻松地打开蛤蜊，只需将蛤蜊放进冰箱冷冻室，并根据蛤蜊的大小放置 20 分钟到 30 分钟——使它们足够冷但不至于冻住。在这种麻痹状态下，它们就无法继续紧紧抓住自己的壳。然后，用毛巾垫在手上拿住蛤蜊，取一把扁平圆头的蛤蜊刀（不是尖头的牡蛎刀），从贝壳两端较尖的地方插进去（这就是蛤蜊伸出虹吸管的地方）。用刀抵住贝壳内表面滑动，你就可以切断将两片贝壳吸在一起的肌肉（专业术语：内收肌），将一片贝壳从连接处扭断并丢掉。然后用同样的方法将蛤蜊从另一片贝壳上分离。在蛤蜊肉上加一团芥末酱和辣椒酱 1∶1 的混合物，还可以再撒上一点塔巴斯科辣酱或一点柠檬汁，就可以大快朵颐了。

蛤蜊刀

扁平的刀刃适合插入贝壳之间，而尖头的牡蛎刀更适合"挑开"贝壳连接处

来清洁一下

有一次我在海边度假，发现了几只活蛤蜊。我把它们带回旅馆，并请旅馆厨房为我处理一下，我想生吃。吃完后，我问厨师是怎么处理蛤蜊的。他说："我就是把它打开了。"这种直接从其自然栖息地抓来的活物，在生吃之前难道不需要清洗一下或者做些什么别的处理吗？

按理说是需要的，但并非必要，所以这一步经常被跳过。

从海洋或鱼市运来的活蛤蜊通常需要清洗。当人类把蛤蜊从舒适的沙床中抓出来时，它们会将自己的虹吸管猛地抽回来，紧紧夹住两片贝壳，并可能同时将沙子及附近的垃圾一起夹进去。此外，蛤蜊是有消化道的，类似于虾的沙线。虽然对人体无害，但其消化道中可能含有些许沙粒，而且也不是什么好吃的东西。所以，最好把它清理掉。

所以，刷洗了蛤蜊壳的外表后，用每 3.8 升含 ⅓ 量杯食盐的人工盐水浸泡蛤蜊，再加入 1 汤匙左右的玉米粉搅拌均匀，然后让它们悠闲地待上一个小时。如果你静静地观察（它们对震动很警觉，但听不到真正的声音），你会看到它们一边吃玉米粉，一边就把自己弄干净了。一段时间后，你会惊讶地发现容器底部有那么多喷射出的碎屑。然而，让它们保持这种状态太久并没有什么好处，因为它们会耗尽水中的氧气，最终夹紧贝壳并停止自我清洁。

很多烹饪书籍和杂志文章会告诉我们将活蛤蜊浸泡在自来水中对其进行清洗，并且放不放玉米粉都可以，但稍加思考就会发现这种方法是多么没用。虽然也有淡水蛤蜊，但我们说的这些蛤蜊生活在海水中。如果一只海蛤蜊被扔进淡水里，它会立刻关紧贝壳，连条缝都不敢开，但求环境能最终恢复成更咸的海水。因此，将蛤蜊浸泡在无盐的水中只会徒劳无功。相反，如果浸泡在盐度合适的盐水中，蛤蜊就会误以为自己回到了家，从而伸出虹吸管开始进食，并清洗掉自身的碎屑。

如果某些餐馆跳过了清洗步骤，他们店里的蛤蜊就可能含有沙子。如果蛤蜊还需经过烹制，有没有清洗就没那么重要了，但是如果海鲜杂烩浓汤的碗底沉着沙子，那就是店家厨房走了捷径的证据。不过，至少你会知道这家的海鲜杂烩浓汤真的是用活蛤蜊做的，而不是罐头或冷冻蛤蜊。

　　软壳蛤，或称蒸蛤，拥有较大的虹吸管（颈），导致它们的贝壳不能完全闭合。因此，它们总是会带有一些沙子。这就是将蛤蜊汤里的蛤蜊蘸黄油食用之前要在汤里涮一涮的原因。

在岩石和甲壳之间

蛤蜊和牡蛎的壳像岩石一样坚硬，但虾和蟹的壳看起来像薄薄的塑料。为什么会有这样的差异呢？

　　我们将这些都叫作壳是因为它们都长在最外层，但是我们提到贝类时，其实包括了两种完全不同的动物：甲壳纲动物和软体动物。

　　甲壳纲动物中有螃蟹、龙虾、基围虾和对虾。它们的外壳是角质形成的，像可以活动的板连接而成的"盔甲"。螃蟹或龙虾顶部的覆盖物被称为甲壳。

　　甲壳纲动物的薄壳主要由有机物质甲壳素（chitin，第一个"i"发/ai/的音）构成，甲壳素是一种由甲壳类动物从所吃的食物中制造出来的复杂碳水化合物。有件事你可能不太想知道，其实虾、蟹和龙虾与昆虫和蝎子关系密切，它们的外壳都由甲壳素构成的（可能听了这个你觉得恶心，但请注意，如今许多生物学家都更倾向于相信甲壳纲动物和昆虫是独立进化的。要知道，生物学家也喜欢海鲜）。

　　另一方面，双壳类软体动物（蛤蜊、牡蛎、贻贝、扇贝和其他生活在两片坚硬贝壳中的小生物）的外壳主要由来自海洋的无机矿物质构成，其中大部分是碳酸钙，多才多艺的碳酸钙同时也是构成石灰石、大理石和蛋壳的物质。下次当你盘子里有完整的蛤蜊或贻贝时，留意一下那些平行于贝壳外部边缘的弧形生长线或环纹。这些是软体动物因为成长到一定阶段而需要更多空间时，不断沉淀留下新的贝壳材料的印记。其成长通常发生在温暖的季节。

"贝"骗了

白葡萄酒浸贻贝

　　贻贝是海洋馈赠的自然快餐。它们拥有美丽的黑檀木色贝壳，上面点缀着同心生长线。贻贝熟得极快（贝壳绽开就说明它们熟了），而且脂肪含量很低，蛋白质含量很高。它们的口感像肉一样，带着海洋的味道，有点咸，又有点回甘。

　　许多鱼市和稍有规模的超市均有售卖缅因州养殖的贻贝（*Mytilus edulis*），规格为 900 克一袋。但是，如果你能找得到，试试华盛顿州泰勒贝类养殖场（Taylor Shellfish Farms）的地中海贻贝（*Mytilus galloprovincialis*）吧，那是我和马琳吃过的最大、最饱满、最多汁、最鲜美的贻贝。

　　不管你选择哪种，养殖贻贝都不含沙粒或藤壶，烹饪前只需轻轻刷洗即可。大部分黑色、钢丝球般的须都已经被去除了。如果有些须残留在贝壳缝隙中，轻轻一拽即可除去。

　　烹饪用的葡萄酒就是平常喝的。

- ○ 900 克贻贝，清洗干净，去须
- ○ 1 量杯干白葡萄酒，如长相思（sauvignon blanc）、桑塞尔（sancerre）或密斯卡岱（muscadet）
- ○ ¼ 量杯青葱末
- ○ 2 瓣蒜，切碎
- ○ ½ 量杯欧芹，剁碎
- ○ 2 汤匙含盐黄油

1. 用自来水冲洗贻贝，从铰合部处拽掉所有露出来的须。丢掉已经开壳且受到其他贻贝撞击时不能迅速闭合的贻贝，因为它们不是死了就是奄奄一息，很快就会变质。

2. 取一口大号汤锅那样又大又深且盖子严丝合缝的锅，加入葡萄酒、葱、大蒜和欧芹。锅必须足够大，除了能容纳开壳后的贻贝外，还需要一定的震动空间——至少两倍于生贻贝的体积。把葡萄酒煮沸，然后调至小火煨 3 分钟左右。调至大火，放入贻贝，盖紧锅盖炖煮，其间将锅摇晃几次，直到所有贻贝都开壳，根据锅的大小和贻贝的多少，大概需要 4 分钟到 8 分钟。

3. 用漏勺或撇渣器将贻贝捞出来，放入两个大汤碗中。迅速将黄油搅入锅内液体中，做成轻微乳化的酱汁。

4. 将汤汁倒在贻贝上，与法棍和冰镇白葡萄酒一起食用。

该食谱可制作 2 人份。

　　甲壳纲和软体动物外壳的不同意味着这两种生物的生长策略也必然不同。软体动物通过在壳的外缘添砖加瓦来完成生长，也就是说它们把自己的裤子加肥了，而甲壳纲动物则是重新做一套衣服。

　　当螃蟹或龙虾长得太大导致裤子穿不上的时候，它们就会开始蜕皮：它们会将外壳从结合处撕开，爬出来，然后做出一个更大的新壳。如果我们能恰巧捉到一只刚刚脱完衣服的螃蟹或龙虾，那我们就能来一顿极其享受的软壳海鲜大餐了。"软壳"就是制造初期的新壳。

　　拿大西洋蓝蟹来举例，它重建新壳的时间为24小时到72小时，这给了我们这些口水汪汪的捕食者足够的时间来捕获它们——但这并不容易，因为它们蜕去铠甲后，就会藏进鳗草之中，只能连鳗草一起挖出来。但幸运的话，我们有可能在野外捕捉到即将脱壳的蓝蟹。熟练的船工一眼就能看出蟹什么时候即将脱壳，这些"即将脱壳蟹"一旦被发现，就会被关在一个特制的围栏中，直到其完成脱壳。

　　然后我们拿它们做什么呢？这还有什么好问的，当然是尽快做熟整只吃掉呀。既然我们都能找到没有甲壳的螃蟹了，何必还要费工夫把肉从软壳里挑出来呢？我们所要做的只是3个小小的清理步骤，并且最好在螃蟹还活着的时候完成。

　　好吧，如果你心灵脆弱，就让鱼贩帮你清理。以下是清理步骤：第一，撕下腹部的围裙（蟹脐，见下文）并丢弃；第二，把两只蟹钳之间的长边上的眼睛和嘴巴部分剪掉并丢弃；第三，揪着蟹壳上的尖尖将其掀开，找到羽毛般的鳃部并去除。充满想象力的民俗学家喜欢称蟹鳃为"魔鬼的手指"。他们这样称呼蟹鳃，是因为鳃部可以有效地过滤水中潜在的各种有毒杂质，所以吃掉鳃部是有风险的，而且，鳃的味道也不太好。那螃蟹里面那些"黄绿色的东西"呢？别问了，吃就是了，特别好吃。

雄性蓝蟹一般比雌性大，主要用来蒸食和剔蟹肉，而雌性蓝蟹通常会被制成罐头。你想问如何区分雄蟹和雌蟹？看看它们的腹部，你会看到一个"围裙"，一片覆盖了其大部分腹部的薄壳。如果围裙的形状与位于华盛顿的美国国会大厦圆顶一模一样（没开玩笑！），那它就是一位成熟的女性，或称为"sook"。如果围裙的形状像巴黎的埃菲尔铁塔，那么它就是男性，或称为"jimmie"。但如果是一位年轻、不成熟的女性，它的围裙看起来虽然像国会大厦圆顶，但围裙的顶端会有点像埃菲尔铁塔。它会在成熟前最后一次蜕皮的过程中舍弃像塔的部分。

哦，你有没有想过为什么那些灰褐色、墨绿色的蟹壳和龙虾壳在烹饪后会变成红色？这种红色来自一种叫作虾青素的化学物质，未煮熟的壳中含有肉眼不可见的虾青素，因为它与某些蛋白质绑在一起（专业术语：络合），形成了蓝色和黄色的化合物，蓝色和黄色混在一起就呈现出了绿色。被加热时，虾青素和蛋白质的络合物会分解并释放出游离的虾青素。

她在海边卖软壳

清炒软壳蟹

有些厨师喜欢用面糊、面包糠、饼干粉、面粉或香辛料来烹煮螃蟹，这些都不必要。事实上，极为新鲜的螃蟹那美妙的风味都被它们扼杀了。将调味料留在餐桌上吧。你所需要的只是新鲜的活螃蟹、冒泡的黄油和一点郑重其事。

1. 准备每人份2只大螃蟹或3只小螃蟹。
2. 如果鱼贩子没有把螃蟹清理干净，撕掉腹部的围裙，剪掉两只蟹钳之间的长边上的眼睛和嘴巴部分，揪着蟹壳上的尖尖将其掀开，找到羽毛般的鳃部并去除。
3. 中火加热煎锅。
4. 加入一两坨无盐黄油，黄油起泡并滋滋作响时放入螃蟹。不要把锅里搞得太挤。
5. 煎至金黄色，大约需要2分钟。用盐和胡椒调味。用烹饪夹翻面，再次用盐和胡椒调味，并将另一面也煎制大约2分钟，直到颜色漂亮且酥脆。一次吃完。

缅因州说，随便

有些人说烹制活龙虾最好的方法是煮制，其他人则坚持认为蒸制更好。我应该用哪种方法？

为了找到权威的答案，我前往缅因州采访了几位顶级厨师和龙虾捕捞者。我发现了两个截然不同的阵营：忠诚的蒸制派和热情的煮制派。

"我选择煮制。"一家知名法国餐厅的大厨挑衅地说。他选择将龙虾扔进含有白葡萄酒和很多去皮大蒜的沸水里进行煮制。

但另一家著名餐厅的大厨表示："煮龙虾会让龙虾的风味严重散失。你甚至可以看到渗出的龙虾肝将水染成绿色。我们选择用鱼汤或蔬菜汤蒸制龙虾。"

一家颇具声誉的酒店厨师一开始表示忠于"煮制会丧失风味"学派，并称他都是用盐水蒸制龙虾。他说："这样一来，龙虾里的水就少了。"但当我追问他时，他说，就风味而言，"煮制和蒸制都不错，为此争论实在太过于斤斤计较了"。

后一种观点受到了一家备受推崇的龙虾店老板的支持，他从事捕捞、销售和烹饪龙虾已有 40 年的历史。"我过去常常选择将龙虾蒸制 20 分钟左右，"他说，"我有些顾客还坚持必须放在盐水上蒸制。每个人都有自己的看法。如今，我选择将龙虾放在盐水中煮制 15 分钟。"这位老板信奉"顾客永远是对的"这一理念，并拒绝偏向于蒸制或煮制，也并未主张这两者中哪一个优于另一个。

我的结论是，不怕麻烦，不辞辛劳，龙虾冒气或冒泡，这是个平局。

但是，似乎所有人都同意，蒸制需要的时间更长。我很好奇这是为什么。理论上，当水沸腾时，蒸汽的温度应该和开水的温度相同，但真的是这样吗？为了回答这个问题，我去了我的厨房"实验室"。

我在一个约 11 升的龙虾锅中加入了十几厘米深的水，水烧开后，我像蒸制时所需的那样盖紧了锅盖，然后用一个精确的实验室温度计在离水面几个不同距离处测量蒸汽的温度（我是如何做到将温度计的水银球留在盖着盖子的锅中，但同时还在锅外读取温度的呢？给我寄一封发件人署名清晰、贴好邮票且内含替我报销医药费的一张 19.95 美元的支票或汇票的信，我就告诉你）。

结果如何？在炉灶温度足以让水保持剧烈滚沸的情况下，距离水面不同距离处的温度全都和开水一致：约98.9℃（对，不是100℃。我的厨房乃至房子的其他部分都在海拔约300米处，水在海拔越高的地方沸点就越低）。

但当我把炉灶调到水只是微沸时，蒸汽的温度便大大降低了。我认为这是因为水蒸气的部分热量总是会通过锅壁流失（这个例子中用到的锅锅壁很薄），因此水必须沸腾得足够剧烈，以便不断地产生新鲜的热蒸汽去补充热量。

结论：将你的龙虾放在蒸架上，置于厚实的锅中，在剧烈滚沸的水上蒸制，并把锅盖盖紧，这样龙虾所处的温度就和煮制龙虾时的温度完全一样了。

那么，令人不解的是，为什么所有的厨师都告诉我他们蒸制龙虾的时间要比煮制龙虾的时间长呢？比如，贾斯珀·怀特（Jasper White）就在他详尽的著作《家常龙虾》（*Lobster at Home*，斯克里布纳出版社，1998年）中建议将700克重的龙虾煮制11分钟到12分钟，或者蒸制14分钟（这个时长比缅因州厨师们所说的要短，因为厨师们一次需要烹制好几只龙虾，肉多了需要的热量自然也就多了）。

我相信，答案在于液态水在相同的温度下能比蒸汽储存更多的热量（专业术语：液态水的比热容更高），所以它有更多的热量能够匀给龙虾。此外，液态水的导热性比蒸汽更好，所以液态水能更有效地将热量传递到龙虾内部，使龙虾熟得更快。

没错，我不是厨师，但相对地，厨师也不是科学家。所以，我采访的厨师们做出了一些科学上来讲不正确的陈述是可以原谅的。以下是一些不正确的陈述，以及它们不正确的原因。

"蒸制产生的温度比煮制更高。"我的实验已经证明，它们产生的温度是一样的。

"盐水能产生温度更高的蒸汽。"嗯……可能稍微高那么一丁点吧，因为盐水的沸点要高一些，不过最多也就零点几度吧。

"在蒸制用的水中加入海盐能让蒸汽的风味更好。"盐不会离开水进入蒸汽，所以盐的种类（甚至有没有盐）不会产生任何影响。我甚至怀疑加在蒸制用水中的那些葡萄酒或高汤的精华能否随着蒸汽渗透进龙虾的壳里，从而对龙虾肉的风味产生什么影响，毕竟龙虾可是全副武装的动物。

当地人奇普·格雷（Chip Gray）告诉我，他常在海岸边煮龙虾：首先，在五金店买一根一两米左右的烟囱管。在岸边生一堆火。将烟囱管的一端塞上海藻，再放几只龙虾和一把蛤蜊进去。再塞一把海藻，然后在海藻上放上更多的龙虾和蛤蜊。继续交替放入海藻和海鲜，直到用完龙虾或塞满烟囱管。塞上最后一把海藻，将烟囱管横放在篝火上。在烹制食物的过程中，要不断地从烟囱管较高的一端灌一两杯海水进去——当海水流到烟囱管的底部时就会变成蒸汽。大约 20 分钟后，在地上铺一张野餐垫，把烟囱管里的东西倒出来。

"简直绝妙。"奇普说。

如何烹制龙虾？

水煮活龙虾

在鱼市上，按一人一只的量挑选活力四射、甩尾扬爪的龙虾

（龙虾的背部在头后面，抓着那里就能将它拎起来了）。如果被拎起来后龙虾的身子就耷拉了下来，那就忘了它，改天再来吧——它不新鲜。

将龙虾装在能够为它们提供充足呼吸空间并让它们保持凉爽的容器中带回家。虽然它们是水栖动物，但如果保持环境凉爽潮湿，它们可以在空气中存活几个小时。

1. 选择一个有盖的深汤锅，尺寸须足以将龙虾完全浸泡在水中。（每 700 克到 900 克的龙虾需要 3 升的水，还须注意水不能超过锅体积的 ¾。）

2. 随着关键时刻的降临，在每 3.8 升水中加入 ⅓ 量杯犹太盐（用以模仿海水），煮至滚沸。

3. 将龙虾头朝下放入水中，一次一只。盖上盖子，将水重新煮沸，然后调小火煨炖。一只 450 克重的龙虾大约需要煨 8 分钟；560 克重的，大约 11 分钟；900 克重的，大约 15 分钟。不要煮得太久，否则肉质会变老。

4. 用钳子将龙虾从水中取出，小心不要让它滑回水中导致沸水飞溅。放置在铺着纸或布的台面上。

5. 为了排出多余的水分，先用小刀的尖端在龙虾眼睛之间戳一个小孔，然后将龙虾头朝下置于锅中或水槽中，排出龙虾中的液体。这样，龙虾被打开时就不会搞得一团乱。

尽快上桌，搭配熔化的黄油和柠檬片食用。

第六章
火与冰

环顾一下你厨房中所有的现代化设备：烤面包机、搅拌机、食物加工机、咖啡豆研磨机、混合器、咖啡机……所有这些设备你都只是为了特殊目的才偶尔使用。

现在看看你厨房里仅有的两种每天都在使用而且不可或缺的电器：一种是用来加热的，另一种是用来制冷的。与你的食物加工机相比，你可能觉得炉子和冰箱算不上什么现代电器，但令人惊讶的是，它们都是人类烹饪和食物保鲜设备库中的新晋成员。

第一台厨房炉灶是一个装有燃料（最初是煤）的外壳，通过燃烧燃料来加热外壳的平坦表面进行烹饪。该炉灶在不到375年前获得了专利，预示着超过100万年的篝火烹饪时代的终结。而对于用电冰箱取代冰来制冷这件事，本书的某些读者甚至可能都有记忆。

当你从市场带回了新鲜食物时，你可以将其放进冰箱，通过冰箱的低温防止其腐坏变质。然后你可以利用炉子的高温把某些食物转变为更美味、更易消化的形式。酒足饭饱之后，你可能还会将一些剩菜放回冰箱冷藏或冷冻保存。接着，又过了一段时间，你可能需要把剩菜从冰箱里取出并再次加热。我们在厨房中对食物进行的操作似乎涉及频繁的加热和冷却，比喻修饰一下，就是火与冰。只不过，如今的加热和冷却是通过天然气和电力来完成的。

冷和热对我们的食物有什么影响呢？我们如何控制它们以产生最好的结果呢？我们有可能会因为热量过多而将食物烧焦，但是，冰箱也可能会将食物"烧焦"（burn）。嗯……"冻烧"（freezer burn）到底是什么呢？当我们进行烹饪中最基础的操作即烧水时，到底发生了什么？这比你想象的要复杂得多。

热的东西

J 代表焦耳

我知道焦耳是热量的单位，但为什么吃进热量会让我发胖呢？如果我只吃冷的食物又会怎么样呢？

焦耳是一个比热量更广泛的概念——它指的是任意种类的能量多少。如果我们愿意的话，也可以用焦耳来计量一辆疾驰的麦克（Mack）货车的能量。

能量是催动事物发生的东西——如果你愿意，可以称其为"精力"（oomph）。能量有很多形式：物理运动（想想麦克货车）、化学能量（想想炸药）、核能（想想反应堆）、电能（想想电池）、引力能（想想瀑布），没错，还有其最常见的形式：热量。

热量并不是使你发胖的敌人，能量才是——你的身体通过代谢食物获得的用于生存的能量。如果代谢掉一块芝士蛋糕产生的能量比你从冰箱走到电视机所消耗的要多，你的身体就会把多余的能量以脂肪的形式储存起来。脂肪是能量的集中仓储库，因为它在燃烧时能够释放出大量热量。但先别急着下结论，如果一则广告中承诺"燃烧脂肪"，那不过是个比喻——喷灯可不是什么靠谱的瘦身设备。

1焦耳等于多少能量？为什么不同的食物在新陈代谢中"含有"（也就是说，产生）的焦耳各不相同？

由于热量是能量最常见且最熟悉的形式，所以焦耳的定义是用热量来表示的——使水的温度升高到某一数值所需要的热量。举个例子，在营养学术语中，将1千克的水升高1摄氏度需要4.184焦耳的热量。

与营养学家和膳食学家不同，化学家使用的"焦耳"要小得多，只有千分之一那么大。在化学家的世界中，营养界的能量被称为千焦（kilo joule）。但在这本书中，我所使用的"焦耳"一词指代的是食品书籍、食品标签和饮食方面常见的那个"千焦"（kJ）。

1千焦的热量有多少？营养界中，1千焦的热量可以让10克水升高25℃。

众所周知，不同的食物能为我们提供不同数量的食品能量。最初，食物的千焦含量是通过在一个浸入水中的充氧容器中实际燃烧食物并测量水温上升值来测量的。这种仪器叫作热量计（calorimeter）。你也可以对一份苹果馅饼做同样的事情，看看它能释放多少千焦。

但是，一块馅饼在氧气中燃烧所释放的能量与它在体内代谢后释放的能量一样吗？事实证明，确实如此，尽管两者的机制截然不同。新陈代谢释放能量比燃烧缓慢得多，而且万幸它不会产生"火焰".（胃灼热不算）。但是，两者的全套化学反应是完全一样的：食物加上氧气产生能量及各种其他反应产物。化学的其中一个基本原理就是：只要初始物质和最终产物相同，那么无论反应如何发生，其释放的能量都相同。唯一一个实际差别在于，食物在体内不能完全消化或"燃烧"，所以我们实际从食物中摄取的能量总是比它们在氧气中燃烧后释放的能量少一些。

平均来说，我们从每克脂肪中获得的能量为 38 千焦左右，而从每克蛋白质或碳水化合物中获得的能量为 16.7 千焦左右。因此，现在的营养学家不再需要跑进实验室，对眼前的每一种食物都放一把火了，他们只需要把每份食物中脂肪、蛋白质和碳水化合物的克数加起来，再乘以 38 或 16.7。

你正常的基础代谢率，也就是你保持呼吸、血液循环、消化食物、修复组织、维持正常体温、维持肝脏和肾脏等器官正常工作的最低能量值，是每千克体重每小时 4.184 千焦。对于一个体重 68 千克的男性来说，其每天的基础代谢率约 6700 千焦。但基础代谢率也会因性别（女性的大约要低 10%）、年龄、健康、身高、体型等方面的不同而有很大的变化。

如果先不考虑其他因素，体重的增加取决于你摄入的食物能量比你的基础代谢率以及运动消耗（举起叉子可不算）的能量多多少。根据美国国家科学院（National Academy of Sciences）的建议，一个普通的健康成年男性每天应摄入约 11300 千焦的热量，女性约为 8370 千焦——运动健将们应摄入更多，"肥宅"们则应摄入更少。

关于冷的食物匮乏卡路里的乐观理论以各种形式流传了相当

一段时间，但不幸的是，没用的。我听说过一种说法，称喝冰水会帮助你减肥，因为若要将冰水加热至你的体温，你必须消耗能量。这在原则上是正确的，但作用微不足道。将一杯 240 毫升的冰水加热到体温所消耗的能量还不到 38 千焦，相当于 1 克脂肪。如果节食减肥如此简单的话，"减肥中心"应该搞一个冰水游泳池（毕竟发抖也会消耗能量）。虽然当温度降低时，大多数物质都会收缩，但不幸的是，人不会，至少不会长时间收缩。

浓巧克力对节食的影响

如果 1 克脂肪含有约 9 卡路里的热量，那就意味着 1 磅（454 克）脂肪含有 4000 多卡的热量。但我读到过，为了减掉 1 磅脂肪，我只需要减少约 3500 卡路里的摄入。这个差值是怎么出现的呢？

我不是一名营养学家，于是我问了纽约大学（New York University）营养与食品研究系的主任兼教授玛丽昂·内斯特莱（Marion Nestle）。

"容差系数。"她说。

首先，1 克脂肪所含的实际能量接近 9.5 卡路里，但这只会让差值更大。事实上，由于消化、吸收和新陈代谢的不完全，我们食用 1 克脂肪所获得的热量要比这少得多。这就是一种容差系数。

"另一种容差系数，"内斯特莱继续说，"来自 1 磅人体脂肪所含的卡路里数。因为，人体脂肪中只有 85% 是真正的脂肪，其余部分由结缔组织、血管和其他你可能并不想了解的东西组成。"

因此，在现实生活中，为了减掉 1 磅脂肪，你必须让自己最起码少摄入大约 3500 卡路里。还有，离浓巧克力远一点。

真正的高级料理

我的丈夫、女儿和我即将返回玻利维亚的拉巴斯，并再收养一个宝宝。因为那里海拔高，食物在沸水中要花好几个小时才能煮熟。关于在不同的海拔高度烹饪食物需要多长时间这点上，有什么经验法则吗？在这样的海拔高度煮奶瓶能够杀死细菌吗？

拉巴斯不同的区域，海拔高度从 2000 米到 2500 米不等。正如你已经注意到的那样，水在高海拔地区的沸点较低。这是因为水分子要想从液体中蒸发到空气中，就必须对抗大气向下的压力。当大气压力较低时，比如在较高海拔处，水分子就可以在较低的温度下沸腾。

每高出海平面 500 米，水的沸点就下降约 2℃。所以在海拔 2500 米处，水的沸点约 90℃。通常认为，高于 74℃ 的温度足以杀死大部分细菌，所以在这一点上你可以放心。

烹饪时间就比较难以概括了，因为不同的食物有不同的特性。我建议你问问当地人煮米饭、豆子之类的东西需要多长时间。当然，你上飞机的时候完全可以托运一个高压锅，随心所欲地控制高压空气。

烘焙则完全不同。首先，水在高海拔地区更容易蒸发，所以你需要在面团和面糊中加入更多的水。此外，由于泡打粉释放的二氧化碳气体受到的压力较小，气体会从蛋糕顶部逸出，从而使蛋糕变得扁平，所以你必须减少泡打粉的用量。所有这些问题都可能相当棘手，所以我的建议是，烘焙就交给当地的糕点店吧。

抢先一步

我丈夫说煮沸温水所需的时间比煮沸冷水更长，因为当你把温水放到炉子上的时候，它还处在冷却过程中。我认为这很荒谬，但是他在大学里学过物理，而我没有。

他物理得了几分？显然，你的直觉比他的学费更有用，因为你是对的，而他是错的。

不过我能猜出他在想什么。我敢打赌，这与动量有关，因为如果一个物体已经在下降过程中——下降的可能是温度——那么它就需要更多的时间和精力才能调头并回升。你需要先扼杀它向下的动量。

这对于物理实体来说是非常正确的，但是温度不是一个物理实体。当天气预报说气温正在下降时，我们可不觉得会听到撞击声。

温度只是我们人类创造的一种用来表示某种物质中分子的平均速度的方法，因为分子的速度会使该物质变热——分子运动得越快，温度就越高。我们不能进入物质中，记录每一个分子的速度，所以我们发明了温度的概念。它只是一个便捷的数字而已。

在一锅温水中，无数的分子在四处飞撞，其平均速度比一锅冷水中的分子更快。我们加热锅就是为了给这些分子提供更多的能量，让它们运动得更快——最终快到足以沸腾。所以，显然热分子比冷分子需要的能量更少，因为它们离终点，也就是沸点，只有一半的路途了，所以温水会先烧开。

啊，你可以告诉他这是我说的。

但是，使用热自来水做饭可能不太明智确有其因。老房子的水管可能是用含铅焊料连接在一起的铜管。热自来水可以溶出微量的铅，这是一种累积性毒药，所以用冷水烹饪比较好。没错，将冷水煮沸的时间会更长，但毕竟你活得也更长了，所以总能腾出时间的。

给它盖上盖子!

如果把盖子盖上，一壶水是否会更快烧开？我妻子和我对于这个问题各持己见。她说会的，因为没有盖子，很多热量会流失。我则认为会烧开得更慢，因为盖子增加了压力，提高了水的沸点，就像在高压锅里那样。谁是对的？

你妻子赢了，不过你说得也有道理。

加热一壶水会使其温度上升，并在水面上产生越来越多的水蒸气。这是因为越来越多处在水面处的水分子获得了足够的能量跃入了空气中。越来越多的水蒸气带走了越来越多的能量，而这些能量原本可以用来升高水的温度。此外，水离沸点越近，每个水蒸气分子能够带走的能量就越多，因此不浪费这些能量就显得更为重要了。壶盖能够阻止部分水蒸气分子的流失，壶盖盖得越紧，留在壶里的热分子就越多，水沸腾得就越快。

你的观点是，盖子增加了锅内的压力，就像在高压锅里那样，从而提高了沸点，并推迟了水的沸腾，这在理论上是正确的，但在现实中没什么意义。即使在一个直径 25.4 厘米的壶上加一个严丝合缝、重达 450 克的盖子，也只会使壶内的压力上升不到千分之一，也就是说，水的沸点只会上升 0.72℃。如果这样可以推迟水的沸腾，那你目不转睛地盯着壶也可以做到。

收汁并不容易

几天前，我通过将小牛肉高汤收汁来制作酱汁，但这简直花了太长的时间！为什么高汤收汁这么难？

蒸发水分听起来是世界上最简单的事情。毕竟，不管哪里留下了一摊水，它自己就会蒸发掉。但这需要时间，因为水分蒸发所需的能量不会很快从房间相对凉爽的空气中转移进水中。即使把汤锅放在炉子上大火煮，向其中输送大量能量，你可能也要炖上一个小时或更长的时间，才能完成菜谱上那听起来简单但令人抓狂的"收汁至汤量减少一半"。

减少多余的水分和减少多余的体脂一样令人挫败，因为这两件事都比你想象的要困难得多。哪怕只是少量的水，将其煮沸也需要惊人的热能。

以下是原因：

水分子彼此紧紧地贴在一起，因此，需要大量的工作，也就是说，需要消耗大量的能量，才能将它们从液体状态中分离出来，并变成水蒸气飞散到空气中。比如，为了将约 500 毫升的水煮沸，也就是说，在水已经达到沸点后将其从液态转化为蒸汽，你的炉灶必须向水中注入超过 1000 千焦的热量。这是一个 56 千克的成年女性不停歇地爬楼梯 18 分钟所消耗的能量。这还只是煮沸约 500 毫升水所需的能量。

当然，你可以加大炉灶的功率，更快地加热。液体的温度永远不会超过它的沸点，但它会更猛烈地冒泡，更多的气泡会带走更多的蒸汽。但是，除非你的高汤已经经过了过滤和脱脂，否则这样做是不明智的。因为，相比于文火慢炖，沸水会将固体分解成小块，将脂肪分解成悬浮的小球，两者都会使液体变得浑浊不堪。加快收汁速度更好的方法是把液体转移到更宽、更浅的平底锅中。液体的表面积越大，它暴露在空气中的面积就越大，蒸发的速度也就越快。

为什么你不能在蜡烛上烹饪？

我想买一个新炉灶，但是所有销售手册上都写着一堆"Btu"。我知道它们与炉灶的上限温度有关，但这些 Btu 数字对我来说到底意味着什么呢？

Btu 是一种能量单位，就像焦耳一样。两者都是最常用的热量计量单位。

Btu 是英国热量单位（British thermal unit）的缩写，它是由工程师们发明的，所以虽然它对炉灶设计者来说很有意义，但对我们这些使用厨房的人来说却没什么意义。但幸运的是，它几乎正好等于 1.055 千焦。比如，煮沸约 500 毫升水需要 1055 千焦，也就是需要 1000 英热单位。

再举个例子：燃烧一支蜡烛所能释放的总热量大约是5000英热单位。这就是蜡本身所含的化学能，并通过燃烧过程将化学能转化为热能。但是蜡烛的热量释放是在几个小时内缓慢完成的，所以它不适合用于烹饪。如果你好奇试过，这就是为什么你不能在蜡烛上煎汉堡肉饼的原因。

烹饪时，我们需要在短时间内提供大量热量。因此，炉灶的燃烧器是根据调到最高挡位时它们释放热量的速度来进行评级的，该速度用英热单位每小时表示。当人们将"英热单位每小时"简称为"英热单位"时，就会产生困惑。但燃烧器的英热单位评级并不是代表热量的多少，而是代表它们泵出热量的最大速率。

大多数家用燃气灶或电炉灶每小时可产生9000英热单位到12000英热单位的热量。餐厅厨房使用的燃气灶能够以两倍的速度发热，一方面是因为它们的燃气供应管道更大，每分钟可以输送更多的燃气。另一方面是因为，餐厅的炉灶通常有几圈同心的燃烧器环，而不像家用的只有一个。中餐馆的烹饪需要用到高温炒锅，所以那里的煤气燃烧器又宽又大，喷发热量时如同满嘴哈瓦那辣椒的龙。

还记得从高汤中蒸发约500毫升水需要1000英热单位的热量吗？嗯……用你每小时12000英热单位的炉子，应该需要1小时的 $\frac{1}{12}$，也就是5分钟。但你知道，实际需要的时间要长得多。因为炉子释放的大部分热量都被浪费了。比起直接进入锅内的液体中，这些热量中的大部分都用来加热锅本身和周围的空气了。在两个不同的锅中装上不同的食物，那么即使海拔相同，使用的炉子也相同，它们的升温和煮熟速度依然会大不相同，这取决于锅的形状、大小、材质以及锅内食材的数量和种类等。这就是为什么你必须时刻注意锅里的情况，并且根据不同的情况不断调整炉子的火力。

....

在选购炉灶时，着重挑选那些至少有一个燃烧器评级为每小时 12000 英热单位或是 15000 英热单位的炉灶。有了这样的热量输出，快速烧水、煎肉，以及像中国大厨那样在炒锅中翻炒都将变得易如反掌。

....

是葡萄酒还是非葡萄酒？

当我用葡萄酒或啤酒烹饪时，酒精是否会全部燃烧掉，还是会有些许残留，这对一个严格的禁酒主义者来说需要特别注意吗？比如正在戒酒的人。

炖锅煮一夜会让酒失去它的能量吗？
用白兰地引燃的火焰冰激凌中还有白兰地的滋味吗？
酒精会像烹饪书上说的那样全部耗尽吗？
还是说来一盘酒焖仔鸡就能微醺？
好吧，如果你用葡萄酒或白兰地烹饪，瞧瞧这独家新闻：汤里总是会残留一些酒精的。

许多烹饪书籍声称，在烹饪过程中，所有或几乎所有的酒精都会"燃烧殆尽"（他们的意思是挥发殆尽——除非你点燃酒精，否则它不会燃烧）。他们的标准"解释"是这样的：酒精的沸点是

78℃，而水的沸点是 100℃，因此酒精早在水沸腾之前就挥发殆尽了。

嗯……原理不是这样的。

的确，纯酒精的沸点是 78℃ 且纯水的沸点是 100℃。但这并不意味着它们在混合状态下依然各自蒸发——它们会彼此影响对方的沸点。酒精和水的混合物的沸点在 78℃ 到 100℃ 之间——如果主要是水，则接近 100℃；如果主要是酒精，则接近 78℃。当然，我可不希望你的菜里用这么多酒精。

水和酒精的混合物在煨炖或沸腾时产生的蒸汽是水蒸气和酒精蒸汽的混合物——它们会同时蒸发。但是因为酒精比水更容易蒸发，所以酒精在蒸汽混合物中的占比要比在液体混合物中稍高一些。然而，这些蒸汽混合物离纯酒精蒸汽还差得很远，当它们从锅里飘出来的时候，并没有带走太多的酒精。酒精流失的过程远没有人们想象的那么高效。

锅中到底会有多少酒精残留取决于很多因素，所以笼统地对所有的食谱作答是不可能的，但是某些测试的结果可能会让你大跌眼镜。

1992 年，爱达荷大学（University of Idaho）、华盛顿州立大学（Washington State University）和美国农业部的一组营养学家测量了两道富含勃艮第葡萄酒的菜肴（类似于勃艮第牛肉丁［boeuf bourguignon］和酒焖仔鸡［coq au vin］）和一道用雪莉酒烹制的扇贝牡蛎砂锅菜在烹饪前后的酒精含量。他们发现，根据食物类型及烹饪方法的不同，烹饪完成后菜肴中的酒精含量为初始的 4% 到 49% 不等。

正如意料之中那样，他们还发现，更高的温度、更长的烹饪时间、无盖平底锅、直径更宽的平底锅、使用炉灶而不是封闭烤箱等所有这些条件都增加了水和酒精的蒸发量，从而加剧了酒精的流失。

当你端着一盘燃烧着的火烤樱桃（cherries jubilee）或火焰可丽饼（crêpes suzette），自豪地走进烛光摇曳的餐厅时，你是否觉得自己已经将所有的酒精都燃烧殆尽了？嗯……那你再想想。根据 1992 年的测试结果，在火焰熄灭之前，可能只燃烧了大约 20% 的酒精。因为为了维持火焰燃烧，酒精在蒸汽中的百分比必须高于一定水平。因此，你必须得使用高浓度白兰地，这样才能通过加热它获得更多的酒精蒸汽，以便点燃菜肴（比如，葡萄酒就不会着火）。当菜肴中的酒精消耗到一定程度时，蒸汽混合物就无法再燃烧了，火焰也会随之熄灭，但这时菜肴中还留有相当量的酒精。这些花里胡哨的演示就是这样。

如果你想尽量让客人们舒适，应该怎样利用这些测试呢？

你应该注意稀释倍数。如果你的六人份酒焖仔鸡食谱中需要 3 量杯葡萄酒，而 30 分钟的小火煨炖会煮掉一半的酒精（那些研究人员发现的），那么每人份酒焖仔鸡中还将剩下约 60 毫升葡萄酒所含的酒精。但是，同样是 3 量杯葡萄酒，在一道六人份的勃艮第牛肉丁中煮上 3 个小时，会损失 95% 的酒精（测试结果是这么说的），最终每位用餐者所得到仅为约 6 毫升的葡萄酒所含的酒精。

不过，一点点酒也是酒，自己权衡吧。

够热吗？

天气真的可以热到在人行道上煎鸡蛋吗？

不大可能。但是科学观点从未能阻止人们去尝试证明这个古老的都市传说。

当我还是个生活在没有空调的大都市的孩子时，每到"无知的季节"（夏天中最炎热的日子，连银行劫匪都懒得制造新闻，记者也因此几乎无事可做），就会有至少一家报纸隔三差五地编造"人行道煎蛋"的故事，但在我的记忆中，没有人曾声称自己真的成功了。

但这并没能阻止亚利桑那州莫哈韦沙漠中一个古老的矿业小镇——奥特曼镇上的 150 名居民每年 7 月 4 日在著名的 66 号公路旁举办一场太阳煎蛋比赛。据奥特曼镇地位崇高的煎蛋协调员弗雷德·埃克（Fred Eck，煎蛋"fried egg"的谐音，明白有多崇高了吗？）说，在 15 分钟内使用太阳能将鸡蛋烹制得最熟的选手方能获胜。

奥特曼镇确实偶尔会出现烹熟的蛋，但其大赛规则允许使用放大镜、镜子、铝合金反光板等小玩意儿。要我说，这不公平。我们现在讨论的可是直接把鸡蛋打在地上，然后就不再管它。

几年前，我在得克萨斯州的奥斯汀市遇到了一场热浪，于是我决定去看看有没有可能在没有光学仪器或机械助力的情况下在人行道上煎鸡蛋。为了得出有意义的结论，我必须测量一下人行道的温度。幸运的是，我随身带了一个很棒的小工具，叫作非接触式温度计。这是一把小枪，用它指着某个表面并扣动扳机时，它就会立即显示出该表面的温度，量程为 0℃ 到 260℃。这种名叫 MiniTemp 的红外测温仪是由位于加州圣克鲁兹的雷泰（Raytek）公司制造的，它通过分析表面散发和 / 或反射的红外辐射量来工作——分子越热，发出的红外辐射就越多。在人行道煎蛋实验中，我的红外测温仪是非常理想的工具，因为我已经知道煎熟鸡蛋需要多高的温度，如果你继续读下去，你也会知道。

在一个格外炎热的日子里，我四处测量了下午 3 点左右各种人行道、车道和停车场的温度，并努力让自己看起来并不是拿着一把真枪，以免惹恼得州人。

地面温度的变化相当大，这并不意外，因为地表的颜色深度不同。柏油路比混凝土路面要热得多，因为深色物体会吸收更多的光，也就是吸收更多的能量。因此，关于户外煎蛋就有了这个来之不易的见解——在柏油马路中间煎蛋比在人行道上的成功机会更大。

虽然气温徘徊在 38℃ 左右，但我并未发现任何一处温度高于 51.6℃ 的混凝土路面或高于 62.7℃ 的柏油路面（记住这个数字）。而且，不管是混凝土还是柏油路面，只要太阳跑到云层后面（好吧，是云层跑到太阳前面），路面温度就几乎即刻下降，因为此刻路面的红外辐射大多来自对云层散射出的太阳辐射的反射。而且，红外测温仪其实无法对于明亮反光的金属表面进行准确读数，因为这样的金属表面对太阳辐射的反射太过强烈。

现在是进行关键实验的时候了。我此前已经从冰箱拿了一个鸡蛋出来，并恢复到室温。正午我直接在柏油铺砌的 62.7℃ 的停车场路面上磕开了鸡蛋。我没有使用食用油，因为食用油可能会使路面大幅降温。然后，我等待着。

继续等待着。

除了收到来自路人的怪异眼神，什么也没有发生。嗯……也许蛋清的边缘稍微变稠了一点，但没发生任何近似烹饪的事情。路面的温度实在不足以让鸡蛋成熟。但我想知道，为什么不行呢？

首先，只有蛋白，也就是蛋清部分与热的路面接触了，蛋黄浮在蛋白上，所以问题的关键是烹制蛋白所需的温度。我们所说的"烹熟"究竟该如何定义呢？蛋白中含有几种蛋白质，每种蛋白质对热量的反应都不同，凝结温度也不同。（你本来还想要个简洁的回答吧？）

蛋壳中的一切可以归结为以下这些：蛋白约在62℃时开始变稠，在65℃时会失去流动性，而在70℃就会变得相当硬挺了；同时，蛋黄会在65℃时开始变稠，在70℃失去流动性。所以，要将整只鸡蛋在单煎一面的情况下烹制成不流动的状态，你需要将蛋白和蛋黄的温度都升至70℃，并在此温度下保持足够长的时间，以便它们能够完成其缓慢的凝结反应。

不幸的是，这一温度比任何路面能达到的合理温度都要高得多。不过，更重要的是，当你将一个21℃的鸡蛋打在62.7℃的路面上时，路面的温度会大幅下降，而地下也没有加热煎锅的炉火可以持续补充热量。此外，路面的导热性很差，所以不会有任何热量从周围的地面流过来。因此，即使在某个极其炎热的日子里，某个停车场的黑色路面可以达到接近70℃的凝固温度，人行道煎蛋恐怕仍然只能是一场永远的仲夏夜之梦。

但是等等！一辆被太阳炙烤的深蓝色1994年产福特金牛座旅行车的车顶温度达到了81℃，足以使蛋白和蛋黄凝固。而且，因为钢铁是良好的热导体，所以车顶其他部分的热量可以注入鸡蛋以保持温度。也许应该选择汽车，而不是马路和人行道。

事实上，我在报纸专栏上写了我的实验之后，一位读者曾写信告诉我，他曾在二战期间的一则德国新闻短片中看到过两个非洲军团（Afrika Korps）的士兵在一辆坦克的挡板上煎鸡蛋（还好奥斯汀的街头没有坦克，只有一些越野车偶尔出没）。"他们清理出了一小块地方，"他写道，"倒了一点油，并将油涂抹开来，然后在上面打了两个鸡蛋。蛋白很快就变得不透明了，就像在我的煎锅里一样快。"

我查了查年鉴，发现记录中最高的气温是 57.7℃。发生在 1922 年 9 月 13 日，位于利比亚的埃尔阿兹兹亚，离德国坦克不远。

另一位读者报告说，她曾经和一些朋友在亚利桑那州坦佩市的人行道上煎熟了一个鸡蛋，当时的气温是 50℃，不过她没有测量人行道的温度。

"鸡蛋是直接从冰箱里拿出来的，"她写道，"我们直接把它打在了人行道上，然后蛋白立刻就开始熟了。不到 10 分钟，蛋黄破了并四散流开，然后整个鸡蛋都熟了。我们认为蛋黄破裂可能是偶然，所以我们又拿了一个鸡蛋试验，但在差不多相同的时间点，蛋黄又破了。"

现在，毫无疑问，我必须着手弄清楚蛋黄破裂的原因，蛋黄破了可就不是成功的路面单面煎蛋了。我只能猜测，不过我的读者倒是给我提供了一个线索。

"我们回到了屋里，"她继续写道，"过了一会儿，我的朋友跟我们说，最好在她丈夫回家之前把鸡蛋清理干净，所以我们又回到了外面。那两个鸡蛋已经完全脱水了，而且碎成了小块，还有一群蚂蚁正在把小鸡蛋块搬走——看来我们是没什么需要清理的了。"

啊哈！这就是答案：脱水。在亚利桑那州，湿度低得仿佛不存在一样，液体会瞬间蒸发干燥。蛋黄的表面一定是很快就变干变脆了，然后就裂开了，洒出了里面仍然是液态的东西。最终，整个鸡蛋变干，并干裂成小碎块，就像干涸湖泊中的泥巴一样。这些小碎块的大小正合适被这些快乐的蚂蚁带去它们吃下午茶的地方。

科学的奇妙之处在于它甚至可以解释没人需要知道的事情。

玩 火

烧烤用什么火最好：木炭还是燃气？

这个问题的答案很明确，是"视情况而定"。不管用炭火还是燃气火焰，你都能制作出外焦里嫩的烤鸡。

所有烹饪的重点都在于食物最终吸收了多少热量——这决定了食物烹制的成熟度。烧烤通过将食物短时间暴露于极高的温度下来为其注入所需的热量，因此，烧烤的时间差之毫厘就会造成天壤之别，宛如鲜美多汁与木炭渣渣。

但烧烤如此棘手的主要原因是温度难以控制。燃气的火焰很容易调节，但是如果你使用的是木炭，就必须通过一系列手忙脚乱的操作来不断调节温度，比如将食物左右移动到较热或较冷的位置，升高或降低烧烤架，聚拢木炭以提高温度或推散木炭以降低温度。

而且，你用的烧烤架有没有盖子也会影响整个烧烤游戏规则。

任何火焰都需要两种成分：燃料和氧气。如果没有足够的氧气，燃烧就会不充分，未燃烧的部分燃料会以烟和黄色火焰的形式显现。未燃烧的碳颗粒被加热到白炽状态就显示黄色。燃烧永远无法达到100%充分，因此，除了充分燃烧产生的二氧化碳，还会产生一些有毒的一氧化碳。所以，不管你的小炭炉有多可爱，你都绝不应该在室内烧烤。

我们希望烹饪中的燃烧都是充分的，所以让燃料获得足够的空气至关重要（烟熏食品是通过刻意让加热的木材缺氧而制成的）。完全调试好的燃气烧烤架可以在向燃烧器输送燃气的过程中自动混入适量空气，而木炭烧烤架的通风口开合则需要你自己操控。

穴居人发现了火种并烤制了他们的第一批乳齿象肉饼时，使用的燃料无疑是木头。但是，木头中富含的树脂和多液物质不能充分燃烧，并会因此产生冒着黑烟的火焰。硬木中这些物质的含量较少，因此，对于那些认为老派燃料最棒且十分喜爱木头火焰所带来的独特烟熏风味的返璞归真主义者来说，硬木是他们的首选。

关于燃料，大多数人问的是该烧木炭还是煤气，以及，当然了，还会问用什么设备来烧。近年来，烧烤设备一应俱全，从消防梯上的小炭炉到郊区除了尾翼和雷达以外的庞然大物应有尽有。

木炭是在高温但没有空气的情况下加热木头得到的产物，在这种情况下，木头并未真正燃烧。所有的树液和树脂都经过了降解或去除，剩下的几乎是纯碳，能够缓慢、安静、干净地燃烧。天然硬木木炭仍然保持着其原始木材柴块的形状，不含添加剂，也不会给食物带来异味。另一方面，木炭球是由木屑、废木料和煤粉用黏合剂粘在一起制成的。但是，煤和纯碳相差甚远——它含有各种类似石油的化学物质，这些化学物质产生的烟会影响食物的风味。

最干净的燃料当属燃气，它要么是装在罐子里出售的丙烷，要么是通过管道输送到我们家中的所谓天然气（甲烷）。这两种气体在燃气烧烤架中均有应用。这些燃气不含任何杂质，燃烧时基本只会生成二氧化碳和水。

但是大家都很重视的"木炭味"呢？它真的能通过燃气火焰获得吗？

美妙的烧烤风味并非来自木炭，而是来自食物表面因高温烤焦而造成的强烈褐变。烧烤风味还得益于熔化的脂肪，这些脂肪滴落在灼热的表面，比如燃烧的炭球、燃气烧烤架上的熔岩石或陶瓷棒上，然后蒸发，其生成的烟升腾起来并凝结在食物的表面。

但如果脂肪滴落过多，就会出现突然爆开的火焰，这可不是什么令人喜闻乐见的事。因为脂肪虽然是一种很好的燃料，但它却没有足够的时间或氧气来达到充分燃烧，因此会产生一种黑烟滚滚的黄色火焰，火舌舔舐着你的食物，使其碳化，同时将可怕的化学物质沉积在食物表面并产生难闻的气味。因此，为了避免烤焦牛排，应事先去除牛排大部分的脂肪，如果还是出现了火焰，就把牛排移到一旁，直到火焰平息。

还有一个问题是如何点燃炭火。只有当燃料的温度高到足以蒸发，它才会开始燃烧。只有达到蒸发温度，燃料的分子才能与空气中的氧分子混合，并与氧分子发生名为燃烧的放热反应。一旦燃烧反应开始，它释放的热量会导致更多的燃料蒸发，从而使整个过程达到自给自足的状态。

烟囱式木炭点火器
通过底部的小孔点燃里面皱巴巴的报纸

燃气自不必说，它们已经是蒸发状态了，所以你只需要一个火花或一根火柴就能让它燃烧起来。但木炭烧烤的一大难题是如何将木炭加热到足以完成其最重要的初始蒸发过程。你可以加入引燃液，一种用来点燃燃料的燃料。引燃液是一种产自石油的液体，介于汽油和燃料油之间。如果你等待 1 分钟左右，让引燃液浸润进木炭中再点燃它，引燃液的大部分烟雾就会被木炭吸收。不过，在我看来，虽然木炭是世界上最好的净味剂（它在净水器和防毒面具中均有应用），但引燃液的气味从来都无法被真正燃烧殆尽。如果你手边有电可用，电回路引燃器虽然起效缓慢，但效果很好。但依我看，引燃木炭的最佳办法是使用报纸作为燃料的"烟囱"，它既快速又无味。你只需要往"烟囱"里面塞一些报纸，放上木炭，点燃报纸，15 分钟或 20 分钟后，木炭就会被点燃，然后就可以将它倒进烧烤架里了。

但是，最棘手的问题是，燃气和木炭哪种作为燃料更好？双方都有其坚定的支持者。我个人更喜欢木炭，原因有二。第一，市场上净是些火力和芝宝打火机差不多的小型燃气烧烤架。第二，燃烧木炭只产生二氧化碳，而燃烧燃气不仅会产生二氧化碳，还会产生水蒸气。虽然我没有做过任何实验，但我相信水蒸气可能会妨碍食物的加热，导致其无法升温至炭火烤制的高温，而干燥的高温绝对是烧烤的成功要素。

烤箱"烧烤"的蔬菜

烤菜园

户外烧烤适合肉类和鱼类，但却不适合大部分蔬菜。将它们放在烧烤架上吧，它们很容易掉进火里；将它们用签子串起来吧，又会导致有些部分已经烧焦了，有些部分还没熟。

用烤箱烤蔬菜就容易多了。如此得到的蔬菜呈漂亮的棕褐色，质地软嫩，风味与烧烤蔬菜很像，但更鲜甜。你可以在耐热的宽口浅烤盘或焙盘中烤制各式各样颜色鲜艳的蔬菜，烤制完成后直接上桌。或者你也可以选择在烤板上烤制，完成后再盛到餐盘中。虽然蔬菜的种类繁多，但由于它们的大小差不多，所以烤熟的时间相同。

- 2个维达利亚洋葱或甜洋葱，去皮，在顶端划痕
- 1个红彩椒，切半，去蒂，去芯，去籽
- 1个黄彩椒，切半，去蒂，去芯，去籽
- 1根暗绿色西葫芦，去蒂

○ 1 个暗黄色小南瓜，去蒂

○ 4 个成熟的李形番茄，切半，去籽

○ 3 个大号胡萝卜，去皮

○ 6 根粗壮的芦笋

○ 1 头大蒜，切除顶部

○ 特级初榨橄榄油

○ 粗盐

○ 用作装饰的百里香枝叶和罗勒叶

1. 将烤箱预热至 200℃。将所有的蔬菜洗净，漂亮地摆在耐热的宽口浅盘中，或者把它们平铺在有边的烤板上。淋上橄榄油。

2. 在烤箱低架位上烤制大约 50 分钟到 1 小时，直到蔬菜的边缘有点呈现棕色。从烤箱中取出烤盘或烤板，让蔬菜冷却。

3. 如果你用的是烤板，须将蔬菜转移到一个大号浅餐盘上。食用前，将洋葱切成 4 份。用手指搓去彩椒的外皮，将椒肉切成大块。西葫芦、南瓜、番茄和胡萝卜切块或切条。芦笋和蒜不做切割。一定要把所有的汁液收集起来，用勺子重新舀回蔬菜上。

4. 在蔬菜上淋上特级初榨橄榄油，再撒上粗盐。用药草装饰。佐以营养丰富的吐司，趁热或放至室温后食用。将烤得酥软的蒜瓣涂在吐司上。

该食谱可制作约 4 人份。

透心凉的东西

解冻你的存货

解冻冷冻食品最好最快的方法是什么？

我懂你。辛苦工作一天后，你回到家里，不想做饭，去餐馆吃饭也是不胜其烦。这时，你会去哪呢？

当然是冰箱冷冻区。你的脑海中逐渐冒出像一群足球迷的呐喊一样的声音，反复喊着口号："解冻！解冻！"

你的目光扫过自己的冷冻存货，脑子里想的不是里面都有什么东西（"为什么我不给这一包包东西贴上标签？"），而是什么东西解冻最快。

你的选择有：第一，将它拿出来放在厨房的料理台上，你可以趁这个工夫查看信件；第二，把它泡在装满水的水槽里；第三，最好最快的方法，我将在适当的时机告诉你，我保证，绝对让你大吃一惊。

对于市售的预包装冷冻食品，只需遵照说明解冻即可。为了找到在家庭厨房解冻他们公司产品的最佳方法，大批国内经济学家和技术人员所付出的努力你无法想象。请相信他们。

虽然商业包装上的解冻说明通常会提到微波炉，但想要解冻家庭冷冻食品，微波炉的效果通常很差，因为微波炉解冻的食物外层经常会被烧熟。

"冷冻食品"这个说法用词不当。从理论上来讲，冷冻是指将一种物质的温度降至其冰点以下，使其从液态转变为固态。但是当肉和蔬菜被放进冰箱时，它们已经是固态了。真正冷冻成小冰晶的是食物内部的水分，也正是这些冰晶使食物变硬。而解冻要做的，就是将这些小冰晶重新融化成液体形式。

如何将冰融化？不用说，当然是将冰加热。那么，你面对的第一个问题就是要找到一个低温热源。如果这句话听起来自相矛盾，请注意，热和温度是两个完全不同的东西。

热是能量，是运动的分子所具有的能量。所有的分子都在某种程度上运动着，所以热量无处不在。即使是一块冰块也含有热量。虽然不像烫手山芋，但也大同小异。

另一方面，正如我刚才所指出的那样，温度只是我们人类用来表示分子运动速度的便捷数字。如果某种物质的分子平均运动速度比另一种物质快，我们就说第一种物质的温度比另一种物质高，或者说第一种物质比另一种物质热。

热能会自发从较热的物质中转移到相邻的较冷物质中，因为较热的物质中速度较快的分子会与较冷的分子发生碰撞，使它们的运动加快。所以，很明显，为了能在最短时间内加热冷冻食品，我们可以让冷冻食品与热的物质接触，比如热烤箱中的空气。但这样做会在大部分热量渗透到食物内部之前就把食物的外层烹熟。

厨房里的空气与热烤箱里的相比，温度非常适中，但其中仍然含有大量足以用来解冻冷冻食品的热量。所以我们应该把食物直接放在室内吗？不。空气传递热量太过耗时了，因为在所有你能想到的热导体中，空气是最糟糕的一个。它的分子间距太大，无法产生太多相互碰撞。此外，缓慢的空气解冻是有风险的，因为细菌会在最先解冻的外层部分迅速生长。

泡在水里如何呢？比起空气，水的导热性更好，因为水分子之间的距离更近。如果食品包装是防水的（如果你不确定，就压掉大部分空气，将其封在一个自封袋中），那完全可以把它浸泡在一个装满冷水的碗里。如果你面对的是一整只鸡或火鸡，那你可能需要装满冷水的水槽或浴缸。由于冷冻的禽类会使解冻用的水变得更冷，可以每半小时左右换一次水来加快整个过程。

　　现在，我要揭晓谜底了，最快的方法是将未包装的冷冻食品放在一个未加热的大煎锅中。没错，未加热。金属是所有物质中导热性最好的，因为金属中有大量松散的电子，它们传递能量的能力甚至比相互碰撞的分子还要好。这个金属锅可以非常有效地将房间中的热量传导至冷冻食物中，并使其在创纪录的时间内融化。

　　锅越厚重越好，因为较厚的金属每分钟可传导的热量更多。像牛排和排骨这类扁平的食物解冻得最快，因为它们与平底锅的接触最好，所以当你往冰箱冷冻层放东西时，要注意它的包装方式（圆形、大块的烤肉和整只的鸡或火鸡在锅里的解冻速度不会比在料理台上快多少，但是，这两种方法都不推荐，因为有滋生细菌的风险。可用冷水解冻或冷藏解冻）。顺带一提，不粘锅派不上用场，因为不粘涂层的导热性不好，铸铁锅也没用，因为它具有多孔性。

　　这个煎锅解冻的花招是我在试用某种促销手册和厨具商店出售的"神奇"解冻盘时发现的。据说，这类解冻盘是由一种"先进的、航天时代的超导合金"制成的，这种合金可以"直接从空气中汲取热量"。嗯……结果，航天时代的合金就是普通的铝（我分析过了），而它就像铝制煎锅一样"从空气中汲取热量"，原理也完全一样。

所以，对于体积大的食物，继续使用浸水解冻法，而冷冻牛排或鱼排则放在厚重的煎锅上解冻。在你问出"我把冷冻豌豆放在哪儿了？"之前，它就解冻完毕了。好吧，也没这么快，但至少比你想象的要快得多。

如何做出一个凉面团？

为什么烹饪书建议在大理石表面上擀油酥面团？

在擀面团的过程中，面团必须保持凉爽，以防止起酥油熔化并渗透进面粉中。起酥油通常是固态的脂肪，如黄油、猪油或科瑞（Crisco）牌起酥油。如果起酥油渗透进面粉中，你的馅饼皮的口感就会变得像运货纸箱一样。起酥糕点是由许多层薄薄的、被脂肪层隔开的面团形成的。在烤箱中，被脂肪分开的面团层开始成型，待到脂肪熔化时，面团中的蒸汽已经迫使面团层永久地分开了。

书中推荐在大理石表面擀面，是因为书上说大理石很"凉爽"。但这其实是在玩弄温度的概念，因为大理石丝毫不比房间里的其他东西更凉爽。

但是，你反对道：大理石摸起来很冷。是的，这不假。你那"冷钢"制成的厨师刀和你的每一个炖锅、平底锅以及盘子摸起来都是如此。事实上，现在就去你的厨房（我会等着你的），拿起任何一件东西（除了你家的猫）然后把它贴在你的额头上。天呐，每一件都很冷！这是怎么回事？

因为你的皮肤温度大约是35℃，而你厨房中的室温和厨房中一切物件的温度都在21℃左右。那么，这些比你的皮肤低了14℃的东西摸起来很冷，很奇怪吗？当你接触温度较低的物体时，热量会从你的皮肤流向这个物体，因为热量总是从温度较高的一方流向温度较低的一方。而你热量不足的皮肤会向你的大脑发送"我觉得很冷"的信息。

所以不是这个物体冷，而是你的皮肤热。正如爱因斯坦从未说过的那样，"一切都是相对的"。

但即使所有东西都处在21℃室温，它们摸起来也并非同样冷。请再次回到厨房。你会发现厨师刀的钢制刀身摸起来比木制砧板更冷。它真的更冷吗？不，因为这两个物体已经在相同的环境中待了足够长的时间，所以已经达到了相同的温度。

你的前额之所以觉得钢制刀身比木制砧板更冷，是因为钢和所有金属一样，比木头的导热性更好。当它接触到你的皮肤时，会比木头更快地将热量传导到房间中，从而更快地冷却你的皮肤。

大理石的导热性虽然不如金属，但是木头或塑料层压台面的10倍到20倍。大理石会从皮肤窃取热量，从而使皮肤感觉到冷，同样的，对于面团来说，大理石也很冷，因为它会迅速地带走擀面时产生的热量。因此，面团的温度不会升高至足以熔化起酥油。

好吧，好吧，我这是在吹毛求疵。如果一个东西摸起来很冷，产生的功效也和寒冷的功效一致，那我们为什么不能直接说它很冷呢？所以请便，尽管说大理石是冷的，但是，你可以保留知晓这并非完全正确的小窃喜。

冷轧酥皮糕点

简易版肉卷馅饼（empanada）

在西班牙语中，empanada 的意思是"裹上面包屑"，词源是 pan，意为面包。但这其实有点误导人，因为在如今的拉丁美洲，empanada 是一种塞满馅料的酥皮糕点——它可以由任意一种面粉或玉米粉制成，里面可以塞进几乎所有你能想得到的东西，但通常是肉或海鲜之类的。我们可能会称呼它们为酥饼或肉派，可以烤着吃，也可以油炸吃。每个拉丁美洲国家都有自己的肉卷馅饼做法。如果你将自己的料理区域安排得像一条拼装线一样，那么你就能驾驭所有做法。

在本食谱中，用来包裹传统馅料的是商店购买的酥皮，而不是自制的酥皮，这免去了做面团的麻烦。但对于酥皮糕点来说，在大理石等"冷"的台面上擀面是非常重要的。如果没有大理石，就在木板上以最快的速度擀开。

你可以在超市的冷冻区找到冷冻酥皮。牛肉可以用碎火鸡肉或鸡肉来代替。

- ○ 1 包总重为 480 克的冷冻酥皮
- ○ 1 汤匙橄榄油
- ○ ½ 量杯洋葱末
- ○ ½ 量杯红甜椒末
- ○ 1 瓣蒜，切末
- ○ 450 克瘦牛绞肉

○ 2 茶匙中筋面粉

○ 1 汤匙辣椒粉

○ 1 茶匙盐

○ ½ 茶匙辣椒片

○ ½ 茶匙干牛至

○ ½ 茶匙孜然粉

○ ¼ 茶匙丁香粉

○ 根据口味添加的现磨胡椒粉

○ 3 汤匙番茄酱

○ 1 个大号鸡蛋的蛋黄和 1 汤匙水，搅拌均匀

1. 将酥皮在冰箱中冷藏解冻 8 小时到 12 小时。

2. 取一个大煎锅，加入油，中火加热，把洋葱和红甜椒炒制 5 分钟至变软。加入大蒜，再炒 1 分钟。加入牛绞肉，炒制约 5 分钟，直到肉变成棕褐色并完全炒散。倒出锅中积聚的脂肪。从灶上移开煎锅。

3. 取一个小碗，加入面粉、香辛料和调味料搅拌均匀。加入炒好的肉中拌匀。加入番茄酱，并再次搅拌。尝一下味道，应该是比较辛辣的。

4. 将混合物转移到 25 厘米×38 厘米的饼干烤盘上，摊成薄薄一层以冷却。如果采用拼装线方法，肉卷馅饼很快就能做好。将馅料分成 18 小份，每份 2 汤匙的量。下面是一种分割方法：用金属刮刀将馅料推成 3 长排，然后将每排等分成 6 个部分，这样馅料就被分成了 18 小份。放在一旁备用。

5. 将烤箱预热至 200℃。

6. 从冰箱中取出一张解冻好的酥皮。把它放在撒好面粉的料理台上。刚取出的酥皮会很硬，一旦它回温至足以展开而不开裂，就把它平铺开来。在两面都撒上一点面粉。

7. 用一把锋利的刀，沿着折叠线将酥皮切成 3 根长条。把每条切成 3 块边长为 7.6 厘米的正方形。用擀面杖把所有正方形都擀成 12.7 厘米×12.7 厘米。在擀好的方形酥皮上薄撒一层面粉，叠在一边。用相同的方法加工下一张酥皮。最后你会得到 18 块方形酥皮。

8. 制作肉卷馅饼：在撒了面粉的工作台上放上一块正方形酥皮。用一个小而柔软的刷子，在正方形酥皮的左边和底边各涂上一道 1.3 厘米宽的蛋液。取一份肉馅放在方形酥皮上，稍微离刷了蛋液的角落近一些。将酥皮对折成一个三角形。将酥皮边缘捏紧。用叉子的尖端将酥皮边缘压紧密封。如果需要的话，用一把锋利的刀，把粗糙的边缘切掉。将酥饼转移到烤盘上。重复这个步骤，直到所有的酥皮和馅料都用完。

9. 将剩下的蛋液薄涂在肉卷馅饼上。用小刀的尖端在每个酥饼的顶部戳两个洞，以便使蒸汽得以逸出。烤制 18 分钟到 20 分钟，直到酥饼蓬松并变成褐色。一个个包好并冷冻。

该食谱可制作 18 个肉卷馅饼。

热水结冰更快？

我的客人们还有 3 小时就要来我们家聚会了，我需要赶制一些冰。我听说热水比冷水结冰快。我应该在制冰盒里放热水吗？

17 世纪，弗朗西斯·培根爵士（Sir Francis Bacon）提出了热水的结冰速度更快这一论点，至少从那时开始，针对这一悖论的争论就开始了。即使时至今日，加拿大人仍然声称，在寒冷的天气里，置于户外的一桶热水会比一桶冷水更快结冰。尽管科学家们无法解释加拿大人为什么要在大冷天里在户外放一桶水。

但信不信由你，热水在特定条件下真的比冷水结冰更快。这取决于很多因素。

直觉上，这似乎是不可能的，因为热水距离 0℃ 还有很长一段下坡路要走。0.5 升的水每降低 2.2℃ 就必须失去约 4 千焦的热量。所以，在其他条件保持不变的情况下，水需要下降的温度越多，需要从水中带走的热量就越多，这就意味着冷却时间越长。

但是根据沃尔克的普遍反常定律（Wolke's Law of Pervasive Perversity），所有其他的因素都是不对等的。正如我们即将看到的，热水和冷水的不同不仅仅在于它们的温度。

当化学家们被热水究竟如何更快结冰这个问题的追问逼至绝境，他们可能会含糊地说，这是因为冷水中溶解的空气更多，而溶解物质会降低水的冰点。这话不假，但作用微乎其微。冷水中溶解的空气数量只能使水的冰点降低不到 1℃ 的 $1/2000$，而这一点点的温度根本不能影响冷水、热水的结冰竞赛。因此，溶解的空气一说根本站不住脚。

热水和冷水的真正区别在于，一种物质的温度越高，它向周围散发热量的速度就越快。也就是说，温水的冷却速度比冷水更快，每分钟降低的温度更多。如果容器很浅，水的暴露面很大，这种区别就会尤其显著。但这并不意味着热水会第一个到达终点线，因为无论它的初始冷却速度有多快，至多也只能快速降至与冷水同等的温度。在那之后，它们就只是齐头并进而已。

热水和冷水更重要的区别是热水比冷水蒸发得快。如果我们试图冻结等量的热水和冷水，那么当温度达到 0℃ 时，容器中剩下的热水会更少。水越少，结冰的时间自然就越短。

这点真的能产生显著的区别吗？从多种方面来讲，水都是一种很不寻常的液体。其中一点不寻常之处就是，即使水的温度并未下降很多，也必须从水中剔除非常庞大的热量（专业术语：水的比热容很大）。所以，即便热水只是比冷水多蒸发了一点，热水所需的冷却时间也会少很多。

现在，别急着跑去厨房用制冰盒尝试这个理论，因为有太多其他因素在起作用。根据沃尔克的定律，两个制冰盒不可能完全相同。它们并不是在完全相同的地方、完全相同的温度下、以完全相同的速率被冷却的。（其中一个可能离冰箱的冷却盘管更近？）而且，你怎么知道水什么时候结冰呢？在表面形成第一层冰时吗？这并不意味着整个制冰盒都已达到 0℃。而且，你也不能太过频繁地偷看，因为打开冰箱门会产生不可预测的气流，这将影响蒸发速度。

最令人沮丧的是，静置的水有一个反常的特性，它会在冻结前达到比 0℃ 更低的温度（专业术语：它达到了过冷状态）。它可能一直不会冻结，直到一些几乎无法预测的外部因素扰乱了它，例如震动、一粒微小的尘埃，或者其容器内部的一道划痕。简而言之，你正在进行一场终点线非常模糊的比赛。科学可不容易。

但我知道这不会阻止你。所以，尽管去量取等量的热水和冷水，把它们放在相同的制冰盒里吧，但是，别太看重结果。

"矮胖子"从没这么倒霉过

可以冷冻生鸡蛋吗？我有将近24个鸡蛋，在我去旅行之前我是用不完的，我不想浪费它们。

我也不愿意看到食物被浪费，但在这种情况下，冷冻鸡蛋可能会带来更多的麻烦。正如你所料，蛋壳可能会破裂，因为蛋白会在冻结时膨胀，就像水变成冰时会膨胀一样。你对此无能为力。而且，如果鸡蛋的冷冻时间过长，可能还会产生一些变质的气味。

更麻烦的是，蛋黄解冻后会变得又稠又黏。这叫作凝胶，即生成了某种胶体。凝胶之所以会发生，是因为鸡蛋冷冻时，一些蛋白质分子会将自身结合成一个网状结构，困住大量的水，而它们在解冻时无法解除这个网状结构。对于蛋奶沙司或酱汁，顺滑的质地极其重要，在这类东西的制作中使用变得黏稠的蛋黄效果很不好。在其他食谱中使用蛋黄黏稠的鸡蛋一样有风险，而且，一旦制作失败，你浪费的可不仅仅是几个鸡蛋。

下次，只要你的旅行不会持续几个星期，把鸡蛋放在冰箱冷藏就好，或者在你离开之前把它们全部煮熟。

预制食品制造商在制作烘焙食品、蛋黄酱和其他产品时会用掉大量的冷冻鸡蛋。在鸡蛋被冷冻之前，它们须被去壳打匀，并加入 10% 的盐或糖，以防止其变得黏稠。我觉得，只要你不嫌麻烦，也可以用这种方法，但是盐和糖肯定会限制鸡蛋的使用。

像燃烧那样冻结

被冷冻烧伤的食物到底发生了什么？

"冷冻烧伤"肯定是最荒谬的矛盾修辞法之一。但是好好看看你那些在冰箱冷冻层待了太久的备用猪排吧。它干瘪的表面看起来不像是被烧焦（seared）了吗？

字典告诉我们，seared 不一定和热有关——它的意思是干枯或干燥，但和变干的原因无关。你会发现，你那被遗弃的猪排上的"烧痕"确实又干又粗糙，好像所有的水都被吸干了。

仅仅是寒冷就能使冷冻食品变干吗？尤其是当水以冰的形式存在的时候？的确可以。当你那倒霉的猪排在冰箱冷冻层萎靡凋零时，某些东西从它冰冷的表面偷走了水分子。

即使水分子被牢牢固定在固态的冰中，也可以被转移到另一个地方。以下是原理：

水分子会自发地迁移到任何环境更适宜的地方去。而对于水分子来说，环境更适宜的地方应该尽可能寒冷，因为在那里它们拥有的热量最少，而"当其他所有条件都对等时"（见 216 页的沃尔克的普遍反常定律），大自然总是喜欢让能量处于最低状态。如果食物的包装不能达到分子层级的密闭，水分就会发生迁移，从食物的冰晶中迁移到任何其他更冷一些的地方去，比如冰箱的内壁（这就是非无霜冰箱必须除霜的原因）。最终的结果是水分子离开了食物，从而使食物的表面变得干瘪、起皱、变色，看起来仿佛被烧焦了一样。

当然，这不是一夜之间就能实现的，而是一个缓慢的过程，是一个分子一个分子地发生的。但是，通过使用某些食品包装材料来阻拦游离的水分子，就可以将这一现象的速度降至近乎为零。有些塑料包装在这方面效果很好，使用要点如下：

要点1：用专门为冷冻而设计的包装材料来保存需要长期冷冻的食物，因为这种材料不会被水分子渗透。最好的选择是真空密封的厚实塑料包装，因为它们完全不透水，比如快尔卫牌（Cryovac）食品包装。冷冻纸显然也不错——它具有一层防潮塑料涂层。但是普通的塑料食品包装是由各种材料制成的，效果好坏不一。聚偏二氯乙烯（保鲜膜）是最好的，聚氯乙烯（PVC）也不错。阅读塑料包装上的小字以了解它的材质。薄的聚乙烯食品包装袋和普通的聚乙烯食品保鲜袋不是很好，但聚乙烯"冷冻袋"还不错，因为它们特别厚实。

要点2：紧紧包裹食品，不要留下气室。水分子会借由包装内的任何气室飘往温度更低的包装内壁，并在那里凝结成冰。

要点3：在购买已经冷冻好的食品时，感受一下包装内的冰晶或"雪"。你觉得（形成冰）的这些水分从何而来？没错，食品自身。因此，它要么是在松散的包装中存放时间过长而脱水了，要么就是曾经化冻使食品渗出汁液，然后又再次被冷冻了。无论哪种情况，它都经历了不得当的处理，虽然并不影响食用安全性，但味道和质地都会很差。

忽冷忽热

为什么对着热的食物吹气会使它变凉？

在礼仪监督松懈之时，我们都多少感受过吹气对烫口的食物的降温效果，其中对液态或者至少是湿润的食物效果最好。吹气并不能有效地降低热狗的温度，而对着热茶、咖啡和热汤吹气又太过影响餐桌礼仪。其实，吹气非常有效，其中除了吹出来的空气比食物更凉外，当然还有其他因素在起作用。

那就是蒸发。当你吹气时，会加速液体的蒸发，就像对着指甲油吹气会令其干得更快一样。现在，大家都已明白蒸发是一个冷却的过程，但其中的原理却似乎鲜为人知。

原理如下：

水中的分子以不同的速度运动着。我们所说的温度反映的就是它们的平均速度，但这只是平均值。在现实中，分子速度范围极广，某些分子只是闲庭信步，而另一些分子可能快得像辆四处飞驰的出租车。现在猜猜，如果这些分子碰巧都在食物表面，哪些最有可能逃逸到空气中呢？没错，是那些飞驰着的高能分子，也就是那些温度更高的分子。所以随着蒸发过程的推进，逃逸的热分子比冷分子更多，剩下的水也就变得更冷了。

但这和吹气有什么关系呢？在食物表面吹气会带走新蒸发出的分子，为更多的分子腾出了空间，从而加速蒸发。蒸发越快，冷却越快。

礼仪小姐就是不喜欢科学在烹饪上的一些应用。

第七章
杯中之物

在化学入门课程上，我们都曾学过物质的 3 种物理形态（专业术语：物态），即固体、液体和气体。我们的食物也是如此，尽管它们并非都是单一形态的。

固体和气体的稳定混合物被称为泡沫状和海绵状，是一种多孔的固体结构，其中充满了空气或二氧化碳的气泡，而这些气泡通常是通过搅拌和搅打形成的。想想面包、蛋糕、蛋白酥、棉花糖、舒芙蕾和慕斯。如果某种固气混合物能像面包和蛋糕那样吸收大量的水而不溶解，那它就是海绵状；如果它像蛋白酥那样分解并溶解在水中，它就是泡沫状。

两种一般情况下不相溶的液体的稳定混合物被称为乳状液，比如油和水的混合物。在乳状液中，一种液体以微小的颗粒分散于另一种液体中，达到悬浮状态且不会沉淀。蛋黄酱就是最典型的例子之一，它是一种由植物油、鸡蛋或蛋黄（蛋黄有一半是水）和醋或柠檬汁组成的调味混合物。蛋黄酱的制作方法是逐渐向鸡蛋和醋的水基混合物中加入油，并大力搅打。油会分解成微小的液滴，不会与鸡蛋和醋分离。

饮料是液态的食物。它们都是水基的，但也可能含有不同含量的另一种液体——酒精，也被称为谷物酒精，因为它最容易也最经济的获取方法是对玉米、小麦和大麦等谷物中的淀粉进行发酵。发酵，源自拉丁语 fervere，意为沸腾或冒泡。发酵是有机物的化学分解，靠的是细菌或酵母菌对其进行蚕食后产生的酶。不同类型的发酵产物也各有不同，但这个词最常用于指代淀粉和糖转化为乙醇和二氧化碳气泡的过程。

酒精发酵在用淀粉制造啤酒和用果糖制造葡萄酒方面的应用已有至少 10000 年的历史。我们最古老的祖先很快就发现，只需将一些压碎的葡萄或其他水果放在温暖的地方，果汁就会发酵，形成一种迷人的特质。

在本章中，我们将介绍 3 种主要的饮料类型：植物性材料的热水提取物；含有二氧化碳气体的饮料，其中的二氧化碳可能是自然发酵产生的，也可能是因为我们喜欢气泡感而人为添加的；还有酒精类饮料，包括直接发酵而来的，以及为了寻求另一种更强力的刺激而刻意蒸馏浓缩过的。

那么，接下来，为我们的咖啡、茶、汽水、香槟、啤酒、葡萄酒和烈酒，干杯！

来一杯

别让咖啡背锅

你能告诉我如何找到酸性最弱的咖啡吗？我在找一种不苦也不会把我的胃搞得翻江倒海的咖啡。

酸性经常受到不公正的苛责。这可能得怪电视上那些用来控制胃灼热及胃酸倒流的药物的商业广告。但是我们胃里的酸（盐酸）比你能在咖啡中发现的任何酸都要强上几千倍。只有当这些酸离开胃部，涌上食道时，才会产生灼烧感。对某些人来说，喝咖啡会导致这种情况发生，但产生灼烧感的并不是咖啡中的酸，而是胃酸。

咖啡里的几种弱酸与苹果和葡萄里的一样，根本不会导致胃部不适。如果这么说你还是不相信，记住这些酸大部分是挥发性的，会在烘烤咖啡豆的过程中散失掉，所以你可能会觉得很吃惊，烘焙程度最高的咖啡的酸性可能是最低的。

咖啡中的柠檬酸、苹果酸、醋酸和其他酸会为咖啡的风味增添丰富性，而非苦味。酸一般没有苦味，只有酸味。咖啡因是苦味的，但它的苦味只占咖啡整体苦味的10%。不要对苦涩嗤之以鼻——它是咖啡的重要风味成分，在啤酒和巧克力这两类重要食物中也一样。

所以，别总想这些酸不酸的，只管找一杯你喜欢的咖啡就是了。但如果所有的咖啡都"把你的胃搞得翻江倒海"，那也不需要我告诉你怎么做了，别喝就是了。

话痨美女

每当我妻子喝下一杯意式浓缩咖啡，她就会兴奋好几个小时。意式浓缩咖啡比普通咖啡含有更多的咖啡因吗？

这要视情况而定。（你早知道我要这么说，是不是？）

　　直接对比挺麻烦的，因为并没有所谓的"普通咖啡"。从自动贩卖机那堪比洗碗水的咖啡到长途服务区那不逊于电池酸液的咖啡，我们都领略过。即使在家里，煮咖啡的方法也有很多，无法归纳。

　　而且，让我们面对现实吧：在当今这个充斥着星巴克的社会里，是个能凑得出钱买一台咖啡机并请一个拿着最低工资的青少年来打理的社区咖啡店，都会打着意式浓缩咖啡的名号，而这些店里的咖啡只会让专业的意大利咖啡师（barista）哭晕在他的渣酿白兰地（grappa）里。所以，这些店里也实在没什么一致性可言。

　　当然，任何意式浓缩咖啡的容量都比一杯标准的美式咖啡要小得多。但是，意式浓缩咖啡的高浓度是否足以弥补它的小容量呢？

　　与180毫升装普通咖啡中的一滴液体相比，当然是一杯典型的30毫升装意式浓缩咖啡中的一滴液体含有的咖啡因更多——其实在这种情况下，这滴液体里含有的所有物质都更多。但在多数情况下，一整杯精心冲泡的美式咖啡所含的咖啡因总量会高于一杯意式浓缩咖啡（注意是"精心冲泡"，我说的可不是你办公室里那种被称为咖啡，但其实只不过是含有少量咖啡因和咖啡的褐色的水）。

　　专家们怎么说？弗朗西斯科（Francesco）及里卡尔多·伊利（Riccardo Illy）和塞尔焦·米歇尔（Sergio Michel）一致认为，一杯好的经典意式浓缩咖啡含有90毫克到200毫克的咖啡因，而一杯好的美式咖啡则含有150毫克到300毫克的咖啡因。这点分别体现在前者那插图精美的咖啡图书《从咖啡到意式浓缩咖啡》

（*From Coffee to Espresso*，阿诺尔多·蒙达多里出版社，1989 版）
中以及后者的著作《意式浓缩咖啡的艺术和科学》（*The Art and
Science of Espresso*，CBC 公司的里雅斯特出版社，未标明出版日
期）中。如你所见，虽然它们的咖啡因含量可能有一些交集，但
平均而言，意式浓缩咖啡的咖啡因含量更低。

　　一杯咖啡中的咖啡因含量首先取决于咖啡豆的品种。阿拉比
卡咖啡豆的平均咖啡因含量为 1.2%，而罗布斯塔咖啡豆的平均咖
啡因含量为 2.2%，最高可达 4.5%。但是，除非你是个行家，否
则不管是在附近的意式咖啡馆还是在家，你可能都无从得知自己
手中咖啡所用的咖啡豆品种。很有可能咖啡馆和家庭咖啡的主要
成分都是阿拉比卡咖啡豆，因为阿拉比卡咖啡豆占据了世界咖啡
产量的四分之三，不过由于经济原因，人们正逐渐转而使用罗布
斯塔咖啡豆。

　　当然，重点还是在于有多少咖啡因会在冲泡过程中从咖啡豆中
溶解到水里。这取决于几个因素：用了多少咖啡粉、咖啡粉有多细、
用了多少水，以及水和咖啡接触的时间有多长。咖啡粉越多、咖啡
粉越细腻、水越多、接触时间越长，提取出来的咖啡因就越多。现
在可以讲讲意式浓缩咖啡和其他咖啡冲泡方法的不同之处了。

　　意式浓缩咖啡粉比你在家中的滴滤咖啡机上使用的咖啡粉更
细腻。但另一方面，虽然和普通咖啡相比，一杯意式浓缩咖啡所
用咖啡粉的量差不多，但其所用的水量只有大约 30 毫升，普通咖
啡则用到了大约 180 毫升的水。此外，在意式浓缩咖啡的制作过
程中，水与咖啡粉的接触时间只有 30 秒左右，而在大多数其他冲
泡方法中，这一时间需要持续几分钟。

　　结果就是，在你附近的咖啡馆喝一杯意式浓缩、中杯拿铁或

中杯卡布奇诺所摄入的咖啡因可能比一杯美式咖啡要少。然而，换成大杯和超大杯的拿铁和卡布奇诺就很难说了，因为它们是用两杯意式浓缩做成的。

关于你的妻子为什么在喝了一杯意式浓缩咖啡后会变得如此兴奋？可能是因为她的新陈代谢，这个人体变量是无法单纯靠化学检测 1,3,7-三甲基黄嘌呤（也就是咖啡因）的含量来解释的。每个人的咖啡因代谢率差异很大，伊利（Illy）的书中说，女性对咖啡因的代谢往往更快，但是如果是这样，那理应所有咖啡都能使她兴奋。

我不是医生，也不是营养学家，但我认为，对有些人来说，代谢溶于少量液体中的浓缩咖啡因可能比代谢分散在大量液体中的咖啡因更快。而我的另一个朋友告诉我，她喝普通咖啡比喝意式浓缩咖啡失眠得更厉害，而且更"话痨"。

如果无法对各种不同的意式浓缩咖啡和其他种类咖啡在一天内的不同时间段空腹或随餐饮用的效果进行一系列生理学对照实验研究的话，就没有人能得出意式浓缩咖啡比美式咖啡更容易引起咖啡因兴奋的结论。事实上，平均而言，情况可能正好相反。

等你的妻子的兴奋劲儿过去了，你就把这些告诉她吧。

双倍咖啡因

摩卡豆花布丁

许许多多有健康意识的人正在绞尽脑汁思索如何在日常饮食中添加大豆，他们喃喃自语，令人不胜其烦。虽然他们愿意，但大多数人并不清楚如何摄入更多的大豆。他们可能都不知道大豆是什么。试试这个简单的方法吧，这是一个近乎即食、不需要烹制的布丁，它以豆腐的形式引入了大豆，外加巧克力和浓缩咖啡的双重咖啡因。如果你喜欢的话，可以将咖啡换成咖啡酒（kahlúa）。

- ○ 1 量杯或 170 克半甜巧克力片
- ○ 1 包 340 克老豆腐，沥干水分
- ○ ¼ 量杯豆奶或全脂牛奶
- ○ 2 汤匙喝剩下的浓咖啡或意式浓缩咖啡
- ○ 1 茶匙香草香精
- ○ 1 撮盐

1. 将巧克力放在蒸锅的上层或厚实的炖锅中熔化，或装在可微波的碗里，在微波炉中熔化。
2. 在搅拌器的容器中放入豆腐、奶、咖啡、香草香精和盐。搅拌 30 秒。
3. 在搅拌器的马达保持运转的情况下，加入熔化的巧克力并搅拌至柔滑细腻，此步骤大约需要 1 分钟。冷藏 1 小时或直到需要时再取出。

该食谱可制作 1 个超大份或普通的 4 人份。

脱因咖啡编年史

咖啡脱咖啡因时使用的化学物质真的安全吗？一位化学家曾告诉我，那些化学物质和洗涤剂有所关联。

有关联，没错，但并不是一回事。就像我叔叔里昂与我，化学家族和人类家族一样，既有相似性，也有特殊性。

比如，咖啡因本身就是生物碱家族的一员，这个家族中尽是些强效植物类化学物质，包括尼古丁、可卡因、吗啡和士的宁等大坏蛋。但要这么说的话，老虎和小猫也是同属一个家族的。某些脱咖啡因过程中使用的二氯甲烷，虽然与干洗中使用的有毒的四氯乙烯有所关联，但两者却也十分不同。老虎总归是变不成小猫的。

化学家已经鉴别出咖啡中 800 到 1500 种不同的化学物质，具体数字取决于你问的是什么人。你可以想象，在不破坏其他所有风味平衡的情况下，去除占其 1% 或 2% 的咖啡因可并非小菜一碟。咖啡因在很多有机溶剂中都极易溶解，比如苯和氯仿，但用这些溶剂萃取咖啡因显然是不行的，因为它们有毒（不，氯仿不是通过让你昏睡来抵消咖啡因的作用的）。

1903 年，一位名叫路德维希·罗泽柳斯（Ludwig Roselius）的德国化学家为了从咖啡中去除咖啡因而辗转难眠，他最终选定了二氯甲烷，自那以后，这种溶剂就一直沿用了下来。它能最小限度地溶解其他成分，并且很容易蒸发，因此，它的少许残留可以通过加热去除。罗泽柳斯先生以 "Sanka" 之名兜售他的脱因咖啡，这个词是他从法语 "sans caffeine" 中发明出来的。Sanka 牌咖啡于 1923 年被引入美国，并于 1932 年成为通用食品（General Foods）旗下的商标。

但在 20 世纪 80 年代，二氯甲烷作为一种致癌物质受到了抨击。它仍被用于脱咖啡因，但 FDA 规定其在成品中的含量不得超过 $1/100000$。业内人士指出，实际用量还不到这个数字的 $1/100$。

生咖啡豆中的咖啡因在烘烤前就会散失。首先，生咖啡豆会经过蒸制，这个步骤会将大部分咖啡因带到咖啡豆表面，然后表面的咖啡因会被溶剂溶解。咖啡必须被去除自身 97% 以上的咖啡因，才能被称为脱因咖啡。

常用的脱咖啡因方法中包括一种间接方法，有时被称为水法（water method）：先将咖啡因连同许多怡人的风味和香气成分提取到热水中（咖啡因当然是溶于水的，否则它也不会出现在我们杯中了）；然后用有机溶剂将咖啡因从水中去除；随后，失去了咖啡因的水带着它原本蕴含的所有风味成分被重新加回到豆子中，并随着干燥过程附着在豆子上。溶剂并未实际接触豆子。

有这样一种有趣的新方法，采用了有机溶剂乙酸乙酯来代替二氯甲烷。因为这种化学物质来自水果，而且也存在于咖啡中，所以它可以被称为"天然的"。因此，经过乙酸乙酯处理的咖啡可能会在其标签上宣称自己是"天然脱因"。但别急着赞叹，使用氰化物也可以做出类似宣称，因为氰化物也"天然"存在于桃仁中。

如今，很多脱因咖啡都是通过一种新兴工艺制成的，这种工艺会将咖啡因提取到我们熟悉的、无害的二氧化碳之中，但这些二氧化碳是以一种特殊形态存在的，化学家们称这种形态为"超临界"——既不是气体、液体，也不是固体。

最后，还有一种巧妙的"瑞士水处理法"，这种方法用热水清洗咖啡豆，这些热水中不含咖啡因，但是充满了其他所有咖啡所含的化学物质，因此除了咖啡因之外，水中已没有空间能让咖啡豆中的其他物质溶解了。

那么，如何判断当地超市咖啡货架区的咖啡都用到了以上哪些方法呢？

首先，你可能会看到咖啡罐上写着"天然脱因"的字样。这可能意味着它用到了乙酸乙酯法，但也可能没有任何意义。所有东西不都是来自大自然吗？不然你还指望看到什么呢？超自然脱因咖啡吗？

水处理这个词也没有什么意义，因为除了瑞士水处理法以外，还有好几种处理方法都用到了水。

最中肯的建议是别管技术层面——那些处理方法都是安全的——而是根据客观理智的标准来选择你的脱因咖啡，比如，你更偏爱胡安·帝滋牌还是奥尔森夫人家的咖啡。

喝茶还是不喝茶？

我在一家餐馆里点了一杯热茶，服务员便给了我一个盒子，让我从一打眼花缭乱的品种中选一个，包括正山小种、大吉岭、茉莉、洋甘菊等。茶到底有多少种类？

一种，也就是说，只有一类植物的叶子可以通过浸泡热水来制作真正的茶——茶树（*Camellia sinensis*）和它的一些杂交品种。根据生长地域的不同，这些植株的名字也可能各有不同。

　　服务员提供给你的某些"茶"包并不含茶，比如洋甘菊。这些"茶"包中含有各式各样其他种类的叶子、药草、花朵和风味物质，可以通过浸泡热水沏成一种被称为草本茶（tisane）的饮品，但很遗憾，草本茶也被称为"药草茶"。当你听到"药草茶"这个词的时候，你可能会想：哇，药草！天然、健康，好东西。但是如果你想的话，用毒葛叶也是可以做出一杯草本茶的。

　　根据茶叶的加工方式，真正的茶分为 3 种类型：未经发酵的（绿茶）、半发酵的（乌龙茶）和经过酶类发酵而导致其中鞣酸类化合物氧化的茶叶（红茶）。数量占优的红茶包括阿萨姆、锡兰、大吉岭、格雷伯爵、英式早茶、祁门和小种。这些之外的所有茶名，你就要靠自己分辨其成分了——它们可能是真正的茶，也可能是任何一种人们认为泡泡热水味道会更好的东西。虽然后者通常也不至于要了你的命，但只有真正的茶经受住了时间的考验，除了助长英国口音，没有过任何显著的不良影响史。

不是茶的热"茶"

新鲜薄荷草本茶

　　你有旧的凯梅克斯牌（Chemex）咖啡壶或者那种战后（我指的是二战）分上下两部分的咖啡过滤器所自带的玻璃咖啡壶吗？这两种都是制作薄荷草本茶（通常被直接称为"薄荷茶"）的绝佳选择，因为薄荷叶会让茶汤呈现漂亮的绿色，而你一定想透过透明茶壶看看那颜色。薄荷茶的香气能让你立刻感觉到舒缓和清爽。

○ 1 到 2 把新鲜采摘的薄荷

○ 沸腾的水

○ 调味用的糖

1. 洗一两把新鲜采摘的薄荷，加入温暖的玻璃咖啡壶中。向壶中注入沸水至稍微溢出盖子。浸泡 5 分钟。

2. 倒入茶杯，加糖调味，饮用前深吸一口气。

一杯好茶

为什么我用微波炉加热的水泡出的茶不如用烧水壶烧的水泡出来的好喝呢？

虽然看起来同样是沸水，但是微波加热的水没有烧水壶烧的水那么热。

泡茶的水必须是滚烫的，这样才能提取出茶叶所有的颜色和风味。拿咖啡因来说，它是不会溶于温度低于 80℃ 的水中的。所以，需要预热茶壶来防止沏茶水在倒入壶中后降温太多。或者，你是用一次性茶包，那么茶杯也是要预热的。

烧水壶中的水一旦完全、剧烈地沸腾起来，你就可以确定其中所有的水都已经达到其沸点 100℃。因为在加热过程中，水壶底部的水受热上升，并被较冷的水取而代之，然后较冷的水继续受热上升，如此往复循环，所以整壶水几乎是同时达到沸点的。冒泡进一步混合了壶中的水，使其达到均一温度。

但是，微波只能加热靠近杯壁2.5厘米左右的水，因为微波只能穿透这么远的距离。杯子中间的水只能通过与外围的水接触而更加缓慢地升温。当外围的水达到沸点并开始冒泡时，你可能会误以为杯子里的水都已经这么热了。但实际上杯中水的平均温度可能会低得多，所以你的茶在风味方面也会大打折扣。

用烧水壶烧水更好还有一个原因：用微波炉加热一杯水到沸腾即便算不上危险，也是件颇为棘手的事。

好吧"鞣制"我的舌头！

当我用微波炉泡茶时，杯子里形成的褐色污垢是什么？

病人：医生，我的胳膊一这样弯就疼。

医生：那就别那样弯胳膊啊。

我对你问题的作答也是异曲同工：不要用微波炉泡茶。

用微波炉泡茶时，水不像你用烧水壶充分烧开的水那样热。因此，茶中的一些咖啡因和单宁酸（多酚）不会溶解——它们会沉淀形成棕色的渣滓。单宁酸是一种定义广泛的化学物质，它赋予了茶、红酒和核桃在口中那种令人皱眉的涩口感。这些化学物质之所以曾经被称为鞣酸类，是因为在历史上，它们的作用是将皮鞣制成皮革。它们对你舌头和嘴上的"皮"也起到了轻微的"鞣制"效果。

碳酸化的泡泡

大"磷"小怪

我刚刚读到的一项医学研究指出，喝大量汽水的少女比不喝汽水的少女的骨骼更脆弱。该文章称，研究人员推测这可能是"碳酸饮料中的磷"引起的。碳酸化和磷有什么关系？

毫无关系。这篇文章不应该如此断章取义。

认为所有的碳酸饮料都富含磷元素（phosphorus，好像几乎所有人都想把它错拼成"phosphorous"）的想法是错误的。所有碳酸类软饮料唯一的共同点就是碳酸水：二氧化碳的水溶液。除此之外，软饮料还含有各式各样的香精和其他配料。

包括可口可乐、百事可乐和其他一些可乐（用富含咖啡因的热带可乐果提取物做的汽水）在内的某些碳酸软饮确实含有磷酸。磷酸是磷的弱酸，就像碳酸是碳的弱酸一样。所有的酸尝起来都是酸的，而磷酸在这些饮料中的作用就是增加酸味，并激发甜味。磷酸也被应用于烘焙食品、糖果和加工奶酪的酸化及调味方面。

关于骨骼脆弱效应：可能这项研究仅限于含磷可乐吧。即便如此，就像一朵玫瑰不能成就整个夏天一样，可乐与骨头之间的因果关系也不能只靠一项研究证明。

果珍理论

我曾经读到，在洗碗机的自清洗循环中加入果珍粉（果味冲剂饮料）

就可以清除所有的肥皂浮渣和污渍。我还曾读到可口可乐可以去除网球网升降轴上的锈迹。我们一直以来喝的到底是些什么东西啊？

你一直在喝什么我不太清楚，但比果珍和可乐更危险的饮料不胜枚举。除非我的胃是由肥皂浮渣或铁锈构成的，不然我可不会担心果珍和可乐。某种化学物会和某种物质发生反应，并不意味着它对另一种物质也有相同的作用。不然化学家们忙什么呢。

毫无疑问，是果珍、佳得乐和其他果汁类饮料中的柠檬酸溶解了洗碗机污垢中的钙盐。但是柠檬酸也能为我们带来刺激、美味的酸味。柠檬酸存在于柑橘类水果中，绝对源于自然且无害。在洗碗机的自清洗步骤中加入柠檬水很可能也能起到清洁作用。

可口可乐中的磷酸能溶解氧化铁（铁锈）。不过，为网球网升降轴除锈其实没什么特别之处，因为升降轴使用频繁，所以它们上面的锈层可能会非常薄。我可不会把一台生锈的老旧割草机扔进装着可口可乐的大桶里去给它除锈。

九牛一毛

打嗝会导致全球变暖吗？

别笑，这是个好问题。当我得知 1999 年美国碳酸软饮和啤酒的消耗量分别为 152 亿加仑和 62 亿加仑时，我也曾想到过这个问题。你觉得这些饮料中的二氧化碳会怎么样呢？它最终通过呼吸和打嗝被释放到大气中了。

在传统信封的背面（科学家们会以此为目的收集旧信封的），

我很快计算出 214 亿加仑的美国啤酒和汽水中，含有大约 80 万吨的二氧化碳。哇，我心想：这可真是个惊天大嗝。这还没算上来自世界各地的打嗝大合唱呢！

二氧化碳有什么值得担心的呢？它是所谓的温室气体中的一员，温室气体被认为是导致地球平均温度上升的原因。当然，测量一颗行星的温度并不容易。但现代科学分析远比让人们拿着温度计站在街角复杂得多。如今，人类活动产生的二氧化碳和其他气体确实在使全球温度上升，这一点毋庸置疑。

以下是温室效应的原理：

在太阳照射在地球上的辐射能量和那些被重新辐射回太空的能量之间存在一种自然平衡。当阳光照射到地球表面时，大约三分之二的阳光被云层、陆地、海洋吸收。大部分被吸收的能量会转化、衰减为红外线辐射，也就是通常所说的热浪。通常情况下，这些热浪的很大一部分会通过大气反弹回太空。但是，如果大气中碰巧存在非自然数量的、可吸收红外线的气体——二氧化碳正是红外线吸收能力最强的气体——那么部分红外线就永远无法脱离大气了，它们会被困在地表附近，使地球升温。

那么，为了避免向大气中排放更多的二氧化碳，我们是否应该停止喝汽水和啤酒呢？很幸运，不需要。

根据能源部 1999 年的数据，也就是本书撰写之时所能提供的最新数据，来自饮料的 80 万吨二氧化碳排放量相当于汽油及柴油汽车排放到美国大气中的二氧化碳量的 0.04%。那么，与我们对汽油的疯狂消耗相比，我们牛饮碳酸饮料所产生的也不过只是九牛一毛罢了。

所以务必继续小酌怡情，但不要酒驾。

慢撒气

我节俭的嫂子在一家打折的仓储超市里买了一大堆的汽水,她说有很多瓶在打开的时候已经没气了。一瓶从未开封过的汽水也会没气吗?

我的第一反应是不会,只要瓶子的封口处没有缝隙在慢撒气就不会。但我经过广泛的研究,甚至拨打了可口可乐标签上 800 开头的客服电话后发现,这种情况不仅可能发生,而且很常见。

敦促那位接电话的好心女士在她的电脑里输入了正确的单词后,我终于了解到,塑料汽水瓶(它们的成分是聚对苯二甲酸乙二醇酯或 PET)对二氧化碳有轻微的渗透性,随着时间的推移,通过瓶壁扩散出去的二氧化碳量足以削弱气泡感。这也是许多塑料汽水瓶的瓶盖上印有"饮用期限"的部分原因,这点也很让我惊讶。当然,玻璃瓶完全没有渗透性。

这位女士说,经典款塑料瓶可乐能够保证最佳口味和质量的推荐保质期为 9 个月,而健怡可乐的推荐保质期只有 3 个月。为什么?"试着在你的电脑里输入'阿斯巴甜'。"我建议道。接着,经过几次失败之后,我们发现人工甜味剂阿斯巴甜有些不稳定,随着时间的推移会丧失其甜味。

既然我们和她的电脑玩得很开心,我就进一步调查了一些可能影响饮料质量的因素。电脑告诉我们,冷冻会降低气泡感。其中的原因颇费了我一些功夫,但我认为原理可能是这样的:当瓶子受到冷冻时,体积增长的冰会让瓶子膨胀起来,当冰融化时,瓶子可能会保持它膨胀过的形状。这样瓶中就有了更多的气室,所以更多的二氧化碳可以从液体中逃逸出来，从而降低了饮料的气泡感。

这个故事告诉我们，一定要检查塑料瓶上的"饮用期限"。我去了趟附近的超市，发现可口可乐和百事可乐旗下的产品都标注了饮用期限，但很多其他品牌的产品并没有标注饮用期限，而是标了一些难以理解的代码。把汽水放在凉爽的地方，热量会影响风味，开瓶前应彻底冷藏。

所以，是的，如果你嫂子找的那家仓储超市在汽水的分销过程中没太仔细储存，或者那些汽水已经在仓储超市或你嫂子家放了很多年，那么它们在打开的时候很可能和她的预算一样没戏。

如何恢复气泡感？

防止汽水跑气的最佳方法是什么？

如果你喝不完一整瓶汽水，但又想让剩下的汽水在吃下一份披萨前保持气泡感，那么只需把它拧紧并冷藏即可。这种做法你早就知道，但原因呢？

我们的目标是把所有剩余的二氧化碳都留在瓶子里，因为正是这些二氧化碳的小气泡在我们的舌头上爆开，才产生了那种美妙的刺痛感。此外，二氧化碳溶解在水中会产生酸——碳酸，它能提供酸味。拧紧盖子可以防止气体逃逸，这点很明显，但是冷藏汽水的必要性就没那么明显了。

比起食品入门课程，有些原因用化学入门课程更容易解释：

液体的温度越低，它能吸收和容纳的二氧化碳（或其他气体）就越多。比如，你的汽水在冷藏温度下所含的二氧化碳量是室温下的两倍。这就是当你打开一罐温汽水或啤酒时，会有大量气体逸出的原因：罐中的气体远远超出了能够溶解在温暖液体中的量。

如今超市和折扣店里卖的那种充气式汽水保持器怎么样？你知道的，就是那种原理像小型自行车打气筒的东西。你把那东西拧到已经喝掉一部分的两升汽水瓶上，泵几下活塞，然后把瓶子放进冰箱里。等你下次打开瓶子的时候，你会听到有史以来最响亮、最愉悦人心的"噗呲"声！然后你大概会想：哈利路亚！我的汽水重生了！

但你猜怎么着？里面的二氧化碳并不比你把盖子拧紧的多出一丁点儿。你泵进瓶了里的是空气，不是二氧化碳，而空气分子的行为与二氧化碳分子的完全不同（专业术语：二氧化碳的溶解度只由其分压决定）。

那个用来充气的小玩意儿只不过是个别致的瓶塞子罢了，省点钱吧。

愿你健康！

香槟雨的力量

每当我打开一瓶香槟，它总是把泡沫喷得到处都是，我不想浪费这么昂贵的东西。是什么导致了这种现象？

毫无疑问，这瓶香槟早些时候一定经历了粗暴对待，而且没有得到足够的恢复时间。香槟必须先被放在冰上或冰箱中静置至少一个小时，然后才能被小心取出并打开。

在当代美国社会，香槟本来就不是用来喝的，而是为了在更衣室里朝着超级碗冠军队喷射。

在这里，我仅出于纯粹的科学及教育价值（不要在家里尝试这些！），将这种兴高采烈之时的恶作剧的正确技巧记录如下：首先，倒出一点香槟以得到更多的摇晃空间，然后用一只手的拇指摁住瓶口，疯狂摇晃瓶子，接着将拇指迅速向后略微滑开——不是朝侧边滑开！以帮助起泡的液体精确地瞄准前进方向。

我想指出的科学及教育观点是：液体喷出的原因不是——再说一遍，不是因为瓶子里的气体压力增加了。在这一点上，你可以骗过很多化学家和物理学家，但这是真的。摇晃一个密封瓶子，瓶子里的气压确实会暂时上升，但那不是液体喷出的原因，因为一旦你打开瓶子或向后滑动你的拇指，气压就会下降到屋内的空气压力。而且退一万步讲，液体上方空间内的气压怎么能将液体喷出瓶子呢？子弹里的火药总归得在弹头后面，不是吗？

那么，为什么当你摇晃后立即滑开手指时，液体会以如此大的力度喷射而出呢？答案就在于液体中二氧化碳气体的急速释放——这就是香槟雨的力量来源。这就像一把因为被困的空气突然得到释放而获得力量的气枪。摇晃瓶子会产生某些因素，导致气体瞬间从液体中逸出。然后，在匆忙逃逸的过程中，气体夹带出了很多液体。

以下是原理：

第一，二氧化碳很容易在水中溶解，但一旦溶于水中，它就极不愿意离开。比如，如果你将一瓶开着的汽水、啤酒或香槟放在桌上，那么好几个小时后它的气才会完全跑掉。导致这种现象的其中一个原因是气泡不能自发形成。气体分子需要抓住某些东西，需要在某种具有吸引力的聚集地，它们会在那里聚合于一点，直到聚合的气体足以形成气泡。这些聚集点被称为成核位点，成核位点可能是液体中的微小尘埃或容器壁上的微小瑕疵。如果可用的成核位点很少，气体就不会形成气泡，而是会溶解在液体中。出于这个原因，瓶装饮料公司会使用高度过滤的水。

第二，如果碰巧有很多可用的成核位点，气体分子就会迅速聚集在它们周围，形成小气泡。随着聚集的气体分子越来越多，气泡逐渐长大，最终大到足以从液体中上升，并从表面逸出。

第三，摇晃瓶子会将液体上方的气室——"顶隙"中数以百万计的小气泡带入液体中。这些小气泡就是现成的成核位点，而且相当高效，无数其他气体分子将在这些位点上迅速聚集形成越来越大的气泡。气泡越大，它为其他气体分子聚集所提供的表面就越大，气泡增长的速度也就越快。因此，剧烈摇晃容器会极大地加速气体的释放，释放的爆发力如此之大，以至于大量液体随之而出。结果为"枪林弹雨"提供了一件绝佳武器。

抛开液体的"枪林弹雨"不谈，这些原理对"和平时期"也有一些启示。

首先，你不必担心冲撞或摇晃未开封的瓶装或罐装碳酸饮料会导致它爆炸。摇晃它确实会导致一些气体从液体中迁移进顶隙中，但是瓶子里并没有足够的顶隙来承受很大的压力。此外，在摇晃罐子或瓶子后不久，所有的小气泡成核位点就会重新上升回到顶隙中，在那里（如果你不介意我这么形容）它们可干不了那些释放气体的"卑劣勾当"了。只是，不要在摇晃后立即打开容器，此时成核气泡仍然均匀分布在液体中。先让它平复一下，回到化学家们所说的"平衡状态"。

香槟和其他气泡饮料的特点是需要静置几个小时后再打开。气泡大战之所以如此激烈，是因为你在摇晃瓶身后立即释放出了瓶中的液体，而此时气泡仍然在液体内部"搞事情"。但请记住：尽管香槟经过了充分静置，日内瓦公约依然严令禁止将香槟软木塞对准任何人，无论平民或战斗人员——它杀伤力可大了。

最后一点，因为热量会将一些气体从液体中驱赶到顶隙中，所以温热的饮料打开时喷出的气体会比冷饮喷出的多。这就是香槟的另一个特点——一定要冷。事实上，高温会增大饮料容器顶隙中的气压，以至于停在烈日下的汽车后备箱中的瓶瓶罐罐偶尔会爆裂。

急中生智

打开一瓶香槟最好的方法是什么呢？要那种既不会让我看起来像个笨手笨脚的傻瓜，又不会把软木塞砸到天花板上的办法。

开香槟的重点就在于要完成得泰然自若，让客人们觉得你仿佛每天都会开一瓶香槟。临时抱佛脚实在是很困难，所以，为了克服恐惧，你可以用廉价起泡酒照着下面的方法练习几次。

首先，撕下包覆在瓶口和软木塞上的铝箔。为了让你撕得整洁，防止你一下把延伸至瓶颈的铝箔全部扯下来，瓶口处通常会有一个小小的撕拉标签（根据我的经验，我要么就是找不到它，要么就是一拉它就会断掉）。

用一只手紧紧握住瓶颈，大拇指压在瓶塞上，以防瓶塞过早弹开造成尴尬。用另一只手解开瓶口周围的铁丝并丢弃。现在，向下移动你握着酒瓶的那只手，来到瓶子最宽的部分并将瓶身向远离你的方向倾斜45°（稍后会详细讲解这点）。用闲着的那只手紧紧地捏住软木塞，然后转动瓶子而不是拧软木塞，直到软木塞开始松动，继续慢慢地转动瓶子，直到软木塞慢慢脱出。如果你面对的软木塞极其顽固，完全不动弹，前后晃动它以减少玻璃与软木塞之间的黏性。

为什么我让你转动瓶子而不是拧软木塞呢？牛顿和爱因斯坦都认为，转动哪一方都无关紧要，因为运动完全是相对的。就算是用面包去摩擦刀，也是能成功将面包切片的，不是吗？但是想想看：如果要拧软木塞，你必须多次调整手指的位置，从而暂时松开手中的软木塞。在这种情况下，它可能会失控地弹出来，把酒洒到地板上，搞得你尴尬不已。

关于倾斜瓶身：你绝对不会希望瓶身是垂直放置的，因为如果软木塞突然弹出来，你就很有可能面临被正面喷一脸的危险。另一方面，如果瓶子的放置方式过于接近水平，瓶颈处就会充满液体，"顶隙"中的气体就会上浮，在瓶肩处形成一个气泡。然后，当你拔掉软木塞释放压力时，气泡会突然膨胀，将颈部的液体顶出来。而倾斜45°通常就能确保顶隙气体老老实实待在瓶颈处。

香槟甜品

香槟果冻

香槟不仅可以喝，还可以吃。这道美味的甜品不仅能保留香槟的风味，而且可以保留它的部分气泡。加州糕点厨师林赛·希尔（Lindsey Shere）创作的这款晶莹柔软的果冻入口即化。她所使用的是厨师使用的物美价廉的香槟或意大利起泡酒普罗赛克（Prosecco）。在果冻上铺一层浆果或葡萄还能营造芭菲的感觉。

- 3¼ 茶匙原味明胶（1 张多一点）
- 1 量杯冷水
- ¾ 量杯加 3 汤匙糖
- 1 瓶干香槟（750 毫升）
- 1 品脱树莓

1. 取一个中等尺寸的炖锅，加入冷水和入明胶使其软化大约 5 分钟。

2. 把炖锅置于小火上，用刮刀搅拌，直到明胶溶解，注意不要过度煮制。

3. 保留 1 汤匙糖。将剩下的糖拌入锅中，并从火上将锅移开。搅拌至糖完全溶解后加入香槟。将果冻混合物倒入浅口容器中，封好并冷藏至凝固，需要 8 小时到 10 小时。

4. 食用时，撒上树莓和剩下的 1 汤匙糖。用叉子将果冻分成小块。

5. 准备 6 个芭菲杯或矮脚杯，用勺子向每个杯中加入几汤匙香槟
　果冻。然后加入一些浆果，重复上述叠层步骤，直到果冻和浆
　果全部用完，最后一层须为浆果。冷藏至需要食用。

该食谱可制作 6 人份。

小瓶塞大问题

我买的一些葡萄酒的"软木塞"是塑料制成的。这是因为全球软
木塞短缺，还是有什么技术原因？

　　有一次在葡萄牙和西班牙西部旅行的时候，我也问了同样的
问题，但我却没能得到一个令人满意的答案。因为这两个地方满
足了世界上一半的软木塞原料需求。这就像向蚕讨教有关聚酯纤
维的事情一样。

　　回到美国，我了解到了许多酒厂都改用塑料瓶塞的原因。没
错，它们确实比顶级的天然软木塞更省钱，但它的技术原因同经
济原因一样重要。

　　我们在学校里都学过，软木塞来自一种叫作栓皮栎的树。我
们想象着成千上万个成熟的软木塞挂在枝头的景象，随后才失望
地得知软木塞其实是从树皮上割下来的。

　　栓皮栎是可再生资源的典型代表，树木历经 25 年达到成熟期
后，树皮就会在剥落后一次又一次地重新长出来。切割树皮需要
自上而下、以画圆圈的方式围绕树干和粗大的树枝进行，然后把

它一片片剥下来，放进水中煮制，然后堆叠并压平。我在葡萄牙绵延数英里的栓皮栎林中，看到每棵树都被用白色油漆标记了一个大大的数字，表示树皮上次被剥去的年份。从这个时间起的 9 年后，可以再次切割树皮。

看到一些新鲜剥下来的树皮，我很高兴地发现了一件我一直想知道的事情的答案：树皮真的厚到可以做出那么长的软木塞吗？是的，9 年之后确实可以。软木塞被垂直地从压平的树皮上切出，就像在切又高又窄的饼干。

在软木塞被用作葡萄酒瓶塞的数百年间，一直有一个令人烦恼的问题。这个问题被称为软木塞污染或葡萄酒污染，源于一种带有霉味的霉菌，它会侵蚀一小部分软木塞并从而影响葡萄酒的味道。现代酒庄，尤其是大型酒庄的质量控制，已经将你的酒瓶被软木塞污染影响的概率降低到了 2% 到 8% 之间。尽管如此，合成塑料还是比软木塞有吸引力多了，因为霉菌无法在塑料上生长。

以下是污染产生的机制。

在树皮的切割、整理、储存和加工过程中，霉菌有很多机会可以在树皮上生长。成品软木塞通常使用氯溶液进行消毒和漂白。但是，氯并不能杀死所有的霉菌，而且它还有一个副作用，就是从软木塞的天然酚类成分中生成一种叫作氯酚的化学物质。存活下来的霉菌能够伙同其他在长途航行，比如从葡萄牙到加利福尼亚中加入的霉菌，将部分氯酚转化为一种气味强烈，被称为 2,4,6-三氯苯甲醚的化学物质——还好它有个昵称叫 TCA。正是 TCA 使葡萄酒具有了类似软木塞的味道和气味，而且，TCA 只需万亿分之几的浓度就能被尝出来。

目前，全球有 200 多家酒厂在不同程度上使用塑料"软木塞"（贸易术语称其为合成瓶塞）。纽科（Neocork）和诺玛科（Nomacorc）等软木塞公司正在使用发泡聚乙烯制造数以百万计的瓶塞，苏博瑞科（SupremeCorq）公司则通过模塑工艺生产塑料瓶塞，还获得了拼字创意奖。

合成瓶塞与真正的软木塞相比如何？它似乎通过了渗漏测试、隔氧测试以及印刷性能测试——因为许多酒厂需要在软木塞上印刷营销信息。但是，由于合成瓶塞面世的时间还不够长，不足以进行长期的陈酿研究，所以大多数酒厂将合成瓶塞用于无须陈酿的酒——也就是那些需要在装瓶后 6 个月内饮用的酒。尽管纽科公司声称其出产的合成瓶塞能保持密封长达 18 个月。

但是，如果葡萄酒行家们花了超过 100 美元购入了一瓶顶级葡萄酒，他们通常不希望看到任何新奇的花招。为了防止一方独大，一些酒厂已经开始引进塑料瓶塞，甚至——你相信吗？在他们某些顶级产品上用了螺旋盖。毕竟，铝制瓶盖真的算得上挺完美的——密封性又好，又不会发霉，而且不需要任何工具就能打开。

下一个是什么？盒装的穆顿·罗斯柴尔德① 木桐酒（Mouton-Rothschild）？

....

现在有些酒瓶的合成"软木塞"是用相当坚硬的塑料制成的，让你和你的开瓶器都不胜其烦。检查一下你的开瓶器尖端是否足够锋利，如果不是，用锉刀将其磨尖便可轻松穿透最坚硬的"软木塞"。

....

————————————

① 法国波尔多地区的一家著名酒庄，以生产高品质的红葡萄酒而闻名。

鼻子知道

在餐馆里，当服务员打开葡萄酒并把软木塞放在桌子上时，我该怎么处理它呢？

你不需要凑上去闻闻有没有霉味，这在当今时代已经很少见了。而且，在服务员为先生女士们斟上少许葡萄酒后，他们只需轻晃几下酒杯，然后再轻嗅几下就足以知道所有信息。只要葡萄酒闻起来、尝起来都很好，谁会在乎软木塞的气味呢？

如果你实在遏制不住想要闻一闻什么的冲动，在倒酒之前闻一下酒杯吧。如果酒杯闻起来像消毒剂或肥皂什么的，就要求换一只酒杯，因为干净的杯子没有气味，当然，如果你点的是瓶劣质酒，那加点肥皂可能还会改善味道呢。

不过，你倒是可以随意地瞟一眼软木塞，看看它是否有些湿漉漉的（如果是红酒的话，看看它是不是被染色了）。如果是，就意味着酒瓶是被正确地侧放着储存的，这样软木塞就能一直保持湿润并起到密封效果。

历史上，餐厅老板向顾客展示软木塞的原因完全不是为了闻软木塞有没有被污染。这种做法始于19世纪，当时不择手段的商人们养成了用廉价葡萄酒冒充高价葡萄酒的习惯。为了抵制这种做法，葡萄酒生产商开始在软木塞上印上自己的名字，以证明酒的真伪。当然，不管是过去还是现在，酒瓶都是当着顾客的面打开的。

今天，与其冒着侮辱一家好餐馆的风险去闻软木塞或戴上老花镜仔细检查它，不如无视它。我现在喜欢在上菜的间隔摆弄瓶塞，以前我总是趁这个间隔抽烟。

够了就喊停！

我经常读到有关适度饮酒有益于心脏健康的文章。但是，究竟怎样才算是"适度"呢？

对于这个问题，通常避重就轻的回答是"每天一到两杯酒"。但"一杯酒"到底指什么呢？一瓶啤酒？一杯葡萄酒？一杯满满的、6盎司的马提尼？还有长饮、短饮、烈酒和淡酒之分。一个人的酒在另一个人看来可能是一丁点，也可能是一大桶。

如果你喜欢在家随心所欲地往杯子里倾倒苏格兰威士忌，那么随着时间的推移，你倒出来的威士忌会越来越多。在餐馆里，酒保慷慨时或吝啬时给你的酒分别是多少？简而言之，"一杯酒"中实际含有的酒精是多少？

自从美国农业部发布了最新的《美国人饮食指南》（第五版，2000年——每5年修订一次），这个问题就一直萦绕在大家心头，好吧，至少萦绕在我心头。我很想此时此地立刻就把这个迫在眉睫的问题回答了。

但首先，像他们在收音机里常说的那样，插播一条消息。

美国农业部发布的指南先是提出了对过度饮酒的忠告，指出过度饮酒会导致事故、暴力、自杀、高血压、中风、癌症、营养不良、出生缺陷以及肝、胰腺、大脑和心脏的损伤（天呐！），然后严肃声明了："适量饮酒可以降低冠心病的风险主要是针对45岁以上的男性和55岁以上女性而言。"

但是，嘿，大学生们，它还说："适度饮酒对年轻人的健康益处微乎其微。"事实上，它还补充了一点："过早饮酒会增加酗酒风险。"

几乎在同一时间，2000 年 7 月 6 日，一份发表于《新英格兰医学杂志》（*New England Journal of Medicine*）的哈佛大学流行病学研究报告指出，根据从 1980 年到 1994 年对 84129 名女性的密切关注来看，那些适度饮酒的女性患心血管疾病的概率比完全不喝酒的女性低 40%。十多年来，类似的研究发现一直占据着新闻头条。结论似乎很明确，正如哈佛大学研究报告的作者所言，无论男性还是女性，"适度饮酒都能降低患冠心病的风险"。

适度饮酒？过度饮酒？这些术语是什么意思？

为了帮助街上或酒吧里的男男女女，美国农业部的报告将"适度饮酒"归结为"女性每天不超过一杯酒，男性每天不超过两杯酒"。这种差异与男子气概无关，而是由性别差异带来的体重和新陈代谢差异造成的。

但是，如果"一杯酒"这种说法可以表达任何你希望得到的意思，它便失去意义了。身为优秀科学家的医学研究人员从不用"几杯酒"这种说法，而是用酒精的克数来说明问题，而酒精的克数正是唯一重要的东西。各种研究都已经对适度饮酒做出了定义——那所谓的女性每天一杯酒，即 12 克到 15 克的酒精（值得注意的是，其他国家的"标准杯"定义各不相同，从英国的 8 克到日本的 20 克不等）。12 克到 15 克约等于 12 盎司啤酒、5 盎司葡萄酒，或 1.5 盎司 80 度蒸馏酒中的酒精含量。但是，如果你试着向调酒师要一杯含有 15 克酒精的酒，他会认为你已经喝大了。

那么，最重要的问题是：你如何得知你那"一两杯酒"中含有多少克酒精？

这很简单的。你只需要将酒精类饮品的液体盎司数乘以其酒精含量百分比（蒸馏酒的酒精含量百分比是"度数"［proof］的一半），再乘以 1 液体盎司所代表的毫升数和乙醇的密度（以克每毫升为单位），然后再将结果除以 100，就可以得出该酒精类饮品所含的酒精克数了。

好了，好了，我已经替你算过了。公式是这样的：该酒饮的盎司数乘以其酒精的百分比，然后再乘以 0.23。

比如：1.5 盎司 80 度（40% 酒精）的金酒、伏特加或威士忌中含有 $1.5 \times 40 \times 0.23 \approx 4$ 克酒精。

对喝葡萄酒的人来说：5 盎司 13% 的葡萄酒含有 $5 \times 13 \times 0.23 \approx 15$ 克的酒精。

对啤酒爱好者：一瓶 12 盎司的 4% 的啤酒含有 $12 \times 4 \times 0.23 \approx 11$ 克酒精。

但你不能完全依靠那些"典型的"酒精比例。尽管大多数蒸馏酒的标准酒精浓度是 80 度或 40%，但也有一些 90 度到 100 度的酒。葡萄酒的酒精浓度波动在 7% 到 24% 之间（针对加强型葡萄酒），而啤酒的波动在 3% 到 9% 或 10% 之间（针对所谓的麦芽酒）。如果是在家里，可以阅读酒饮的标签并做相应的测量；如果是在餐馆或酒吧，调酒师通常都能告诉你所选酒饮的量和酒精百分比。太过复杂的混合酒饮可就没谁能说得准了。

综上所述：如果你身体健康并且选择饮酒，那么计算一下你每天的酒精摄入量，如果你是女性，就将酒精量控制在 15 克左右，如果你是男性，控制在 30 克左右。

好的调酒师总是先对酒杯进行冷却，再调制并倒出马提尼。

但根据我的经验，他们的做法都是错误的。他们在杯子里装满冰，然后加入一点水，企图加快冰和杯子之间的热传导，然后让酒杯静置1分钟到2分钟，但是加水是不对的。冰箱里的冰低于0℃——这是当然啦，否则就不是冰了。但添加的水永远不会低于0℃，所以这样做会降低冰的冷却能力。如果你想在家制作马提尼，可以在杯子里放一些冰（如果你愿意，可以将冰块稍微压碎），但不要放水。直接从冰箱里拿出的冰的温度可以低至零下8℃或零下9℃。不用担心热传导会不好——只要接触到玻璃，就会有少量的冰融化。

玛格丽塔的时间到了！

鲍勃的最佳玛格丽塔

我在得克萨斯州的圣安东尼奥花了三天时间详尽地研究并测试了尽可能多的玛格丽塔酒，回到家后，我根据我最看重的品质炮制了自己的配方。很多配方都极力推荐君度（Cointreau）和柑曼怡（Grand Marnier）这类顶级橙皮利口酒，但它们所含的橙皮油和白兰地盖过了龙舌兰的风味，而龙舌兰的风味正是玛格丽塔的精髓所在。我发现，像海勒姆·沃克（Hiram Walker）这样不起眼的无色橙皮利口酒效果最好。玛格丽塔酒都很甜，所以极易入口，但它们的酒精含量为每杯16克，所以应该慎饮。

玛格丽塔杯沿上的盐应该只涂在杯沿外侧，这样盐就不会掉到酒饮中。我会用一根手指蘸一些青柠汁，然后将杯沿的外侧涂湿，以用来涂盐。

○ 1 盎司鲜榨青柠汁

○ 犹太盐

○ 3 盎司豪帅快活牌（Jose Cuervo Especial）龙舌兰酒

○ 1 盎司海拉姆·沃克无色橙皮利口酒

○ 小冰块或稍微压碎的碎冰块（不是冰碴）

1. 用一根手指蘸取青柠汁，将两个马提尼酒杯的杯沿外侧涂湿。将杯沿在盐里滚一圈，使涂湿的外缘粘上一层盐。把杯子放进冰箱冷冻层，直到可以开始调制。

2. 使用规格为一盎司的量酒杯或标有盎司数的烈酒杯对所有液体原料进行计量，并倒入鸡尾酒调酒器。加入冰块，用力摇晃 15 秒。滤入冰镇过的玻璃酒杯。

该食谱可制作两杯玛格丽塔，每杯含有 16 克酒精。

不许问不许说

有时，啤酒瓶上会标注它的酒精含量，有时则不会。难道没有相关的法律规定吗？

过去，联邦政府禁止酒厂在啤酒标签上注明其酒精含量，以防止人们根据酒精含量来选择啤酒。但现在不是这样了。

1935 年，在禁酒令被废除的两年后，联邦酒类管理局（Federal Alcohol Administration，简称 FAA）出台了相关法案，禁止在啤酒上标注酒精浓度，以免竞争激烈的酒厂之间爆发"浓度攀比战"。但讽刺的是，大约 60 年后，当淡啤和低酒精度啤酒开始盛行时，酒厂们开始希望自己有权利吹嘘他们的产品的酒精含量有多低，于是他们向"不许说"的法律发起了挑战。1995 年，美国最高法院裁定，这项标签禁令违反了第一修正案，侵犯了酒厂的言论自由权。

本人在此引用于 2000 年 4 月 1 日修订的《美国联邦法规》第 27 篇（酒类、烟草与枪支）第 1 章（美国烟酒枪械管理局、财政部）第 7 部分（麦芽酒饮的标签和广告）分部 C（麦芽酒饮标签要求）第 7.71 节（酒精含量）分项（a）："酒精含量……若非经州法禁止，可在标签上注明。"

因此，各州被明确授予了凌驾于联邦法律之上的权利，只要它们愿意，但对于葡萄酒或蒸馏酒来说，联邦法律才是最高裁决。所以你可以预想得到，如今各州的啤酒标签法都不尽相同。

我从啤酒研究所（The Beer Institute）获得了刊登在《现代酿酒时代蓝皮书》（*Modern Brewery Age Blue Book*）上的信息，其中总结了美国全部 50 个州、哥伦比亚特区以及波多黎各自由邦如百衲被般烦琐的标签法。

按我的计算，大约有 27 个州仍然禁止啤酒标注其酒精含量，有 4 个州要求酒精含量少于 3.2% 的啤酒进行标签标注，在其余的州中，有些似乎不太在意这点，有些州的法律则极其繁复，以至我忍不住要就酒精含量的问题向立法者发问（复杂性大奖最终花落明尼苏达州的法律）。至于阿拉斯加，据我所知，它似乎同时禁止和要求酒精浓度标识。

"没有"是多少?

不含酒精的啤酒里到底有没有酒精?

　　《美国联邦法规》第 27 篇第 1 章第 7 部分等中提到:"'低酒精度'或'酒精度降低'等表述只允许使用在酒精体积百分比低于 2.5% 的麦芽类酒饮中,而且,'不含酒精'的啤酒中的酒精体积百分比必须少于 0.5%。"

　　体积百分比?是的,体积百分比。这也是最近才刚出现的变化。许多酒厂都习惯于用重量百分比来表示酒精含量:100 克啤酒中含有多少克酒精。另一些酒厂则习惯用体积百分比来表示:100 毫升的啤酒中含有多少毫升酒精。但是,《美国联邦法规》第 27 篇等又一次介入了:"酒精含量的表述应以酒精的体积百分比来表示,而不是以重量百分比来表示……"这样挺好,因为葡萄酒和蒸馏类酒饮中的酒精含量也是用体积百分比表示的,所以现在它们都是一致的了。

第八章
神秘的微波

英国散文家及评论家查尔斯·兰姆（Charles Lamb，1775—1834年）在"烤猪论文"（A Dissertation on Roast Pig）中，一本正经地胡说八道了人类是如何在经历了"整整7万年生吞活剥动物"的食肉方式之后，才终于发现了烹饪，或者更准确地说，发现了烧烤。

论文中提到的故事据说是在一份古代中国手稿中发现的，讲述了某个猪倌的小儿子不小心放火烧了他们的棚舍，棚舍被夷为平地，里面的9头猪也死了（猪倌显然就是这样生活的）。儿子弯下腰去摸一头死猪时，烫到了手指，他本能地把手指放到嘴里冷却，结果尝到了一种人类从未体验过的美味。

从那次品尝之后，猪倌和他的儿子就意识到这是好东西，于是建造了一系列越来越不牢固的小房子，每次都把它们连同里面的猪一起烧掉，用以制作美味无比的肉。然而，他们的秘密不胫而走，不久，村里所有人都建造豆腐渣房子，并连同里面的猪烧毁。最后，"随着时间的推移，一位圣人出现了……他发现，猪肉或者其他动物的肉，都是可以直接烹制的（他们称之为烧焦），而不需要赔上整个房子来加工它"。

我们人类直到20世纪初还在生火做饭。那时，我们已经学会在厨房的灶台上生火，后来又学会在一个叫作烤箱的封闭式箱子中"生火"。然而，那时的所有厨师都需要弄到燃料，才能生火去烤猪，在这一点上，就算最简单的烧水也不例外。

但并非必须如此。

如果我们可以在一个偏远的地方点燃一场大火，然后以某种方式获取它的能量，接着像派送新鲜牛奶那样将这些能量递送到千家万户的厨房，那会是怎样的情景？如今，通过电力带来的奇迹，我们做到了。

我们在 100 年前才发现了如何在总动力厂中燃烧大量的燃料，然后用火焰的热量烧水并制造蒸汽，通过蒸汽发电并将电能通过铜线迅速传递至数百英里外，使得千家万户的厨房和成千上万的厨师得以将这些电能重新转变为热量，用于烧烤、加热吐司、烧水、煎制和烘焙。所有这些都来自一堆火而已。

我们首先将这种新型的可传播火用于替代燃气，以照亮我们的街道和客厅（当然是等我们有了客厅之后）。1909 年，通用电气（General Electric）和西屋电气（Westinghouse）推出了第一台电动烤面包机，标志着电力进入了厨房。随之而来的是电炉灶、烤箱和冰箱。如今，要是没了这些电力驱动的烤箱、炉灶、焙烤机、打蛋器、混合器、搅拌器、食物加工机、咖啡机、电饭煲、面包机、油炸锅、煎锅、炒锅、烤架、慢炖锅、蒸锅、华夫饼机、切片机和刀具，我们基本上是做不出一顿囫囵饭了（我曾经为了配合电动刀而发明了一种电动叉子，但它从未流行起来）。

人类利用能源做饭的故事就此结束了吗？本来是的，但 50 年前，一种全新的无火加热的烹饪方法——微波炉问世了。它的工作原理是全新的，以至于鲜少有人能够理解，因此很多人对它产生了畏惧。如今，尽管微波炉已经无处不在，但部分人依然对它保持着害怕且不信任的情绪，微波炉仍然是所有家用电器中最令人困惑的。没错，它靠电力运行，但它加热食物的方式前所未有，甚至其自身根本不需要发热。这是 100 多万年来最新颖的烹饪方式。

在我收到的问题当中，有关微波炉的可能是最多的。以下是一些最常见的问题。我希望这些问题的答案能使你足够了解微波炉这种家用电器，从而使你在面临实际问题时能够学以致用。

什么是微波炉？

家庭厨师们对微波炉的担忧之多，让人不禁觉得它仿佛是个厨房规格的核反应堆。某些美食书籍作者似乎不知道微波和放射性之间的区别，更加助长了这种误解。没错，微波和核反应都是辐射，但带给我们枯燥的情景喜剧的电视辐射也是。哪些更应该避免可很难说。

微波和无线电波一样，是一种电磁辐射波，但微波的波长更短，能量更高（波长与能量是相互关联的——波长越短，能量越高）。电磁辐射由纯能量波组成，以光速在空间中传播。事实上，光本身就是由比微波波长更短、能量更高的电磁波组成的。某种辐射的独特性质是由其特定的波长和能量决定的。因此，你不能用光做饭，也不能用微波阅读。

微波是由一种叫作磁控管的真空管产生的，磁控管会将微波喷射到你的微波炉中，微波炉是一个密封的金属盒子，只要磁控管不停止工作，微波就会在里面不停地反弹。磁控管的额定功率由其微波功率输出决定，通常为 600 瓦到 900 瓦（请注意，这个数字是微波炉产生的微波功率，而不是它用掉的电力功率，微波炉使用的电力功率比这个数字更高）。

但微波功率并不代表一切。微波炉的烹饪能力，也就是它做家务的速度，取决于炉膛内每立方英尺空间中的微波功率。如果要对不同的微波炉进行比较，须用它们的微波功率除以它们的立方英尺数。比如，一个 800 瓦、0.8 立方英尺（约 0.02 立方米）的微波炉的相对烹饪功率是 800÷0.8=1000，这是很常见的功率。因为不同的微波炉的烹饪能力也不尽相同，所以食谱中无法给出某种微波操作所需的具体时长。

微波是如何产生热量的？

不要试图从美食书籍中找到这个问题的答案。我的美食图书馆里的每一本书，包括那些专门讲微波炉烹饪的，要么就是完全回避了这个问题，要么就是千篇一律给出了具有误导性的答案，其中只有一本书例外。回避这一问题只会强化"微波炉是个魔法盒子"这种无益的概念，而散播错误答案更糟糕。

最常见的解释是"微波使水分子相互摩擦，而摩擦能够产生热量"。这个错误信息让我极为恼火，因为其中根本没有摩擦什么事儿。水分子相互摩擦产生热量的想法实在是太愚蠢了。尽管试试通过摩擦两捧水来生火吧。话虽如此，你甚至能在某些微波炉的说明书中发现这种摩擦假设。

以下是真正的原理。

食物中的某些分子，尤其是水分子，具有类似微小磁场的特性（专业术语：分子是电偶极子，换句话说，分子是极性的）。这些分子倾向于与电场保持同样的方向，就像罗盘上的磁针倾向于与地球磁场的方向保持一致。微波炉里的微波频率为 24.5 千兆赫或 24.5 亿圈 / 秒，能够产生一个每秒反转 49 亿次的电场。这些水分子小可怜儿为了保持与电场的方向一致，不得不疯了似的在一秒钟内来回调头高达 49 亿次。

在它们这番躁动之中，受到微波激发而不得不疯狂调头的分子与邻近的分子发生碰撞，并将它们振飞，有点像爆米花爆开四散撞到其他爆米花时那样。一旦被振飞，原来静止的分子就变成了高速运动的分子，而高速运动的分子即是热分子。于是，由微波导致的分子调头最终演化成了大量的热量。

请注意，我没有提到过分子间的摩擦力。请允许我提醒你们，摩擦力是阻止两个固体表面之间自由滑动的阻力。这种阻力会损耗掉一些动能，而由于能量不可能凭空消失，这些被损耗掉的动能还会出现在其他地方，所以摩擦力表现为热量。这对于摩擦系数很大的橡胶轮胎或摩擦系数较小的冰球来说都适用，但是水分子在微波炉中的升温并不需要借助某种来自分子"按摩师"的摩擦，它所要做的只是被吞食了微波、正在快速调头的邻居撞来撞去。

奇怪的是，微波炉并不擅长融化冰。这是因为冰中的水分子紧密地结合在一起，形成了一个坚硬的框架（专业术语：晶体晶格），所以它们不能在微波振荡的影响下来回调头，虽然它们可能很想这么做。当你用微波炉解冻冷冻食品时，你加热的大部分其实是食物未结冰的部分，由此产生的热量涌入冰晶中，融化了它们。

如果你用合成海绵擦拭洗碗槽和料理台，你可能需要时不时地对其进行消毒，特别是当你在料理台上处理了生肉或生禽类之后（其实你不应该这样做，而是应该垫一张一次性蜡纸）。你可以把海绵放在水里煮，但更快捷的方法是把它打湿至滴水状态，然后用盘子装着放进微波炉里高火加热一分钟。取出的时候要小心，它会非常烫手。有些人选择把海绵放在洗碗机里消毒，但多数洗碗机无法达到消毒所需的温度。

为什么微波炉里的食物加热后要放置一段时间？

微波与比它更高频高能的电磁"亲戚"X射线不同，无法穿透超过约1英寸食物，微波的能量会在这段区域中被完全吸收并转化为热量。这就是食谱和"智能"烤箱会要求"保持关闭状态静待一会儿"的原因之一：因为食物外层的热量需要时间才能进入内部。即使没有智能烤箱，食谱中也通常会告知你中途停下来搅拌食物，再继续加热，这是出于同样的原因。

热的传播方式有两种。第一种：温度最高的分子与食物中相邻的、温度较低的分子发生碰撞，将自身的一些运动即热量，传递给后者，这样热量就会逐渐深入到食物中。

第二种：大部分的水实际上已经变成了水蒸气，水蒸气扩散进食物中，沿途释放其热量。所以大部分微波加热都是在松散盖覆的容器中进行的——你希望热蒸气留在容器中，但不会希望热蒸气把盖子胀开。

这两种方式的传热过程都很慢，所以如果没有足够的时间使热量均匀分布，你的食物就会一块冷一块热。

几乎所有的食物都含有水分，所以几乎所有的食物都可以微波加热（但不要尝试微波加热蘑菇干）。但是，某些食物中除水之外的分子，尤其是脂肪和糖，也可以被微波加热。所以，微波炉加热的培根很美味，而微波炉加热的葡萄干玛芬蛋糕里的甜葡萄干却十分危险，因为即便蛋糕只是温热，里面的甜葡萄干也是滚烫的。

因此，高脂肪和高糖食物值得你小心对待。温度很高的水分子会变成水蒸气蒸发掉，但温度很高的脂肪和糖分子会留在原位，成为难以预料的危险。所以，在取出微波炉的食物食用之前，最好等待一段时间，让水蒸气平复下来，并让滚烫的部位适当降温。

为什么我的微波炉听起来好像一直在反复开启和关闭？

因为它就是在反复开启和关闭。磁控管通过循环开启和关闭，让热量得以趁此间隔在食物中散布开来。当你将微波炉的"功率"百分比调满时，你所调整的并不是磁控管的功率——它只能在其额定功率满幅的情况下运行（下文还会详细讲解）。你所设置的是磁控管开启的时间占运行总时间的百分比。"50% 功率"意味着它只有一半的时间是开启的。你听到的那种反复开启和关闭的"呜呜"声是磁控管冷却风扇的声音。

某些更复杂的微波炉编写了多种开闭周期的流程与时长模式，

以优化特定的功能，比如"热一热晚饭""加热烤土豆""解冻蔬菜"，以及最重要的"爆米花"。

不过，微波炉中相对较新的发展当数"变频技术"。这种技术可以使微波炉在较低功率连续运作，以实现更均匀地加热，不再需要重复开启和关闭磁控管了。

为什么微波炉烹饪比传统烤箱快得多？

传统的燃气烤箱或电烤箱在加热食物之前，需要先对大约 2 到 4 立方英尺（约 57 到 113 立方分米）的空气进行加热（"预热烤箱"），然后热空气必须将其热量传递到食物中。这些都是非常耗时且低效的过程。另一方面，微波炉加热食物时，只加热食物自身，会直接将其能量注入食物，而不需要空气或水（沸水）作为媒介。

一些微波烹饪书籍中称，微波之所以可以非常快速地烹饪食物，"是因为它们太微小了，所以传播速度很快"，这完全是一派胡言。所有的电磁波不论波长如何，都是以光速传播的。而且，微波炉名字中的"微"并不是"微小"的意思，它们得名"微波"，是因为它们本质上是超短频的无线电波。

为什么微波加热时要旋转食物？

因为很难设计出一种微波炉，使整个炉膛内的微波强度完全一致，从而使所有位置的食物都受到相同的加热功率。此外，微波炉中的所有食物都会吸收微波，破坏原本可能存在的均一性。

你可以在厨房用品店买一个便宜的微波感应装置，把它放在微波炉内的不同位置，你会发现它在不同位置记录的微波强度各有不同。

解决这一难题的办法就是让食物不停地转动，这样就能均匀地分摊微波强度。如今大多数的微波炉都有自动转盘，但如果你的没有，很多食谱和冷冻食品解冻说明都会提醒你在加热过程中旋转食物。

为什么不能把金属放进微波炉？

镜子能反射光线，金属则能反射微波（雷达就是一种微波，它会被你超速行驶的汽车反射回来，让扣分来得猝不及防）。如果你放进微波炉里的东西反射了太多的微波而非吸收它们，磁控管就会被损坏。微波炉里一定要有能够吸收微波的东西，所以，你不应该空转微波炉。

除非你有电子工程学位，否则你是无法预测微波炉中的金属会如何的。微波会在金属中产生电流，如果金属物件太薄，它可能会无法承受这些电流，从而变得红热并熔化，就像熔断的保险丝。如果这个金属物件上有尖锐的点，它甚至可能会像避雷针那样在这些点上聚集大量的微波能量，并产生闪电般的火花。（那些用纸和金属丝打包的食物最为声名狼藉，因为金属丝又细又尖，所以要小心它们。）

不过，设计微波炉的工程师能够发明出大小和形状都安全的金属器皿，这些金属不会造成麻烦，而且有些微波炉确实会配备金属托盘或烤架。

因为很难预测哪种大小和形状的金属是安全的，而哪些又会引起一场烟火，所以最好的建议是永远不要把任何金属的东西放进微波炉。这条建议也适用于那些有黄金或其他金属装饰的精美盘子。

用微波炉烤吐司

微波炉烤面包糠

某些特殊的微波炉配件带有薄薄的金属涂层，这些配件在微波炉中会变得滚烫，导致与之接触的食物变成棕褐色。但通常情况下，微波不会使食物褐变，因为它们的能量主要被食物内部吸收，所以表面的温度不足以触发褐变反应。

所以别指望能用微波炉来制作烤面包丁或烤吐司。但是，只要与油混合，就能用微波炉快速做出新鲜的烤面包糠。油会吸收微波，变热，然后"油炸"面包。

当乡村面包还剩下最后几片，"食之无味弃之可惜"的时候，可以把这些面包放进微波炉里制成烤面包糠，最后用作意大利面或蔬菜的撒料。

○ 2 到 3 片不太新鲜的厚切乡村面包，切去面包边

○ 大约 2 茶匙橄榄油

○ 1 小撮粗粒盐

1. 把面包掰成小块，放进食物加工机中。一边慢慢地通过喂料管加入橄榄油，一边将面包打成需要的大小。加一撮盐，搅拌均匀。

2. 在可用于微波炉的盘子上薄铺一层面包屑。不用盖盖子，放进
   微波炉中高火加热 1 分钟。搅拌一下面包屑，再微波加热 1 分
   钟，或者直到烤得酥脆。如果面包屑颗粒较大且有些湿润，就
   额外再加热 30 秒。要仔细观察，因为面包屑越小，越有可能
   烤过头。

该食谱可制作大约满满 1 量杯。

微波会从盒子里漏出来然后把厨师烤熟吗？

　　一个老旧破损且炉门弯曲的微波炉确实可能从缝隙中漏出微
波从而造成危险，但当代精心设计的微波炉几乎没有一丝泄漏。
而且，一旦炉门打开，磁控管就会关闭，导致微波立刻消失，速
度之快堪比灯灭光尽。

　　那玻璃炉门自身呢？微波可以穿透玻璃，但无法穿透金属，
所以玻璃炉门上覆盖有金属穿孔板。金属穿孔板能够让光通过，
所以你可以看到炉内的情况，但微波的波长（4¾ 英寸［约 4.75
厘米］）对于金属穿孔板的孔径来说太大了，所以它无法通过。
站在距离运行的微波炉几米内的地方有危险这种想法是没有事实
根据的。

什么样的容器才算是"微波炉可用"？

　　理论上来说，答案很简单：容器的分子不能是偶极子，无法

吸收微波。这样的分子不会受到微波的冲击，也不会变热。但实际上，答案并非如此简单。

在我们这个被很多人视为监管过度的社会中，似乎没有政府或行业对"微波安全"一词的定义，这倒是让人很惊讶。我试图从 FDA、联邦贸易委员会（Federal Trade Commission）和消费者产品安全委员会（Consumer Product Safety Commission）找出一个定义，但结果只是徒劳。也没有一家"微波可用"产品的制造商能告诉我，他们为什么可以给出这样的声明（告他们！告他们！）。

看来我们只能靠自己了。不过，先看看下面这些指导原则：

金属：我已经解释了为什么在微波炉中要避免使用金属。

玻璃和纸张：玻璃（即标准厨房用玻璃，而不是昂贵的水晶）、纸张和羊皮纸都很安全——它们完全不会吸收微波。而所谓的水晶，是一种含铅量很高的玻璃，对微波有一定的吸收能力，因此可能会升温。如果是较厚的水晶，升温可能会产生压力，从而导致破裂。这么昂贵的东西还是别冒险的好。

塑料：塑料也不会吸收微波。但是微波加热的食物可能会变得很烫，从而导致其容器升温，不管该容器是由何种材质制成。而某些不结实的塑料甚至会被食物的高温熔化，比如薄塑料袋、人工黄油的包装盒和餐馆外面用的那些苯乙烯泡沫塑料"打包盒"。某些种类的塑料冷藏盒受热后可能会变形。你只能吃一堑长一智。

陶瓷：陶瓷杯子和盘子通常没什么问题，但有些陶瓷制品可能含有矿物质，因而能够吸收微波能量并升温。如果你对某件餐具不太确定，可以将其与一个装了水的玻璃量杯一同放进微波炉中加热。如果测试对象升温了，那它就不是微波炉可用（里面的水是用来吸收微波的，避免我之前提到的微波炉空转的问题）。

某些陶制的马克杯和咖啡杯也使我们的生活难上加难，因为它们虽然是由纯天然的、不吸收微波能量的黏土制成的，但也可能会在微波炉中破裂。如果釉料因年代久远而破损或开裂，水就可能趁洗碗的时候渗入釉料下面的黏土孔隙或气孔中。然后，被困的水分会在微波加热时沸腾，生成的蒸汽压力可能会使杯子破裂。虽然这种情况很少发生，但最好不要在微波炉中使用你那有破损或裂痕的传家宝杯子。

为什么一些"微波炉可用"的容器在烤箱里还是会变得很热？

"微波炉可用"仅仅意味着容器不会因为直接吸收微波而升温，但装在这些容器中的食物会吸收微波能量并升温，正如我之前指出的，食物的大部分热量会传递到它所在的盘子中。盘子具体会升温多少取决于它吸收食物热量的效率，而不同的材质，乃至于不同的"微波炉可用"材质，在这方面的差异很大。将微波炉加热过的容器取出时，一定要使用防烫垫。打开容器时，要小心蕴藏其中的蒸汽，这些蒸汽的温度可能非常高。

用微波炉烧水危险吗？

既危险，也不危险。危险是因为不太可能发生什么严重的情况，而危险是指，你要小心微波加热的、还没有完全达到沸腾状态的水确实可能藏有陷阱。

由于一杯水中只有外层 1 英寸能够吸收微波能量，所以想要让所有的水都达到沸点，外层 1 英寸水产生的热量必须扩散到杯中水的内层。这种热量的扩散过程很缓慢，所以在整杯水看起来尚未沸腾的时候，外层的部分水分就已经相当烫了。事实上，外层部分水的温度甚至可以在没有沸腾的情况下超过沸点，也就是说，它达到了过热状态。水，或者说任何液体，都可能达到沸点但不沸腾，因为如果要达到沸腾状态，水分子需要找个方便的地方聚集起来，直到聚集的分子量足以形成蒸汽泡（专业术语：水分子需要成核位点）。成核位点可以是灰尘或水中的杂质，一个小气泡，甚至是杯壁上的微小瑕疵。

现在，假设你在一个干净、光滑、没有瑕疵的杯子里放了一些干净的纯净水，其中完全没有成核位点。你把这杯水放进微波炉，因为你肯定着急用这杯水，所以你把微波炉的火力开到了最大，这样水的外层部分就会受到强烈的加热。在这种情况下，杯子中的某些部分可能会出现过热的水，只要一有机会，这些水就会拼命地沸腾。然后，你打开了炉门，拿起了杯子，通过水的震荡营造了这样一个机会。由于水的震荡，"过热状态"中超过沸点的部分热量会进入温度较低、尚未沸腾的水中，使其突然沸腾。这种扰动反过来又会使过热状态的水突然沸腾。最终的结果是，水中可能会猝不及防爆出气泡，将热水喷溅出来。

用炉灶烧水绝不会出现这种迟滞的冒泡，因为水壶底部的热量会不断滋生微小的空气和水蒸气气泡，这些气泡充当了成核位点，所以过热状态永远没有机会发生。此外，壶底的热水不断上升并循环，可以防止热量堆积在同一个地方。

为了安全起见，不要一看见杯子里开始冒泡就急着将其从微波炉中取出，因为杯中可能还有一些没有完全沸腾的部分会在你意想不到的时候开始沸腾。通过炉门的窗户观察水，待它猛烈地沸腾几秒钟后，再关掉微波炉将其取出。这时你就能确切地知道所有的水都充分混合并到达沸点了。

即便如此，从微波炉中取出任何热的液体时都要小心——它还是可能会出其不意地冒泡，并溅出液体烫伤你。将杯子从微波炉中取出前，我习惯往杯子里放一把叉子来"扫除"过热的部分。

接着，当你向微波炉加热过的水中加入茶包或速溶咖啡时，你会看到一阵算不上沸腾，也不怎么猛烈地冒泡——其中大部分是空气。加入水中的固体提供了之前并不存在的成核位点，让之前溶解在冷水里，但是来不及在几分钟加热时间中逃逸出来的空气得以借助这些位点释放出来。

煮个汤

盛夏翡翠汤

借马铃薯冷汤（vichyssoise）和西班牙冻汤（gazpacho）的光，夏日翡翠汤也一样清凉爽口。

得益于微波"魔法"，汤品不需要几小时的炖煮。本食谱只需要 15 分钟。创造这道汤品的可能是某位农民的妻子，彼时她怕是正心心念念想要用自家菜园的仲夏收成一展身手。

　　将这种汤盛在白色或颜色鲜艳的碗中，再点缀上切碎的新鲜药草，才算得上是绝顶的赏心悦目。药草的热量很低，何妨多加点呢？试着洒一圈特级初榨橄榄油或者加入一小团酸奶油来提味。

- ○ 5 量杯鸡汤
- ○ 2 量杯生青豆碎
- ○ 2 量杯罗马生菜碎
- ○ 2 量杯生西葫芦碎
- ○ 2 量杯生豌豆或 1 盒冷冻豌豆
- ○ 1 量杯芹菜碎
- ○ ½ 量杯葱末，葱白和葱绿部分都要
- ○ ¼ 量杯欧芹碎
- ○ 盐和现磨黑胡椒
- ○ 新鲜药草碎
- ○ 橄榄油或酸奶油，可选

1. 取一个大玻璃碗，向其中加入鸡汤、青豆、罗马生菜、西葫芦、豌豆、芹菜、葱和欧芹。盖上一张纸板，放入微波炉中高火加热 15 分钟或直到蔬菜变软。

2. 混合物会很烫，从微波炉中拿出时要小心，稍作冷却后，按一次一量杯的量加入搅拌器中仔细搅拌至质地顺滑。用大量的盐和胡椒调味，因为汤凉下来后食用味道会显得比较淡。将搅拌顺滑的汤分装进几个小号冷藏容器中，冷却后再放入冰箱，以防止其他东西升温。充分冷藏后放入冰镇过的碗中食用。

3. 每人份都撒上草药碎。如果你喜欢的话，可以加一点橄榄油或

一团酸奶油。

　　注意：如果要在炉灶做这道汤，将鸡汤和蔬菜放入大炖锅中，半掩锅盖，小火煨炖 15 分钟到 20 分钟。然后继续按照上面的第 2 步制作。

该食谱可制作 6 到 8 人份。

微波会改变食物的分子结构吗？

　　是的，当然会。这个转变过程叫作"烹饪"。所有的烹饪方法都会引起食物中的化学和分子变化。煮熟的鸡蛋和生鸡蛋的化学成分肯定不同。

微波炉会破坏食物中的营养吗？

　　任何烹饪方法都不会破坏矿物质，但是无论用什么烹饪手段，热量都会破坏维生素 C 等营养物质。

　　因为微波加热的不均匀性，食物的某些部位可能会经受更高的温度，因此可能破坏维生素。但是即使微波炉把你盘子里的维生素都破坏了，偶尔吃一盘不含维生素的食物也不会有任何危害。如果饮食均衡，每道菜不一定要涵盖所有的维生素和矿物质。

为什么用微波炉做的食物比用传统烤箱做
的冷却得快？

这个答案可能简单得令你失望：微波食物的温度可能一开始就没那么高。

食物在微波炉中的升温情况会受到诸如食物种类、数量和厚度等因素的影响。比如，磁控管循环开合的周期可能不太适合食物和容器；食物的翻转和／或搅拌可能不够彻底；也可能容器没有盖上盖子，导致蒸气流失，热量无法均匀地扩散到整份食物中。这些原因都可能导致食物的外层滚烫，但内部温度仍然较低。所以食物的平均温度就会比你想象的要低，并更快地冷却到室温。

另一方面，在传统烤箱中，食物在高温的空气中待了相当长的一段时间，热量有足够的时间渗入食物的各个部分。因此，食物的温度最终将与烤箱内的空气温度相同（除非你特意选择做半生烤肉什么的），以至于需要更长的时间冷却。

还有一个原因，在传统烤箱中，烹饪容器和烤箱内的空气一样热，并将其热量直接传导至食物中，但是“微波可用”的容器被刻意设计成不会升温。因此，从微波炉中取出的食物会比它的容器更烫，而较冷的容器会消耗食物一部分热量。

最后，求知若渴的家庭厨师们要求我解答以下这两个奇怪的微波炉之谜。

我用微波炉煮新鲜豌豆的时候，水沸腾并从容器里溢出来，但是我用同样的方法加热罐装豌豆时，就没有碰到这样的问题。两者有什么区别呢？

一方面，食物中吸收微波能量的主要成分是水。浸过水的罐装豌豆和它周围的液体吸收微波的速率差不多，因此升温的速度也差不多。当液体开始沸腾时，豌豆的温度也差不多达到了水的沸点，这时你会确认豌豆已经煮好了，并停止加热。

另一方面，新鲜豌豆的含水量要低得多，所以它不像周围的水那样容易吸收微波，以至于水的升温速度会更快。但是温度相对较低的豌豆会使水无法均匀升温。与此同时，豌豆化身泡泡"教唆犯"（专业术语：成核位点），促使水在所有高温点剧烈冒泡。所以当你觉得可以从微波炉中取出豌豆的时候，它们其实还没煮熟。

尝试将功率调整为低于全功率，微波炉即可间歇性加热食物，使水有时间将其热量扩散到豌豆中。这样，它们在水溢出之前就能熟。

最好是买冷冻豌豆。它们的微波炉加热方法已经经过了生产商测试，步骤说明就在包装上。

我用微波炉加热一些放在玻璃碗里的冷冻混合蔬菜时，它们突然开始蹦出火星，好像里面有金属一样。我赶紧关了微波炉检查蔬菜，我没发现任何金属颗粒，但蔬菜都被火星烧焦了！我又新买了一袋同一品牌的冷冻混合蔬菜试了试，结果还是一样。微波炉维修工和超市的风险管理部门都各执一词，并把我的投诉转给了供应商，供应商又转给了他们的保险公司。到底发生了什么？

推卸责任的人真多。哦，等等，你是说微波炉里有火星？

放松，别投诉，你的蔬菜里没有金属。我打赌烧焦的主要是胡萝卜，对吧？可能是下面这样的情况。

冷冻食品通常含有冰晶。但正如我之前指出的，固态冰吸收微波的能力远不如液态水。因此，微波炉上的"解冻"程序并不是为了直接融化冰，而是为了产生间断性的短促加热，使热量得以在两次加热之间扩散并融化冰。

但是你没有用"解冻"程序，对吗（或者你的微波炉没有"解冻"程序）？你应该是将微波炉设置成了高火持续加热模式，这会使食物局部快速升温至极高的温度，热量因而没有足够的时间扩散到整个碗中。所以这些部分被烧焦了。

胡萝卜和火花又是为什么呢（你会喜欢这部分的）？豌豆、玉米、黄豆等的形状都比较圆润，但胡萝卜通常会被切成有锋利边缘的方块或长方形。这些细薄的边缘干燥变焦的速度比其他的蔬菜更快。碳化的锋利边缘或尖角与避雷针的尖端很相似，能够吸引电能并防止它击中其他任何地方（专业术语：导电尖端周围会形成高度集中的电场梯度）。正是这些被胡萝卜吸引而来的、高度集中的能量产生了火花。

我知道这听起来有点牵强，但其实很有逻辑。这种情况以前也发生过。下次，使用微波炉的"解冻蔬菜"程序或其他低功率程序，或者在碗里加入足以没过蔬菜的水。

真的，你的烤箱并没有被魔鬼附身。

第九章
工具和技术

如今的厨师和其他艺术家一样，都有属于自己的"调色板和画笔"，这些琳琅满目的工具设备让以往的工作变得更加容易，也赋予了新工作更多可能性。今天的厨房充斥着各式各样的机械及电子设备，从最简单的研钵和研杵到技术最精密的烤箱和炉灶。

从柴火、热石头和陶器（未来的考古学家会挖掘出21世纪早期的面包机碎片吗？）算起，人类这个物种已经进步了很多，但是如今，我们可能连有些工具怎么用都不知道。我们在没有完全了解它们的情况下就使用它们，并且经常误用它们。

微波炉只是一个开始。现在跟我一起走进一间摆满了高科技小玩意儿的厨房吧，比如磁感应线圈、光波炉、热敏电阻，还有有时候似乎比你懂得更多的电子"大脑"。在此过程中，我们还将学习如何充分利用我们熟悉的老派煎锅、量杯、刀和糕点刷。

最后，我们将与漫游奇境的爱丽丝一起结束这段旅程，终点便是这地球上唯——个奇迹每天都在发生的地方——我们那疯狂而美妙的厨房。

器具和技术

粘锅的声音

为什么不粘炊具什么都不粘？如果不粘涂层不会粘在任何东西上，那他们是怎么让它粘在平底锅上的呢？

"粘连"这件事，一个巴掌拍不响。如果要发生"粘连"，其中必须有一个粘连者和一个被粘连者，两个之中至少有一个是狗皮膏药。

小测验：找出下列几组中有黏性的一方：胶水和纸；口香糖和鞋底；棒棒糖和小男孩。

很好。

以上每组中都至少有一方的分子很喜欢粘在其他分子身上。众所周知，胶水、口香糖和棒棒糖都含有善变的分子，几乎所有东西都可以成为它们喜爱的对象。化学家们特意发明了黏合剂，用来强力永久地黏附尽可能多的物质。

而不粘锅上的黑色涂层是聚四氟乙烯。无论它的潜在伴侣是谁，它的分子都拒绝成为粘连者或被粘连者。这在充斥着分子间吸引力的化学世界中是极不寻常的。就算是强力胶也无法粘在聚四氟乙烯上。

聚四氟乙烯有什么别的分子没有的东西呢？

这个问题的源头始于1938年。彼时，杜邦公司的化学家罗伊·普伦基特（Roy Plunkett）研制出了一种全新的化学物质，化学家们称之为聚四氟乙烯，简称PTFE，杜邦为它注册了商标：铁氟龙（Teflon）。

铁氟龙首先在工业领域得到了广泛应用，比如不需要用油的顺滑轴承，20世纪60年代，它开始作为一种煎锅涂层出现在厨房，涂有铁氟龙的煎锅可以瞬间被洗净，因为它们根本不会脏。

现代不粘涂层的商标名称多种多样，但本质上来说，它们都是聚四氟乙烯，并以各种各样的方法粘在平底锅上，你可以想象，这可不是什么简单的花招。我很快就讲到这个。

但是首先，让我们了解一下鸡蛋为什么会粘在非不粘锅上。

引起粘连（或脱离）的通常是机械或化学原因。虽然蛋白质分子与金属之间存在微弱的吸引力，但鸡蛋粘在普通煎锅上主要是机械原因：凝结的蛋清会牢牢抓住肉眼不可见的微小坑洼和裂隙。太过使劲地用金属铲刮煎锅会使粘锅现象更严重，就算是金属锅，我也会搭配有聚四氟乙烯涂层的锅铲使用。

我们使用食用油是为了尽量减少机械粘连。油会填满裂隙，并在坑洼的表面形成一层薄薄的液体，使鸡蛋漂浮在上面（任何液体都可以做到这一点，但水无法长时间留在热锅中，除非水量很大，但如果真的用了很多水，你就只能做出水煮蛋，而不是煎蛋了）。

相反，不粘锅的涂层表面在微观层面上十分光滑。由于它们几乎没有裂隙，所以食物无处可抓。当然，玻璃和多种塑料也具有这样的优点，但是聚四氟乙烯的弹性好，且耐高温。

不过，化学粘连也很重要。世界上最强的粘合力——比如黏合剂，很大程度上是得益于我刚提到的那些需要化学"战争"才能拆解的分子间吸引力。比如，刮擦这种机械力无法清除粘在鞋底的口香糖，油漆稀释剂（石油溶剂油）就可以。

在厨房中，煎锅表面的原子或分子会与某些食物分子形成较弱的化学键。但是聚四氟乙烯的分子的独特之处在于，它们不会与任何东西绑定。以下是原理：

第一，聚四氟乙烯是一种聚合物，仅由碳和氟两种原子组成，每两个碳原子配有四个氟原子。这些含有六个原子的分子数以万计地结合在一起，形成更为巨大的分子，它的长碳骨架和支棱着的氟原子看起来就像是长长的毛毛虫和毛毛虫身上的尖刺。

第二，氟只要与碳原子舒服地绑定在一起，就极其不愿意跟其他原子发生反应，这点其它原子无人能及。因此，聚四氟乙烯那支棱着的氟原子便有效地构成了一套"毛毛虫盔甲"，防止碳原子与任何可能碰到的其他分子结合。这就是没有东西会粘在聚四氟乙烯上的原因，包括鸡蛋、猪排或玛芬蛋糕中的分子。甚至连大多数液体都无法牢固地黏附在聚四氟乙烯上，从而无法将其打湿。在不粘锅上滴几滴水或油，你就会明白了。

这不禁让我们好奇（终于说到这个问题了）他们是如何将涂层粘在煎锅上的。你现在应该猜得到了，他们运用了各种机械技术而非化学技术，将锅具的表面变得粗糙不堪，使得喷在其表面的聚四氟乙烯涂层能有足够的立足点。这些技术的巨大进步使得今天的不粘炊具远超过去那些又薄又脆、可以刮掉的涂层。如今，某些制造商甚至敢于让你在他们的锅具上使用金属炊具。

不粘涂层的种类很多，其中大部分仍然以聚四氟乙烯为主要成分。华福公司（Whitford）的圣剑（Excalibur）涂层工艺就是其中之一，被用于数个品牌的高端厨具上。在附加不粘涂层的工艺中，熔化的白热状不锈钢小液滴飞溅并熔接在不锈钢锅具的表面上，形成一个锯齿状凹凸不平的表面。然后，在此表面上喷涂几层聚四氟乙烯为主的涂料，形成一层厚实、牢固的涂层，而该涂层会被此表面上肉眼不可见的锯齿牢牢固定住。Excalibur 工艺只适用于不锈钢，而其他一些包括杜邦公司的 Autograph 在内的工艺适用于铝。

"恐煎症"

我想买一个高品质的通用煎锅，但是金属和涂层的种类那么多，我不知道哪种最好。我应该以什么为重点去挑选？

　　首先，你得慷慨解囊，因为你提到了"高品质"，那可不便宜。

　　完美的锅具应该能够将燃烧器的热量均匀地扩散到其表面，并迅速地传递给食物，还要能够对温度设置的变化做出快速反应。这就意味着锅具需要具有两种品质：厚度和导热性。你应该尽量挑一个由导热性能最好的金属制成的厚实锅具。

　　煎锅应该选用厚实的金属制作，因为金属的体积越大，它能容纳的热量就越多。如果你在烧热的轻薄锅具中加入室温的食材，食材从金属中夺走的热量足以让其温度跌至最佳烹饪温度以下。而且，炉灶燃烧器产生的所有热点都会直接穿过轻薄的锅具底部并直达食物，而不会被均匀扩散开来，从而导致食物被烧焦。相反，厚实的锅具有足够的热量储备或"热惯性"，可以在各种变化下保持稳定的烹饪温度。

　　传导热量的效率对于制作锅具的金属来说是最重要的特性，它必须具有科学家所说的高热导率。原因有如下 3 点：

第一，你需要锅具将燃烧器的热量快速有效地传递给食物。用玻璃或瓷器制成的煎锅是无法顺利油炸的，因为它们的热导率非常低。

第二，你需要锅具表面所有部分都处于相同的温度，这样，即使燃烧器的温度不均匀，食物受到的加热程度也是相同的。燃气灶在锅底的不同部位设有单独的火舌，而构成电炉灶的热金属线圈之间也存在温度较低的空隙。导热性好的锅具可以迅速消除这些设计带来的不均匀性。

第三，你需要锅具能够快速响应燃烧器升温或降温设置的变化。炸制和煎制需要将食物长时间维持在高温但不烧焦的状态，所以难免需要频繁调节燃烧器。由高热导率金属制成的锅具可以快速响应这些调节。

那么，哪种金属最好呢？

获胜者是——银！世界上最好的锅具应该具有厚实的锅底，且由一种导热性最好的金属制成——银。

你说你买不起纯银煎锅？嗯……紧随其后的是铜，它的热导率是银的91%。然而，摄入过多的铜不利于健康，所以铜锅的内部必须镀一层没什么毒性的金属。很多年来，人们一直使用锡作为铜锅的内衬，但是它很软，在450°F（约232℃）就会融化。现代冶金技术能够在铜锅内镀一层薄薄的镍层或不锈钢层。

综上所述，我觉得你的最佳选择是镀有不锈钢或镍的厚实铜煎锅。但不幸的是，你可能得当了自己的炒锅才能买得起这种煎锅。因为铜比铝或不锈钢更昂贵，而且是一种很难加工的金属，此外，在铜上镀不锈钢或镍的做法很难大规模生产，所以这类铜制锅具是最昂贵的炊具。

那退而求其次的金属是什么呢？铝。它非常便宜，而且它的热导率是银的 55%，这在导热竞赛中毫不逊色。厚实的铝锅可以出色地完成煎炸，而且它还具有重量（密度）仅为铜的 30% 这一优点。

但是（总有个但是），铝很容易受到食物中酸类物质的攻击，所以它通常也拥有一层惰性涂层，比如 18-10 不锈钢：一种含有 18% 铬和 10% 镍的合金。坚硬的不锈钢涂层还解决了铝的一个重要问题：铝较为柔软。它很容易遭到刮伤，而食物会粘在被刮伤的煎锅表面。

不过，还有另一种保护铝的方法。铝的表面可以通过名为阳极氧化的过程发生电化学反应，并转化为一层致密、坚硬、不活泼的氧化铝，在这一过程中，浸在硫酸浴中的铝和另一电极之间会受到外加电流的作用。卡福莱（Calphalon）就是阳极氧化的铝制炊具中极受欢迎的一员。铝的氧化层通常是白色或无色的，但在酸液中被一种染料染成了黑色，这层比不锈钢硬 30% 的氧化层既可以保护铝的表面，也可以使铝免受酸的伤害，但是它对洗涤剂等碱性化学物质比较敏感。阳极处理过的表面也有一定的防粘性，但并非完全不粘。一口厚重的阳极氧化铝制锅绝对值得考虑入手。锅的厚度至少应为 4 毫米。

位于煎锅质量金字塔底层的是结实的不锈钢，它是所有常见的煎锅材质中导热性最差的，只有银的 4%。崭新的不锈钢闪闪发光，很漂亮，但我称它为"无耻钢"，因为它虽然声称自己不会被腐蚀或生锈，但事实却并非如此——它会因为盐而产生凹点，还会在高温下变色。

正如我们已知的不锈钢镀铜和镀铝那样，我们可以通过金属叠层技术将铜、铝和不锈钢的独特优点结合在一起。比如，All-Clad 旗下的 Master-Chef 系列锅具使用了两层不锈钢夹一层铝芯的设计。Cop-R-Chef 系列则使用了里层不锈钢、中层铝、外层铜的设计，但它的铜层不够厚，主要是为了美观，无法与昂贵的法式纯铜平底锅竞争。说到叠层，这些锅的内层大都可以镀一层不粘涂层。

最后，同类中最便宜且自成一派的是老式的黑色铸铁锅，就是漫画里的妻子们用来砸丈夫头的那种。它又厚又重（铁的密度是铜的 80%），但导热性差，只有银的 18%。因此，铸铁锅升温很慢，但它可以承受几千度的高温而不变形或熔化，一旦升温，它就能牢牢锁住热量。这使得它很适合某些需要长时间保持均匀高温的特殊用途。真正的美国南方人一定会用铸铁锅来做炸鸡。

当然，你还应该随身携带一个用来处理家禽和家禽粪便的工具，但那可就不是什么通用工具了。

磁力魔法

储藏菜刀的最佳方法是什么？我曾读到过，把菜刀放在磁性刀架上会损坏它的刀片。这是真的吗？

不是。信不信由你，磁性刀架其实可以让你的刀更长久地保持锋利。事实上，我曾在那些无人问津的昂贵小玩意的目录中看到过一种存放剃须刀的磁性外壳，据说它可以让刮胡刀在不工作的时候保持锋利（但书中并没有解释为什么刮胡刀不工作的时候会变钝）。

　　你可能已经注意到，放在磁性刀架上的刀具确实会被磁化（可以试试用它们捡起回形针）。根据麻省理工学院材料科学与工程系教授鲍勃·O. 汉德利（Bob O. Handley）的说法，磁化的钢会比没有被磁化时更坚硬。更坚硬的磁化钢可能会被磨得更锋利，并在使用过程中更长久地保持锋利。

　　但别过分依赖这点。刀片是由数种不同的钢合金制成的，其中一些可能无法长时间保持其磁性。无论何种情况，磁力的强化效果都不会很显著。

　　另一方面，不谨慎使用磁性刀架确实会损坏你的刀具，比如取出或放回刀具时，刀刃在磁铁条上造成了撞击或拖拽。这可能就是磁性刀架会使刀锋变钝的传言来源。

　　如果你担心匆忙从磁性刀架上抓取刀具会损伤刀刃，那么将刀具放在料理台的木质刀架上可能会更合你心意。有些人觉得木质刀架是最佳选择。但是，除了玛莎·斯图尔特[①]（Martha Stewart）和能收到新婚礼物的人之外，还有谁能拥有一套尺寸完美递进且配有定制木鞘的刀具呢？木质刀架的缺点是刀槽很难清理，而且很难单凭露出的手柄判断你拿到的是哪把刀。而使用钉在墙上的磁性刀架，你就能随时选取合适的刀具。

　　所有的烹饪教科书都会告诫你锋利的刀才是安全的刀——它不会在切食物的时候打滑切到手指。市场上有很多好用的电动和手动磨刀器，用石头磨刀的耗时办法已经是历史了。

　　但是，有个小警告：这些靠蛮力运作的磨刀器由两个交错的圆盘状磨刀石构成，将刀刃从两块磨刀石中拉过即可从刀刃上刮

————————
① 美国著名美食作家。

掉大量金属条，而如果刀刃被磁化了，这些金属条就会粘在上面（不推荐使用这些磨刀器，除非你希望看到刀具越来越薄）。但是，金属条可不好吃，所以，用这种磨刀器磨好的刀，需要在使用之前用湿纸巾小心地擦拭。不管你用的是哪种磨刀器，将刀放在磁性刀架上都是个不错的选择，因为磨刀时产生的金属颗粒可能微不可查。

刷者难自刷？

我的糕点刷好像无法保持干净或完好无损。我去年买的新刷子绝对有10把了。有什么建议吗？

　　有，用正确的方法清洗它们，而且不要将它们用于不合适的用途。

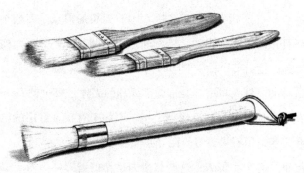

刷子
两把糕点刷（上）和一把酱料刷（下）

用糕点刷涂抹蛋液或融化的黄油后，它会变得又油又黏，必须在收起来之前彻底清洗。用热水将糕点刷打湿，并用其反复刷一块肥皂直到起泡，就像用剃须刷打泡一样。然后在你的手掌上让刷毛充分吸收泡沫。或者反复将刷毛浸入装有热水和洗碗液的容器中。无论使用哪种方法，先用热水仔细冲洗，彻底风干，再放回抽屉。

关于刷毛损伤：不要像流行食品杂志上的某些文章那样混淆糕点刷和酱料刷。它们是两个互不相干的工具，是为完成不同的工作而设计出来的。

糕点刷不耐热，如果用它来给烤箱内或烧烤架上热气腾腾的食物涂油或酱料，它们柔软的天然野猪鬃毛可能会熔化。而长柄酱料刷质地较硬的合成刷毛则可以承受高温而不熔化。

正如糕点刷不能用来涂抹酱料，过于硬挺的酱料刷也不适合用于精致的糕点。

....

五金店里卖的那些由未经加工的木柄和天然白色鬃毛组成的廉价油漆刷与厨房用品店里那些很贵的糕点刷几乎一模一样。

....

瞬间润滑油

为了减少脂肪的用量，我在喷瓶里放了一些油，但它只能喷出一股高热量的液柱。有什么更好的方法能自制"烹饪喷剂"？

有，确实有个更好的方法。

普通的塑料喷瓶是用来喷水基液体的，不适用于油基液体。

水比油更稀（黏性更小），很容易分解成雾状，但按压式泵头产生的微小压力不足以将油分解成微小的液滴，加压气溶胶罐才可以。

橄榄油喷雾器在烹饪用品店和其商品目录上均有出售，非常适用于在煎锅和烧烤盘上喷油、给烤盘"上油"、做蒜蓉面包、给蔬菜沙拉喷油等许多用途。你只需将油倒进喷雾器，然后按动盖子给油加压。接着，只要按一下按钮，油就会以超细的雾状喷薄而出，就像使用气溶胶罐一样。

我在厨房里放了一个按压式的塑料喷瓶，里面装的是白水，用来做各种保湿工作。我发现让法棍面包重新变得新鲜的最佳方法是喷少量水将其微微打湿，然后放进350℉的烤面包机里烤两分钟。如果在从厨房端上餐桌前喷一层水雾，很多菜肴都会看起来会更鲜艳、更新鲜。几乎所有不得不在厨房放一段时间才能上桌的热菜都能从这个"美容小技巧"中得益。食物造型师就是用这个技巧让食物在镜头前显得很新鲜的。

一个"多汁"的故事

我经常做柠檬凝乳作为水果挞的馅料，当然用的都是新鲜柠檬汁。但我似乎浪费了不少柠檬汁，因为我总是挤不干净。有什么方法能从柠檬或青柠中获得最多果汁吗？

你会在某些食品类书籍和杂志中读到：应该将柠檬或青柠使劲在台面上滚一滚。也有人建议将其用微波炉加热1分钟左右。

这些做法听起来挺合理，但我一直怀疑它们是否真的有效。

我有个爱捡便宜的朋友杰克，有一次，他偶然发现当地的超市囤积了大量的青柠，20个只要1美元。杰克脑子里幻想着喝不完的玛格丽塔，然后给自己买了40个青柠，并让我去散播这个优惠消息。

多好的机会！终于有机会做我一直想做的那个实验了。不过，就我这么多年来作为学术研究者的经验来看，向国家科学基金会（National Science Foundation）提交申请是不太可能获得必要资金的。所以我动用了自己的储备金，购买了价值4美元的青柠，没有任何投标竞争，甚至连份订购单都不需要，青柠就这样由丰田车直接送到了我的实验室——呃，厨房。它们又大又绿，卖相很好，是美国超市中常见的波斯青柠。

我想知道在挤压青柠（或柠檬，原理应该是一样的）之前将其微波加热或放在台面上滚动是否真的能产生更多的果汁。我一直对这些建议以及很多厨房知识信条持怀疑态度，（据我所知）这些从来没有得到过科学验证。我想用科学严谨的对照实验来验证它们。我确实这么做了，而且结果可能会让你大跌眼镜。

以下，按照他们在高中科学课上教我的实验记录格式，就是我所做的验证。

实验1

1.过程：

我把40个青柠分成了四组（很简单的算术题）。第一组，我放进800瓦的微波炉里加热了30秒；第二组，我在台面上用手掌使劲滚了滚；第三组，我把它们滚了滚并放进微波炉加热；第四组，作为对照组，我什么也没做。我称了每个青柠的重量，按照前面所说的对它们进行了相应的处理，然后将它们切成两半，用电动榨汁机榨汁，接着测量了榨出的果汁量。最后，我按照每克水果榨出了多少毫升果汁的标准进行了比较。我就不跟你赘述重量、体积和温度测量以及数据的统计分析方面的细节了。

2. 结果和讨论：

四组青柠无显著差异。不管是微波还是滚动，抑或两者一起，都不能提高果汁的产量。

为什么会提高果汁的产量呢？一颗水果中所含的果汁数量是一定的，这取决于它的品种、生长条件和收获后的处理。究竟为什么有人会指望通过加热或人工处理就能改变果汁的量呢？关于柑橘属的这个民间传说我一直无法理解，如今我终于证明了它是错误的。

但是，电动榨汁机当然能榨出青柠里绝大部分汁液。也许微波和滚动可以让果汁更容易取出来，所以用手挤压时，同样的挤压力可以得到更多的果汁。

实验 2

1. 过程：

我又把另外价值 2 美元的青柠像之前那样分成了四组，但这次我尽可能用力地手动挤压它们。自然，我得到的果汁比之前更少：平均不到榨汁机产量的三分之二。更强壮的人无疑可以得到更多果汁，但我自认为右手的力量应该能超过普通的女厨师。

2. 结果和讨论：

用手挤压没经过任何处理的青柠，平均出汁率为其果汁总含量的 61%。微波加热的为 65%，而滚动过的为 66%。考虑到实验误差的影响，这三个结果没有什么区别。我的怀疑再次得到了证明——在用手挤压之前，无论是滚动还是微波加热，都不会显著增加出汁率。

但最令人惊讶的是：滚动后再用微波加热的青柠很容易挤压，出汁率达到了 77%，比未处理的青柠多出 26% 左右。它们的果汁几乎是涌了出来，我不得不在果汁收集器正上方切开它们，以免果汁有所损失。

我的结论肯定是这样的：滚动会破坏一些液泡——那些水果细胞中装满果汁的"小枕套"。但仅仅这样果汁仍然不会轻易流出，因为它的表面张力（使液滴保持球形的"表面胶水"）和黏度（非流动性）都非常高。但是如果液体接着被加热，它的表面张力和黏度就会大幅下降，因而得以轻易流出，至少在不查看实际黏度的情况下，比我预期的要容易流出得多。在微波加热前后的平均温度下，热水（水和青柠汁差不多）的流动性要好 4 倍。也就是说，滚动打破了闸门，而加热让洪水更易流动。

总 结

如果你使用的是电动榨汁机或手动榨汁机，滚动和 / 或微波加热都派不上用场。对那些带有木制或塑料制搅拌桨及老式玻璃浆的榨汁机来说也是如此，因为这些榨汁机基本能榨出水果中所有的果汁。

但是如果你是用手挤压青柠，并且家里有微波炉，就在台面上滚一滚青柠然后将其放进微波炉加热。仅靠滚动可以使青柠更软，从而显得更多汁，但其实基本不会影响出汁率。仅靠微波炉加热也起不了多大作用，只会使果汁变烫：在我的实验中是170℉到190℉（约77℃到88℃）。

虽然我没有对柠檬进行测试，但我觉得相同的处理在柠檬身上的作用应该差不多。我已经让杰克替我留意柠檬的打折信息了。

最后，你最多能从青柠中得到多少果汁呢？青柠是一种尺寸波动很大的水果，因此食谱中应该明确规定其重量，而不是"半个青柠，榨汁"。我所有用电动榨汁机处理的波斯青柠的平均出汁量为2盎司，而滚动、揉捏并手工压榨的平均出汁量为1.5盎司。在我所有的青柠样品中，出汁量冠军榨出了2.5盎司，而两个看起来很不错的青柠每个都只榨出了0.3盎司。

做完实验，我手上的青柠汁已经足够制作130杯玛格丽塔酒了。给我一点时间（如果你想和我一起制作，请参见第253页的食谱）。

果汁的用途

柠檬凝乳

因为我们还没从杰克那里收到任何柠檬的打折信息，所以我们只能假设我们的青柠小诀窍也同样适用于柠檬。这道美味的馅料非常适合面包或饼干，为了制作它，花些功夫榨汁也是很值得的。它还适用于水果挞或蛋糕馅，并且和果冻卷也很搭。这款馅料可以在冰箱里存放好几个月。

○ 5 个大号鸡蛋的蛋黄

○ ½ 量杯糖

○ ⅓ 量杯柠檬汁

○ 2 个柠檬的皮，搓丝

○ 1 撮盐

○ ¼ 量杯（½ 条）无盐黄油

1. 在一个厚实的炖锅内或双层蒸锅的上层将蛋黄和糖混合，开小火搅拌。加入柠檬汁、柠檬皮和盐。

2. 一边搅拌，一边慢慢加入黄油。煮 3 分钟到 4 分钟，直到黏稠，其间不断搅拌。

3. 倒入一个干净的罐子，在凝乳表面放一层蜡纸，防止结皮。冷藏储存。

该食谱可制作大约 1 量杯。

··

你不能用湿蘑菇洗车

所有的烹饪书都说千万不要浸洗蘑菇，因为它们像海绵一样能吸水，书上还说我们只需快速冲一下蘑菇或者干脆只是擦拭一下就行了。但是蘑菇不是生长在粪肥里的吗？

吸水？不是的。那些书说的是错的。

生长在粪肥里？恐怕是真的。

首先，我们先来说说粪肥。

超市里常见的白色或棕色纽扣状蘑菇（双孢蘑菇）是在苗床或所谓的混合培养基中培育的，混合培养基中可能包含各种东西，从干草、碎玉米棒到鸡粪和马厩里用过的草垫等。

这个知识困扰了我很多年。我反复告诫自己不要给蘑菇洗澡，以免它们被水浸坏。但是，我还是用了软毛蘑菇刷，它按理说可以把干蘑菇上的脏东西扫掉，又不会弄伤蘑菇。结果它却没有发挥多大作用。我有时甚至会给蘑菇削皮，那可真是件极其耗时的麻烦事儿。

但正如《奇异恩典》这首圣歌中所说的那样："我曾迷途，而今知返；我曾盲眼，今又得见。"我现在知道，蘑菇种植者会将培养基原料堆肥 15 天到 20 天，使其温度升高至能杀菌。因此，蘑菇孢子被"种"进堆肥之中时，堆肥已是无菌状态了。

尽管如此，我还是忍不住觉得粪肥中除了细菌还有别的东西。所以我依然选择清理我的蘑菇。而且，没错，我是在水中浸洗的，因为蘑菇不会吸收太多水，我待会儿会说明。此外，某些书中声称浸洗会除去蘑菇的风味，我实在不敢苟同。除非蘑菇的风味物质大部分都集中在表面并可溶于水，这种说法才成立。

我一直不觉得蘑菇肉有海绵的性质，因为在我看来，即使在显微镜下（是的，我试过了），它也没有一丁点多孔性。读过了哈罗德·麦吉（Harold McGee）的书《好奇的厨师》（*The Curious Cook*，北点出版社［North Point Press］，1990 年版）后，我觉得自己是对的。麦吉和我同样充满怀疑精神，他称了一批蘑菇的重量，然后把它们在水里浸泡了 5 分钟——这比任何浸洗过程都要长 10 倍。擦干后再次称重，他发现这些蘑菇的重量几乎没有增加。

　　我用两包 12 盎司的白蘑菇（总共 40 个）和一包 10 盎司的棕色蘑菇（16 个）重复了麦吉的实验。我用实验室天平仔细地称量了每一批蘑菇的重量，然后像麦吉那样将它们在冷水中浸泡了 5 分钟，其间偶尔搅拌，接着，用脱水器脱去大部分水分后用毛巾把蘑菇擦干，最后再次称重。

　　所有的白色蘑菇都大门紧闭，所吸收的水分只占自身重量的 2.7%。这相当于每磅蘑菇所含的水还不到 3 茶匙，与麦吉的结果一致。棕色蘑菇吸收的水分更多：占自身重量的 4.9% 或每磅 5 茶匙。这可能是因为它们的菌盖和茎部已经轻微分离，所以水分积聚在菌褶部分，而不是因为它们的肉吸水性更强。其他很多形状不规则的蔬菜也会机械地捕捉少量水分。多数烹饪书籍中推荐的谨慎"快速冲洗"法可能和我浸泡 5 分钟所带来的吸水效果差不多。

　　所以，尽管把蘑菇洗到你满意为止吧，至少普通的纽扣状蘑菇不会吸收太多水——我还没有测试过其他外来品种。不过请记住，你看到的任何褐色污垢都不是粪肥，可能是经过灭菌处理的泥煤苔，蘑菇种植者用泥煤苔覆盖在正在堆肥的培养基上，蘑菇其实就是从泥煤苔中冒出头来的。

　　顺带一提，如果你发现煎锅中的蘑菇释放了很多水，导致煎制变得更像蒸制，那并不是因为你浸洗了它们。这是因为蘑菇本身就几乎全是水，而且锅里的蘑菇太多，导致排出的蒸汽无法逸出，可以用更大的煎锅或者将蘑菇分成更小的批量煎制。

非常干净的蘑菇

秋日蘑菇馅饼

刷一下，冲一下，或者洗一下，谁在乎呢？这款充满森林气息的蘑菇馅饼会让所有来客惊叹不已。

多选几种风味浓郁的蘑菇，比如小褐菇、牛肝菌、鸡油菌和大褐菇。为了降低成本，蘑菇总量的一半可以用白蘑菇代替，虽然这样做的风味不会那么"蘑菇"。提前一天准备好馅料。

- ○ 9 英寸双层馅饼皮
- ○ 2½ 量杯洋葱末（3 到 4 个中等大小的洋葱）
- ○ 4 汤匙无盐黄油
- ○ 8 量杯多个品种的蘑菇碎，洗净（约 3 磅）
- ○ 1 茶匙干百里香叶
- ○ ¼ 量杯马沙拉白葡萄酒
- ○ 盐
- ○ 现磨黑胡椒
- ○ 1 汤匙通用面粉
- ○ 1 个蛋黄和 1½ 茶匙水混匀
- ○ 用新鲜的百里香枝叶点缀，可省略

1. 先做馅料，在 12 英寸的煎锅中加入黄油和洋葱，中火炒制。将洋葱炒至软化金黄，但不要让它褐变，此过程大约需要 10

分钟。加入蘑菇和干百里香叶，蘑菇会释放汁液并缩小。

2. 加入马沙拉白葡萄酒，继续煮至液体体积缩小一半。加入盐和胡椒调味。撒入面粉，搅拌一分钟左右或直到汁液稍微变稠，停止加热。先把馅料放凉，再制作馅饼。

3. 将烤箱预热至 400℉（约 204℃）。取一个 9 英寸的馅饼烤盘，放入用来做底的饼皮。加入蘑菇并均匀地抹平。将饼皮边缘沾湿，放上剩下的那层饼皮，压实边缘。修剪边缘并压出花褶。

4. 取一个小盘子，加入蛋黄和水，用叉子搅拌均匀。用指尖或柔软的糕点刷轻轻在馅饼表面刷上蛋液。烤制 35 分钟，或者烤至饼皮变成金黄色。趁热或放至室温食用。如果喜欢，可以用百里香枝叶点缀一下。

该食谱可制作 6 人份，作为午餐或配菜。

祖父的蠢事

据我爸爸说，我的祖父过去常常去森林里采野蘑菇，然后交给祖母烹制。我爸爸曾经问她，如何知道这些蘑菇吃起来是否安全。她说她总是在锅里放一枚银元，如果银元没有变黑，蘑菇就可以吃。我爸爸和我都想知道这种方法背后的科学依据是什么。

停！希望你还没有将你祖母那所谓的智慧付诸实践。银元的把戏没有任何科学依据，这是无稽之谈！我将这类言论称为老妇人之谈，不过那些真正有阅历的老妇人从不信这些。

区分蘑菇是否有毒没有捷径可走，必须熟知蘑菇种类并且能进行辨认。已知的蘑菇品种成千上万，其中很多有毒蘑菇的外观都与可食用蘑菇非常相似。我个人对形状的视觉记忆不是很好，所以我只允许自己采摘两三种没有"邪恶双胞胎"的品种。而羊肚菌、鸡油菌、牛肝菌、香菇、金针菇和平菇这些近年来为美国烹饪增添了不少活力的蘑菇，我则交由专家（或我钟爱的餐馆）提供。

顺带一提，如今在所有菜单上都随处可见的平顶蘑菇并不是一个单独的品种，而是普通的棕色蘑菇属中的一员，个头在收割前可以长得很大。

请原谅我的冒失，但你的祖父让你父亲相信了银币测试其实是在帮倒忙，你祖父只是知道哪些蘑菇没毒而已。

正确用铜

我最近买了一套铜制炊具，它们看起来棒极了。我怎样才能让它们保持崭新？

闪闪发亮的铜很漂亮，而且市场上有一些非常有效的抛光剂。但你是厨师还是室内装潢师？铜或镀铜炊具最大的优点就是它高效均匀的导热性。因此，应该好好爱护它，而不是对它进行抛光。让铜制炊具保持崭新的状态可是需要专人专职的。

但是为了不让铜制炊具看起来太脏，有些简单的方法可以尝试。千万不要把它们放进洗碗机——高碱性的洗涤剂会使铜变色。用洗洁精清洗，洗完后彻底擦干。一定要用略带磨砂的海绵彻底去除油脂，否则残留的油脂会在加热时被烧焦，变成黑色污渍。最后，无论空锅还是锅中有油，都不要把铜锅烧得太热。铜锅最热的部分最容易形成深色的氧化铜，你可能会发现锅底印着燃烧器的形状。

量　具

当 1 盎司不是 1 盎司时

为什么我们测量湿性食材和干性食材所用的量杯不同呢？一量杯糖和一量杯牛奶的体积难道不是一样的吗？

　　这取决于你对"是"的定义。

　　一量杯就是一量杯，举国如此，不管是湿还是干，都是 8 美制液体盎司 ①。但你可能会好奇：如果液体盎司是用来衡量液体的，那么我们为什么也用它来衡量面粉和其他干固体呢？还有，体积盎司和重量盎司有什么区别呢？

　　这些困惑源于我们陈旧的美制测量体系。以下是我们在学校应该学过的（集中注意力，跟着跃动的盎司走）：美制液体盎司衡量的是体积，它与英制液体盎司所代表的体积量不同。美制和英制液体盎司与常衡制盎司不同，常衡制盎司并不是用来衡量体积，而是用来衡量重量的。常衡制盎司又与金衡制盎司所代表的重量

———————

① 1 盎司等于 28.35 克，29.57 毫升。

不同，但除了在只有 28 天的 2 月，金衡制盎司与药衡制盎司所代表的重量完全一样。清楚了吗？

　　如果以上这些还构不成支持国际计量体系的理由，那我真是没辙了。国际计量体系，也就是众所周知的 SI（国际单位制），是法语中国际制（Système International）的缩写，美国称之为"公制"（Metric System）。在国际单位制中，重量的单位永远是千克，体积的单位永远是升。美国是全世界唯一一个还在使用一度被称为英制计量体系的国家，就连英国自己都不用它，改用公制体系了。

　　让我们重新整理一下你的问题。优秀又传统的美制计量体系下的 8 液体盎司牛奶和 8 液体盎司糖的体积不同吗？

　　当然是相同的。如果不同的话，我们的麻烦可就大了。但我们仍然需要一套玻璃制液体量杯和另一套金属制固体量杯。

　　试着用一个体积为两量杯的玻璃量具量出一量杯糖，你肯定很难准确判断出糖何时达到一量杯的刻度处，因为糖的表面并非完全平整。而且，即使你在台面上轻敲量具，把糖震平并精确地对准刻度，你所得到的糖量还是与食谱中要求的不同。这是因为食谱核验人员用的是体积为一量杯的金属制"干料"量具，并且量取时会将糖直接加至与边缘平齐。这样得到的糖量与你用玻璃量具量出的糖量不同，信不信由你。

　　试试看。在体积为一量杯的金属制量具中倒入超出其体积的糖，然后用诸如厨师刀背面那种平直的边缘刮掉多余的糖，从而得到正好一量杯的糖。现在，将这一量杯糖倒入一个体积为两量杯的玻璃制量具中，摇晃量具直到糖的表面变平。我敢打赌，它不会完全达到一量杯的刻度线。

　　这有可能是由量杯本身的不准确性造成的吗？除非你用的量杯是跳蚤市场的特价货，而且上面的刻度线看起来像幼儿园小朋友手绘上去的——有信誉的厨具制造商对其产品的准确性非常严谨。所以不是因为量杯不准，而是因为液体和颗粒状固体（如糖、盐和面粉）之间有本质性区别。

　　当你将某种液体倒入容器中时，它会向下流进每一丝缝隙，填满所有的空间，即使肉眼不可见的微小空隙也不放过。而颗粒状固体的沉降则无法预测，这取决于颗粒和容器的形状及大小。一般来说，如果将细粒状固体倒进宽大的容器，它们可能会更容易分散开来，填满下层的空间，所以它们比在窄小的容器中堆积得更紧实。因为它们更紧实，所以占据的体积更小。所以，同样重量的糖在宽大容器中所占的体积比在窄小容器中所占的要小。

　　回到厨房看看你的量杯。你准会发现容量相同的玻璃量杯的口径比金属量杯的要大得多。因此，糖和面粉会在玻璃制量具中占据较少的体积，尤其是沉降率极不稳定的面粉。如果你用玻璃量具量取干性食材，那么你加进量具中的量就会超过食谱的要求。

　　为了确定这一点，我做了反向测试：我将一个用金属量杯称量好的糖倒入了一个又高又窄的量具——化学家用的量筒。正如我所料，这些糖远远超出了8盎司（237毫升）的刻度线。

　　不幸的是，当代的玻璃量具比从前更宽大了，这可能是因为人们如今喜欢直接用玻璃量具在微波炉里加热牛奶或其他液体，而这些液体在比较宽大的容器里不容易溢出来。所以如今的液体量具十分不适合用来测量干性食材。但是，即使用它们来测量液体，也存在一个问题。在较宽的容器中，填充高度上的小误差会造成较大的体积误差，因此，那些体积很大的宽口玻璃量具不如更窄小的老式量具精确。如果你还有老式量具，珍惜它吧。

接着是用茶匙和汤匙衡量液体的问题。你有没有注意到表面张力会使液体溢到量勺边缘？这样还能有多准确呢？那些量勺是为固体设计的，不适用于液体。

我发现，这些问题的最佳解决方案就是美国弗里林（Frieling）公司出品的一款量杯，由爱慕莎（EMSA）设计，名为完美量杯（Perfect Beaker）。这款量杯适用于各种你可能用得到的液体，经过全面校准，有盎司、毫升、茶匙、汤匙、量杯、品脱以及它们各自的分数刻度。不管是盎司还是品脱，你只需要这一个量具。它的冰激凌锥状结构确保了量少的食材得以自动落入较窄小的部分进行测量，从而使读数的精确度达到最高。你还可以用它来转换公制单位，从目前的发展进度来看，美国大概在下一个千禧年初就终于能开始使用公制单位了，那时，这款量杯就派上用场了。只要在量程上找到美制读数，就能看到它对应的公制读数了。

完美量杯
它的锥形设计最大限度保证了少量液体的精度

（还是我太悲观了？毕竟，美国国会通过一项要求换用公制单位的法案才不过 27 年，可口可乐和百事可乐就已经有两升装的瓶子了。）

保证厨房精确性和可重复性的终极答案非常简单，但在美国，除了专业面包师和其他厨师，其他人就是不肯这么做：与其使用汤匙和杯子等来衡量干性食材的体积，不如称量它们的重量——世界上大多数厨师都是这么做的。比如，在公制单位中，100 克糖永远都是那么多糖，不管它是颗粒状还是粉末状，也不管你用什么容器盛放它。液体只有一种公制单位：毫升或它的倍数升（1000 毫升），不需要量杯、品脱、夸脱或加仑这些令人费解的单位。

快问快答：半加仑等于多少量杯？

明白我的意思了吗？

用公制单位做咖啡蛋糕

黑树莓咖啡蛋糕

这是一个用国际单位制（或称公制单位）表示的食谱，只是为了向你们展示一下 3000 年的光景。美制数量就在括号中，所以如果你愿意，也可以不看公制单位。

各种烹饪书籍中均有公制单位换算表，但它们彼此之间通常有所出入。首先，所有的数字都是四舍五入的，而每个人的挑剔程度不同导致他们进行四舍五入的方式都不太一样。本食谱中给出的美制数量是根据实际重量计算得出的，四舍五入只精确到个位克数或毫升数。但是如果你四舍五入时粗略一些（比如，用300代替296），蛋糕也不会爆炸。对于小于半茶匙的数量，我们没有进行换算，因为它对应的克数太少了，不方便称量。这种情况下，猜一猜就好。或者趁公制单位监督警察不注意，偷偷用一下较小的茶匙。

这款风味浓郁的甜点介于糖果和糕点之间，一般建议切成楔形，趁热与咖啡一起食用。或者在前一天晚上称出所有食材，然后在早上烤一顿特别的早午餐。黑树莓或红树莓、蓝莓或黑莓可以轮流担任主角。这款甜点很容易冷冻，但最好不要剩下。

用来做酥粒撒料的食材：

- 108克（½量杯）密封包装的浅色红糖
- 18克（2汤匙）中筋面粉
- 14克（1汤匙）冷藏无盐黄油
- 14克（½盎司）半甜巧克力，切碎

用来做蛋糕的食材：

- 135克（1量杯）中筋面粉
- 160克（¾量杯）糖
- 2克（½茶匙）泡打粉
- ¼茶匙（¼茶匙）小苏打
- ¼茶匙（¼茶匙）盐
- 1个大号鸡蛋
- 79毫升（⅓量杯）脱脂乳
- 5毫升（½茶匙）香草提取物

○ 76 克（⅓ 杯）无盐黄油，熔化并冷却

○ 175 克（1¼ 量杯）新鲜黑（或红）树莓

1. 取一个小碗，加入红糖和面粉混合均匀，用糕点搅拌器（pastry blender）或两把刀将冷藏黄油拌入并混合至均匀的粉状。加入巧克力，搅拌均匀。放在一边备用。

2. 将烤箱预热至 375℉（190℃），为直径 20 厘米（8 英寸）的活底烤盘喷上不粘烘焙喷雾。取一个中等大小的碗，加入过筛的面粉、糖、泡打粉、小苏打和盐。另取一个碗，加入鸡蛋、脱脂乳、香草提取物和熔化的黄油，搅拌均匀。

3. 马上将第二步中的液体混合物倒进面粉混合物中。搅拌至刚好变光滑。将面糊均匀地铺在准备好的活底烤盘中。均匀地撒上浆果。再将第一步中的酥粒均匀地撒在浆果上。

4. 烤制 40 分钟到 45 分钟，直到烤成漂亮的棕色。趁热食用。

该食谱可制作 8 到 10 人份。

很慢的快速

为什么我的"快速读数"温度计显示食物温度的速度这么慢？

所谓的快速读数温度计有两种：刻度盘型和电子读数型。但它们真的能瞬间显示温度读数吗？你想得挺美！这些所谓的"速度恶魔"可能要花 10 秒到 30 秒才能爬升至它们的最高读数，也

就是你需要看的那些数字。如果在食物温度稳定在最大读数之前就将食物取出，你可就低估它的温度了。

当然，你急着想看读数，你不会愿意傻站在那里，把手放在烤箱里，直到那懒散的温度计最终显示出你烤的东西的实际内部温度。但事实令人悲哀，所有温度计都只能在其自身（或至少它的探针）达到与它所插入的食物相同的温度时，才能记录该食物的温度。其实，你可以说，温度计唯一能做的就是告诉你它自身的温度。你无法改变温度计升温到食物温度所需的时间，只能选择一个电子读数型而非刻度盘型温度计，因为，正如我将在下文中解释的那样，电子读数型通常比刻度盘型更快。

你能做的是，搞清楚你具体要测量食物中哪个部分的温度。在这方面，这两种"快速读数"温度计有本质上的不同。

刻度盘型通过导杆中的双金属线圈来感知温度：双金属线圈由两种连接在一起的不同金属构成。由于这两种金属在受热时膨胀的速度不同，所以线圈受热会扭曲，从而使刻度盘上的指针扭转。不幸的是，温度感应线圈的长度通常超过 1 英寸，所以你实际上是在测量食物一大部分区域内的平均温度，而你通常需要测量的是一个很集中的区域的温度。举个例子，烤火鸡内部不同位置的温度差异很大，但是为了测试火鸡的熟度，你需要知道其大腿最厚实部分的精确温度。

另一方面，电子读数型温度计可以更精确地测量食物中某一点的温度。它包含一个微小的、电池驱动的半导体，这个半导体的电阻随温度而变化（专业术语：热敏电阻）。计算机芯片将电阻转换为电信号，从而使温度计产生电子读数。由于这个微小的热敏电阻位于探针的尖端，所以电子读数型温度计特别适合用于那些极为靠近食物中心的温度检测，比如烤牛排或排骨。

一个通过组件设计制造出来的电子读数型温度计

电子读数型还有一个优点，由于它的热敏电阻非常小，所以它能快速获取食物的温度。这就是它的读数通常比刻度盘型更快的原因。

这才算得上烹饪

在压力下烹饪

我母亲那种 20 世纪 50 年代的可怕高压锅似乎又披上现代服装回归了。这些高压锅到底是干什么用的？

高压锅将水在高于正常沸点的温度下煮沸，从而加速烹饪。在这个过程中，它们可能会发出嘶嘶声、咯咯声和嗞嗞声，就像一台来自地狱的机器，叫嚣着要把你的厨房装饰成炖牛肉的色调。但你母亲的高压锅已经经过了重新设计，变得更有礼貌，而且几乎是傻瓜式的。不过，和所有的烹饪用具一样，理解才能造就安全。不幸的是，高压锅的说明书上满是吓人的"做什么"和"别做什么"，除非你明白高压锅如何工作的，否则这些说明毫无意义。这就轮到我登场了。

高压锅在第二次世界大战后"炸"世而出——对不起，是突然出现，为绝大部分时间被做饭、打扫和照顾孩子所占据的家庭主妇们提供了"现代型"烹饪方式。如今，婴儿潮时期出生的孩子们已经长大成人，并且也被工作、健身房和越野车占据了绝大部分时间。所以，任何能在"厨房奥运会"上赢得速度金牌的小玩意儿都绝对会大卖。

在所有的烹饪过程中，有两个耗时步骤是不管你如何走捷径也绕不过去的。一个是热量传递——将热量传递到食物内部。这可能是许多"快手"食谱的瓶颈，因为大多数食物都不是良好的热导体。另一个耗时步骤是烹饪反应自身，将我们的食物从生变熟的化学反应是相当缓慢的。

微波炉通过在食物内部产生热量而绕过了热传导的缓慢过程，但诸如汤和炖菜等许多菜肴，是在以水为基础的烹饪方法中缓慢地合成风味物质的，比如炖煮：在一个有盖的容器中，将肉和蔬菜放入少量液体中小火煨炖。你不能用微波炉来做这些，因为微波炉烹饪靠的是微波，而不是微沸的液体。

我们会通过使用更高的温度来加快炖煮的速度，因为包括烹饪在内的所有化学反应都会因更高的温度而加速进行。但这个方法有一个很大的障碍：水的固有温度上限是212℉（约100℃），这是它在海平面水平的沸点。把温度调高至火焰喷射器的水平，水或酱料肯定会沸腾得更快，但其温度不会更高。

高压锅登场了。它能将水的沸点提高至250℉（约121℃）。

怎么提高？我很高兴你问了这个问题，因为烹饪书籍很少会告诉你答案，甚至连炊具附带的使用说明都鲜少解释这点。

水要达到沸腾，其中的水分子必须获得足以从液体中逃逸的能量，并以水蒸气的形式自由飞入空气中。要做到这一点，水分子们必须推动覆盖我们整个星球的大气层。空气很轻，但它的厚度高达 100 英里以上，这可是一条很重的"毯子"，在海平面水平，它每平方英寸（约为 6.45 平方厘米）的重量约为 15 磅（约等于 13.6 斤）。在常压下，水分子必须获得相当于 212℉（约100℃）温度所具有的能量，才能推动 15 磅每平方英寸的"毯子"并蒸发。

现在让我们在高压锅里加热少量的水，高压锅是一个密闭容器，有一个可以控制的小排气口，用来释放空气和蒸汽。水开始沸腾时会产生蒸汽，而此时排气口是关闭的，因此容器内的压力会升高。当锅内的空气总压力达到 30 磅每平方英寸时（其中 15磅来自大气压，15 磅来自蒸汽），排气控制器才会将多余的蒸汽排放到厨房中。之后，高压锅会将锅内压力保持在 30 磅每平方英寸的水平。

现在，为了推动这个更厚的"毯子"产生的压力并保持沸腾，水分子必须获得比之前更大的能量。为了克服 30 磅每平方英寸的压力，它们需要的能量等同于 250℉（约 121℃）所具有的能量，于是，这个温度变成了水的新沸点。高温高压的蒸汽会渗透到食物的各个部位，从而加快烹饪速度。

当你开始加热密封的高压锅时，排气口会释放空气，直到水开始沸腾并形成蒸汽。蒸汽压力通过某种限压装置保持在所需的30 磅每平方英寸。这种限压装置通常是排气管顶端的一个小重物。在烹饪过程中，这个重物会被摆到一边，释放出所有超过 30 磅每平方英寸的蒸汽并发出嘶嘶声，从而让人害怕它是不是要爆炸了。然而它不是。较新型的压力锅在保持压力的设计方面中使用的是弹簧阀而非重物。

在烹饪过程中，你可以调节燃烧器，使食物快速沸腾以保持蒸汽压力，但又不能太快，否则过量的蒸汽会通过排气口流失。无论如何，你都无法将压力调节器变成炸弹。经过特定时长的烹饪后，锅冷却下来，里面的蒸汽就会凝结并重新变回液体，从而释放压力。安全装置会确保你开盖盛菜时，压力已经完全消失（有些型号的高压锅在压力完全散尽之前是无法打开的）。

厨房磁场

我的邻居们刚刚重新装修了他们的厨房，安装了电磁炉灶。它是如何工作的？

微波炉是百年来第一种为烹饪提供热量的新方法。现在，有了第二种：电磁感应加热。

在过去的十多年里，一些欧洲和日本的餐饮厨房已经开始使用电磁感应，在美国商业厨房中使用的历史还要更短些。现在，电磁感应已经开始在家庭中崭露头角了。

电磁炉灶和电炉灶的不同之处在于，电炉灶的表面是通过金属（燃烧器线圈）的电阻来产热的，而电磁炉灶的表面是通过金属（也就是炊具自身的金属）的磁阻来产热的。

它的工作原理如下：

在你邻居炉灶那漂亮光滑的陶瓷表面下有几圈电线，就跟变压器里的电线差不多。当某一个炉子的加热装置被打开时，房子里的 60 周期交流电（简称 AC）就会开始流入加热器。由于一些我们不会深入追究的原因（甚至爱因斯坦也不能给出完美解答），每当电流流过一个线圈，它就会使这个线圈具有磁铁的特性，包括磁铁的正负两极性。在这种情况下，因为交流电的方向每秒反转 120 次，磁铁的极性也会跟着每秒反转 120 次。

到目前为止，厨房里不会有任何迹象表明发生了什么事情——磁场是看不见、摸不着也听不见的东西。而此时，灶台还是凉的。

现在，把一个铁制煎锅放在线圈上。交变磁场会将煎锅中的铁磁化，使其极性一会儿朝这个方向，一会儿朝那个方向，以每秒 120 次的速度来回调转。但是让被磁化的铁改变其极性并不是那么容易的事，它会在很大程度上抵抗这种改变。这会浪费大量的磁能，而被浪费掉的磁能会表现为铁中的热量。最后的结果只是锅变热了，没有火焰或炽热的电线圈，整个厨房都很清凉。

任何可被磁化的（专业术语：具有铁磁性）金属都会被这种电磁感应过程加热。铁无疑会的，不管有没有上釉。大部分（但非全部）不锈钢也会，但铝、铜、玻璃和陶器不会。要想知道某种给定的锅具是否适用于电磁炉，可以从冰箱上取下一枚蠢萌的冰箱贴，看看它是否会粘在锅底。如果会的话，这个锅就可以用来做电磁烹饪了。

这么看来，除了电磁炉的昂贵成本之外，你还没法用那些心爱又昂贵的铜锅。你的邻居在购买他们那很棒的高科技炊具之前，有没有想过这一点？

要有热！

据说有一种新型的炉子，可以用光而非热来烹饪。
它是如何工作的？

这是继火、微波和电磁炉之后的第四种烹饪用新型加热方式吗？不是。这种所谓的光波炉产生热量的方式和你的电炉灶差不多：通过金属的电阻加热。

自 1993 年以来，光波炉就被用于专门的商业用途，但直到现在才在家庭中得到应用。可力士（Quadlux）公司生产的台面式或壁挂式的 FlashBake 烤箱于 1998 年 12 月面世，而通用电器也于 1999 年 10 月开始向建筑商和厨房安装承包商提供其嵌入式的 Advantium 烤箱。

当我第一次听说光波炉时，我的多疑按钮被狠狠捶了一下。它的某些宣传声明听起来像是伪科学的炒作：它们"利用了光的力量"，它们烹饪时"快如光速"并且"由内而外"。

光确实是以接近光速的速度在传播，但光并不能深入穿透大多数固体。你可以试着隔着一块牛排读这一页。那么，如果光并非十分强烈，它如何能在食物内部储存足够的能量来烹制食物呢？我想到了激光那种超强的光束，我们用它来做各种各样的事情，从眼部手术到用小红点来骚扰邻居，但它们的光线是如此地紧凑且集中，一次能烹熟一粒大米就不错了。

啊，但有"光"以后，还有其他的"光"。光波炉的秘密不仅在于其辐射强度，还在于它所产生的混合波长。以下是我从通用电气的一些技术人员那里收集的信息，讲述了光波炉是如何工作的（他们不会泄露所有秘密）。

"上帝说：'要有可见光，也要有紫外线、红外线以及整个长长短短各种波长组成的电磁波谱。'"（一个不严谨的引用）我们人类常说的光（light）是指我们的眼睛能够察觉到的太阳能光谱中的一小部分。但在更广泛的意义上，"光"一词确实需要一份更详尽的说明书。

光波炉包含了一组特别设计且寿命较长的 1500 瓦卤素灯（halogen lamp），这与许多现代灯具中的卤素灯差别不大。但是家用卤素灯输出的能量中只有 10% 是可见光，还有 70% 是红外线辐射，剩下的 20% 是热量。光波炉中的卤素灯会产生一种由可见光、各种波长的红外线和热量组成的神秘混合辐射。正是这三者的结合起到了烹饪作用。

可能有很多科学书籍告诉你，红外辐射不是热量，而是一种辐射能量，只有被物体吸收后才能转化为热量。但不管怎样，我称之为"正在传输的热量"。太阳的红外线辐射只有被你的车顶吸收后才算得上是热量。一些餐厅的服务员动不动就像去度假了一样找不到人，在他们休假回来能帮你上菜之前，你的菜肴就是放在"保温灯"上的，"保温灯"会散发红外线辐射，食物吸收辐射即可保温。

光波炉的可见及近可见光确实能在一定程度上穿透肉类，就像你可以在黑暗的房间里用手电筒照透拇指。而且，它们不像微波那样会被水分子吸收，所以它们可以将所有的能量直接储存在食物的固体部分，而不用因为要先煮热水而浪费能量。卤素灯发出的某些波长可以穿透深达 0.3 英寸到 0.4 英寸的食物。这个数字听起来可能不大，但储存在这个深度的热量会继续传导进食物更深的部位。而且，光波炉还作弊，在卤素灯的基础上还加入了微波，使得穿透可以更深入（你可以把光波炉当成微波炉用）。

与此同时，长波长的红外线辐射和热量会被食物表面吸收，使食物变棕变脆，这是微波炉无法做到的。普通的烤箱需要很长时间才能使食物褐变，因为只有部分热量通过红外线辐射到达食物，其余的热量只能通过空气到达，而空气的导热性很差。光波炉的红外线辐射会直接加热食物表面，因此比起普通烤炉，它能使食物表面达到更高的温度，从而更快让食物褐变。

事实上，速度正是光波炉的主要卖点。当通用电气的市场调研团队询问消费者最希望他们的家用电器具备什么品质时，他们得到的前 3 个答案除了速度还是速度。消费者们说，他们希望能在 20 分钟内完成一只整鸡的烤制，并在 9 分钟内煎好牛排。

光波炉真正了不起的是它的计算机技术。它含有一个由专用软件驱动的微处理器，可以按照精心设计的顺序调节卤素灯和微波发射器的开关，以确保每道菜都达到最佳烹饪效果。通用电气的市场调研发现，90% 的美国消费者只烹饪 80 个菜谱（不予置评），所以这 80 个菜谱被编程进光波炉的数据库，用于快捷烹饪按钮。只要输入你用的是什么样的牛排、它的厚度和重量，以及你想用什么烹饪方式，那么，还不等你开口念饭前祷告，牛排就已经躺在你的盘子里了。

现在，我们只差一台能包揽所有的音乐、烛光、社交和葡萄酒的电脑来"浪费时间"了。

科技的三六九等

为什么饼干有孔?

为什么饼干和无酵饼(matzo)上会有那些小孔呢?

咸饼干(Saltine)、全麦薄饼(Wheat Thins)、薄脆饼干(Triscuits)、乐之饼干(Ritz Crackers)、全麦粉酥饼(Grahams),凡是你能叫得出名字的脆饼干,几乎没有一款是不带小孔的。

犹太逾越节上那些无酵饼(未发酵的面包干)制作者在打孔这件事上简直如撒欢的野马一样疯狂(请原谅这个形容)。无酵饼上的孔比普通脆饼干多得多。但这不仅仅是因为传统,而是有非常实际的目的。还有,奇宝(Keebler)公司旗下的克拉布(Club)牌脆饼干上的18个孔绝对不是精灵们的高尔夫球场。

据奇宝公司的一位发言人说,对于那些似乎无所事事的人来说,饼干上的孔总有一种神秘感。这些人总喜欢打电话给奇宝公司的客户关系热线,询问诸如"为什么苏打饼干上有13个孔,全麦饼干上的孔数量不一,而芝趣(Cheez-It)牌奶酪小饼干上只有一个孔?"之类的问题。答案是:"它们就是那样的。"

下面是饼干打孔科学的入门知识。

如果你像饼干工厂做的那样,在一个巨大的搅拌器里搅拌1000磅重的面团,就无法避免空气混入面团中。然后,如果你把擀得非常薄的面团放进高温烤炉(苏打饼干的烤制温度为650℉到700℉[约等于343℃到371℃]),被困在面团中的气泡就会膨胀形成一个凸起,甚至可能破裂。空气分子受热会加速运动,对其边界产生更强的挤压力,因此空气受热会膨胀。

　　薄皮的凸起处不仅难看，还特别容易烤熟，因此会在其余的面团还没烤好之前就被烤焦。而且，如果它们破裂了，饼干表面就会留下如火山口一般的坑坑洼洼的痕迹。下午茶桌上摆一盘看起来像烧焦的战地一般千疮百孔的饼干可太掉价了。

　　因此，擀成薄薄一层的面团在被送入烤箱之前，会有一个"打孔器"（docker）——一个带有尖刺或针状物凸起的大圆柱体，在面团表面进行滚动。针状凸起会刺破气泡，并在面团上留下泄露机密的小孔。对于不同种类的饼干，针状凸起的间隔也是不同的，这与饼干成分、烘烤温度和期望的最终外观有关。比如，消费者似乎更喜欢苏打饼干具有轻微起泡、仿佛起伏的丘陵般的外观，所以其工艺允许两个小孔之间出现一些气泡。而那些中间只有一个孔的方形芝趣牌小饼干，看起来则像是一个被砸了个坑的枕头。

　　如果读到这里，你还没有觉得关于饼干小孔的信息量过大，那么你可以看看这个：对含有小苏打这类膨松剂的饼干来说，其面团会在醒发或焙烤的过程中不断上升膨胀，并可能会掩盖部分小孔。但通常来说，它们仍然存在，至少对气泡还有轻微的抑制作用。你觉得 Wheat Thins 牌薄脆饼干上没有孔？拿一片对着光，你就会看到那些"已经石化"的小孔残骸。即使是表面崎岖不平的 Triscuit 牌饼干，每片也有 42 个洞呢！

　　无酵饼尤其需要打孔，因为它需要经过 800°F 至 900°F（约 427°C 至 482°C）高温下的快速焙烤。在这样的高温下，面团的表面会很快变干，每一个膨胀的气泡都会顶破硬化的面皮并爆裂，搞得整个烤箱里全是犹太食物的碎片。因此，需要一个工作量巨大的泡泡粉碎过程。这一过程通过用"细点辊印机"滚压面团完成，"细点辊印机"和"打孔器"很像，但上面一排排的齿排列更加紧密。无酵饼上那些平行的犁沟就是这么来的。

因为逾越节的饮食法禁止使用任何膨松剂，所以无酵饼只能用面粉和水制作。事实上，无酵饼的打孔如此彻底的其中一个原因就是为了避免出现加了膨松剂的那种外观，尽管无酵饼中只有膨胀的气泡。因为无酵饼未经发酵，面团不会在烤箱中膨胀并掩盖小孔的痕迹，所以这些小孔在成品中依然很显眼。不过，你还是会在无酵饼上的排孔之间看到一些小气泡。这些小气泡避开了打孔过程，但没有机会长成具有破坏性或爆裂性的大小。这些未破裂的气泡有助于无酵饼形成其有趣的外观，因为气泡的薄皮会比面团的其余部分更快褐变。

现在你知道为什么在烤馅饼之前要先给馅饼皮扎孔了，还有，为什么保险起见，要用一袋豆子或馅饼皮的重量把面团压住。除了面团本身还有的气室，面团和烤盘之间也可能藏入一些空气。如果你没采取这些预防措施，倒也不会发生爆炸，只不过你的馅饼底部可能会变成拱形。

我这里有个简单的方法，可以把橄榄或腌制小黄瓜从塞得很满的罐子里拿出来。（他们是怎么把罐子塞得这么满的？）这种抓取小工具在五金和厨具店均有出售。它看起来像个皮下注射器。你按下活塞，底端就会出现三四个钢丝触手。把钢丝触手伸入到你的"猎物"那里，松开活塞，钢丝触手就会试图缩回管中，并紧紧抓住"猎物"。再按一次活塞即可取下"猎物"。

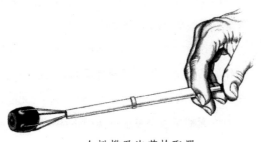

一个橄榄及泡菜拾取器

讲讲辐射

关于食品辐射这个话题有很多争议。

辐射究竟是什么？安全吗？

食品辐射是指生产商在将食品运往市场之前，将其置于强烈的 γ 射线、X 射线或高能电子场中的处理方式。

他们为什么要这么做？

1. 辐射能够杀死有害细菌，尤其是大肠杆菌、沙门氏菌、葡萄球菌和李斯特菌等，从而减少食源性疾病的危险。

2. 辐射可以在不使用化学杀虫剂的情况下杀死昆虫和寄生虫（为了这个目的，美国现在使用的许多香辛料、药草和调味品已经进行辐射处理有一段时间了）。

3. 辐射会抑制食物的腐烂，并且会增加世界上现有的食物供给。对于世界上 30 多个国家的大约 40 种不同的食物来说，辐射是常规处理方法，这些食物包括水果和蔬菜、香辛料、谷物、鱼类、肉类和禽类。

对于食品辐射的广泛使用，有两类反对意见。一类关注社会经济问题，另一类关注安全问题。

社会经济学方面的主要反对意见是，食品辐射可能会被食品行业用来满足一己私欲。比起改善食品及农业行业那不甚令人满意的卫生法案，该行业可能反而会依赖辐射，将其用作"抵消"肉类及其他食品污染或粗制滥造等情况的最终手段。

我不会为农业综合企业说话，也不会为任何以赚钱为唯一目的，甚至不惜牺牲公共安全的企业辩护。比如，非法倾倒有毒废物的历史不容辩驳，更不用说某个行业内部串通一气，对其产品燃烧所产生的烟雾会对吸入者产生致命影响的事实加以掩盖。从这种角度来看，很难相信食品生产商们倾心于食品辐射是出于什么好的意图。

但是，我在此撇开对食品辐射支持或反对的政治、社会和经济的争论，仅以一个公民的身份提出一些我自身的看法，这些看法更多地集中在我认为自己更有资格发言的科学问题上。只有弄清楚科学事实，才有可能在解决其他问题时保持最低限度的客观性。

食物辐射安全吗？飞机安全吗？流感疫苗安全吗？人工黄油安全吗？活着安全吗？（当然不，谁最后还不得死呢？）我无意蔑视这个问题，但"安全"可能是英语中最没用的词了。上下文、影射、理解和暗示都严重影响了这个词，使其失去了所有意义。而一个毫无意义的单词丝毫无益于语言的真正目的。

所有科学家都会告诉你，证明否定的命题几乎是做不到的。也就是说，试图证明某事（比如，某种不幸事件）不会发生是徒劳的。证明某事确实会发生则相对容易——只要尝试几次，注意到它发生了即可。但如果它没有发生，总会有下一次，而预测下一次是预言，不是科学。归根结底，科学只能处理可能性。

那么，请允许我重新表述这个问题。食用经过辐射处理的食品有多大机会和概率会产生某种不利于健康的影响？科学上的共识是"非常渺茫"。

以下是一位曾在他的时代制造并暴露于辐射之下的核化学家（我）的一些快问快答：

辐射食品会导致癌症或遗传性损伤吗？这种情况从未发生过。

辐射会使食物具有放射性吗？不会。辐射的能量太低，不足以引起核反应。

辐射会改变接受辐射的物体的化学成分吗？当然会。这就是它的工作原理。这点稍后会详细解释。

有个很大的问题：很多人第一次听说"辐射"这个词，都是通过"致命辐射"（媒体就喜欢用这个词）这个语境，这种辐射来源于原子弹和破损的核反应堆，但辐射其实是一个更宽泛、更友好的概念。

辐射是以接近光速从一个地方运动到另一个地方的能量波或粒子。台灯发出我们称之为光的可见光；烤箱里的加热模块会向你的牛排发出肉眼不可见的红外线辐射；你的微波炉会把微波辐射传送到你的冷冻豌豆中；手机、收音机和电视台发出的辐射承载着无聊的闲扯、垃圾音乐和傻乎乎的情景喜剧。

没错，核反应堆里有强烈的核辐射，它来自放射性物质，包括用于食品辐射的 γ 射线。这些放射性物质和同样用于食品辐射的 X 射线与高能电子束并称为"电离辐射"，因为它们含有的能量足以将原子分裂成"离子"（带电荷的小碎片）。电离辐射对从微生物到人类的生物来说都是非常危险的。

但是我们烹饪的热量跟地狱里的火焰产生的热量一样。你不会想要跟你的烤肉一起待在烤箱里，就像你不想跟核反应堆待在一起或者在食物接受辐射时站在旁边一样。这不代表烹饪或辐射极其危险，这完全是谁或者什么接受了辐射的问题。

X 射线和 γ 射线能深入植物和动物组织，并在这一过程中对活细胞中的原子和分子造成损害。这两种辐射和电子束一起被用于食品辐射，它们会破坏昆虫和微生物的细胞，改变它们的 DNA，阻止它们繁殖，甚至让它们无法存活。当然，热量也有同样的效果。这就是牛奶、果汁和其他食品要通过加热进行巴氏杀菌的原因。但是，许多细菌比巴氏杀菌法的目标细菌更难被杀死。因此，更严苛的措施必不可少，但更高的温度会过多地改变食物的味道和质地。这时，辐射就登场了。

电离辐射可以打破将分子结合在一起的化学键，接着，这些碎片可能会重新组合成新的非常规结构，形成被称为辐射分解产物的新化合物分子。因此，辐射确实会引起破坏性的化学变化，这就是它杀死细菌的方式。但是，虽然细菌 DNA 的变化对它们来说是致命的，但所使用的辐射强度对食物本身造成的化学变化微不足道。在辐射产生的新化合物中，有 90% 本就天然存在于食物当中，尤其是熟食（烹饪当然也会引起化学变化）。剩下的 10% 呢？在批准食品辐射前，FDA 审查了超过 400 项研究，没有发现食用辐射食品会对人体或几代动物产生不利影响。

虽然没有任何东西可以标榜自己绝对"安全"，包括巧克力布丁，但我相信一个著名的科学原理：布丁的好坏要吃了再说。显然，FDA、美国农业部、疾病控制和预防中心、美国食品技术协会、美国医学会和世界卫生组织也是这么认为的，他们都已经认可了多种形式的辐射食品的安全性。

食品辐射器的广泛使用将对放射性废物的处置造成严重问题，这一点常常引人担忧。考虑到核反应堆燃料回收过程中产生的大量高放射性废物，人们自然会对废弃的食品辐射器的处理产生疑问。尽管食品辐射器很危险，但它们与核反应堆的区别就像手电筒电池与发电厂的区别一样。食品辐射确实用到了放射性物质，但并没有产生废料。

让我们来一个一个看看这三种食品辐射器的危险之处。

用于食品辐射的 X 射线和电子束一旦关闭开关，就会像灯灭光尽一样即刻消失，不会有任何残留的危险和放射性。

钴-60 辐射器在世界各地的癌症治疗中的安全使用史已有几十年之久。放射性钴必须通过大型混凝土墙与人们隔绝开来，它是以固体金属"铅笔"的形式存在的，不会泄漏，没有人会把它扔到附近的小溪里。食品辐射的反对者指出，1984 年，一个钴放射治疗机不知怎么被运到了墨西哥的一个废料场，最终，大量像桌腿这样的钢铁废品都染上了它的放射性。但这跟放射性废料没关系，这是由愚蠢或贪婪引发的可悲例子，没有预防和监管能够从人类心灵中抹去这两种特征。

铯-137 是另一种应用于某些辐射器中的放射性 γ 射线源，它呈粉末状，被封装在不锈钢中。作为反应堆燃料的回收副产品，它的半衰期是 30 年，所以在它漫长的使用寿命结束后，它会回到反应堆废料中，如同沧海一粟。1989 年，一处用于消毒医疗用品的铯-137 源确实发生了灾难性的泄漏，但这个问题已被搞清楚并得到了解决。

以下是一些常见的关于食品辐射的"技术性"反对意见：

"食品辐射使用了相当于 10 亿次胸部 X 光片的辐射量，这足够让一个人死上 6000 次以上。"

我只想说，风马牛不相及。食品辐射用于食品，而不是人体。炼钢厂里的钢水温度高达 3000℉（约 1649℃），足以将人体蒸发。因此，我们建议炼钢厂工人不要在装有钢水的大桶中洗澡，食品辐射机构的工人也不要在食品辐射传送带上打盹。

"每吃一口辐射食品，我们就会间接地接触到电离辐射。"

食品中绝对没有辐射，不管是直接的还是间接的，不管他的"直接"和"间接"如何定义。我们每接触的一块钢，都"间接接触"3000℉（约 1649℃）的高温了吗？

"电离辐射可以杀死有害微生物，但也会杀死有益微生物。"

这话不假。罐装和几乎所有其他食品保存方法也是如此。但那又怎样？一份没有有益微生物的食物是无害的。

"电离辐射没有针对性，比如，它无法区分大肠杆菌和维生素 E。它途经的包括营养物质在内的一切都会被改变。"

这在某种程度上也是正确的，这取决于食物和辐射剂量，但我不觉得损失了一些维生素是禁止食品辐射杀菌的理由。所有的食品保存方法都会在一定程度上改变食品的营养成分，而且，难道有人的饮食结构中只包含辐射食品吗？

那么，食品辐射安全吗？什么东西能被证明是绝对安全的呢？随便拿一瓶健康补给品或救命的处方药，读一读包装上那密密麻麻的"潜在副作用"说明吧。如果"绝对安全"是批准新药的标准，我们就不会有药品面世了。马里兰大学医学院微生物学与免疫学教授詹姆斯·B. 凯帕（James B. Kaper）曾亲眼目睹大肠杆菌感染对儿童的毁灭性影响，他指出："或许最终会证明食品辐射与某些轻微的副作用有关。但到那个时候，很多人，尤其是儿童，将死于大肠杆菌，而他们本可以通过食用辐射食品得到保护。"

生活就是一场持续的风险-收益评估，科技的进步总是伴随着某种程度的风险，如附骨之疽。比如，我们的家庭直到19世纪的最后10年都没有电。而在20世纪的最后10年中，美国每年因电灯、开关、电视、收音机、洗衣机、烘干机等家用电器而触电致死的平均人数已经超过200人，另外还有约4万起电器火灾，导致300人死亡。我们为家里有电而导致的这些惨剧表示哀痛，但也接受这样的潜在危险，因为电带来的好处大大超过了风险。

我们必须权衡，保存食物，消灭有害细菌、昆虫及寄生虫，以及扩大世界粮食供给和拯救生命这些好处，与可能性小得多且肯定不会危及生命的风险。

在冬天的仙境中交谈

我被冰箱里的各种独立分隔弄糊涂了。我应该在每个分隔里放些什么？比如，"保鲜储藏格"是干什么用的？

每次我打开冰箱门，我的暹罗猫亚历克斯就会盯着里面的

东西看，就像威利·萨顿 [①]（Willie Sutton）窥视诺克斯堡（Fort
Knox，美国储藏本国黄金的地方之一）一样。它知道那个巨大
的、白色的、坚不可摧的保险箱里藏着生活所有的乐趣（它已经
做了阉割手术了）。

我们人类也没有太大的不同。冰箱是我们的宝库，它的内容
甚至比我们穿的衣服或开的车更能反映出我们的个人生活方式。

当然，冰箱的主要用途是展示各种各样傻乎乎的冰箱贴，更
别说还有儿孙辈那些涂鸦"艺术品"了。但除此之外，冰箱还会
产生低温，而低温会减缓食物腐烂的每一个步骤，从化学酶反应
到细菌、酵母和霉菌等活蹦乱跳的微生物的破坏。

我们要抑制的细菌有两种：致病性（能引起疾病的）细菌和
腐败细菌。一方面，腐败细菌会使食物变得令人作呕，难以入口，
但这些细菌通常不会使我们生病。另一方面，致病菌可能完全无
法通过味道或外观察觉，但仍然非常危险。低温对两者皆有抑制
效果。

现在，爱丽丝，你想去参观一下冰箱仙境吗？只要喝光这瓶
写着"喝我"的小瓶子里的药，你就会变小并跟着白兔进入冰箱。

爱丽丝：呃……这里好冷啊！

白兔：没错。我们降落在冷冻室，冷冻室通常在顶部，因为
冷空气会下降，任何下降的冷空气都会帮助下面的部分降温。

爱丽丝：这里到底有多冷？

白兔：冷冻室应该一直保持在 0°F（约-18°C）或更低的温度。

---

① 20 世纪 30 年代纽约银行大盗。

这个温度比水的冰点还低 32℉（0℃）。

爱丽丝：我怎么才能知道家里的冰箱够不够冷呢？

白兔：买一个冰箱冷冻室温度计，它是专门用来准确测量低温的。把它埋进冰箱里的冷冻食品包装之间，关上冰箱门，等 6 到 8 个小时。如果温度计读数不是零下几华氏度，那就调整冰箱的温度控制旋钮，6 到 8 小时后再检查一次。

现在让我们爬到冰箱的主要部分，那里比较暖和。

爱丽丝：你管这叫暖和？

白兔：一切都是相对的。厨房至少比这里暖和 30℉。冰箱的工作原理是把热量从我们所在的这个盒子里带走，但是热量就是能量，你不能凭空抹杀能量——把它从一个地方移开，它就会转移到另一个地方。对冰箱来说，它把这些热量扔进了厨房。疯帽子说，冰箱实际上是厨房的加热器，他说得没错。事实上，冰箱发出的热量比它从内部移走的热量还要多，因为抽走热量的机械本身也会产生热量。这就是你不能通过开着冰箱门给厨房降温的原因——你只是把热量从一处移到了另一处，甚至还增加了一些热量，丝毫做不到降温。

爱丽丝：冰箱是怎样把热量抽走的？

白兔：冰箱含有一种容易蒸发的液体，叫作氟利昂，至少在科学家发现氟利昂会破坏地球臭氧层之前的冰箱都是这样的。新型冰箱用的是一种更加无害的化学物质，它有个没什么意义的名字，叫 HFC-134a。不管怎样，当液体蒸发（沸腾）时，它会从周围环境吸收热量，从而使温度降低（没有篇幅写原因了）。如果将蒸气压缩成液体，它又会将热量重新释放出来。冰箱让液体在盒子里蒸发，冷却你在冰箱内壁上看到的金属盘管。然后，它将蒸气再次压缩为液体（你听到的嗡嗡声是压缩机马达的声音），并将由此产生的热量通过隐藏在盒子背面或下面的迷宫般的盘管散发到盒子外面。恒温器会根据需要开关压缩机，以保持适当的温度。

爱丽丝：什么样的温度才算适当？

白兔：冰箱的冷藏隔间应该始终保持在 40℉（约 4℃）以下。超过这个温度，细菌就可以迅速繁殖并造成危险。

爱丽丝：我能用我的新温度计测量一下吗？

白兔：当然。把它放在冰箱冷藏室中的一杯水里，等 6 到 8 个小时。如果读数超过 40℉（约 4℃），调节冷藏室的主要控制旋钮，并在 6 到 8 小时后再次检查温度。

爱丽丝：我敢肯定，我的每一台电冰箱的温度都会正好合适，谢谢你，但我应该在里面放些什么呢？

白兔：你懂的啦，就是那些平常的东西。活蟹——冰箱可以让它冷静下来，以免你蒸制它们的时候它们甩掉钳子；滴上了烛泪的桌布——蜡变硬了你就可以把它刮掉了；用塑料袋装好的来不及熨烫的湿衣服；旧绢花……

爱丽丝：好吧，万事通。有什么东西不应该放在冰箱里吗？

白兔：有。西红柿如果冷藏到 50℉（约 10℃）以下就会失去一种重要的化学物质，从而导致其风味丧失。土豆的一些淀粉会转变为糖，从而变得太甜。面包如果包得不紧会变干老化，霉菌孢子也可能会在塑料袋里生长，最好把面包冷冻起来。量比较大的还温热的剩菜会使冰箱升温至对细菌无害的水平，这很危险。把量大的剩菜分成容易冷却的小份放进容器中，放入冷水中冷却后再放进冰箱。不要把剩菜留在台面上冷却，这会使它们长时间处在危险温度中。

　　爱丽丝，小心！你离架子的边缘太近了！

　　爱丽丝：救命！我掉进这个抽屉里了。这是哪儿？

　　白兔：你在保鲜储藏格里。

　　爱丽丝：我不觉得我需要被保鲜。

　　白兔：保鲜储藏格只适用于水果和蔬菜，它控制的是湿度而非温度。湿度如果不能保持在相对较高的水平，蔬菜就会变干、蔫掉。保鲜储藏格是一个密封的盒子，可以保留水蒸气。但是水果需要的湿度比蔬菜需要的更低，所以一些保鲜储藏格有可调节的开口，你应该在每次换食物的时候重新调整。

　　爱丽丝：好的，没问题。我们下面的另一个隔间是什么？

　　白兔：那是肉类储藏格。它是冰箱里除了冷冻室外最冷的部分。它在冰箱的底部，因为冷空气会下沉。肉和鱼必须尽可能保持低温，但新鲜的鱼无论如何不能在冰箱存放超过一天。

　　说到肉，我要迟到了。来，喝下这瓶写着"喝我"的瓶子里的药，你就会再次变大，我们这就离开这里。

　　别忘了关灯。

拓展阅读

食物的世界是无限的。科学的世界是无限的。任何一部作品都只能展示它们或它们交集的冰山一角。

在这本书中，我选择了一些实用的问题，我希望这些问题对好奇的家庭厨师有所助益，我也尽可能地使用非技术性语言对这些问题进行了讨论。我最大的希望是，抛砖引玉，刺激我的读者对厨房科学产生深入理解的兴趣。对于那些已经被吊足了胃口的人，我在这里列出了一些更深入探讨食物科学的作品。

技术类书籍（不含食谱）

贝里茨·汉斯-迪特（Belitz，Hans-Dieter）和格罗夫奇·沃纳（Grosch，Werner）的《食品化学》第二版。柏林海德堡的斯普林格出版社（Springer-Verlag）1999 年出版，涉及详细、先进的食品化学及烹饪化学，有容易理解的索引。

本尼恩·马里恩（Bennion，Marion）和朔伊勒·芭芭拉（Scheule，Barbara）的《食品入门》第 11 版。新泽西州上萨德尔里弗的普伦蒂斯·霍尔出版社（Prentice-Hall）2000 年出版，是大学食品科学课程的教科书。

范内马·欧文·R.（Fennema，Owen R.）编纂的《食品化学》第三版。纽约的马塞尔·德克尔出版社（Marcel，Dekker）1996 年出版。这本参考书中包含了 22 位食品科学家贡献的专业的章节。

麦吉·哈罗德的《关于食品和烹饪：厨房中的科学和知识》。纽约的麦克米伦出版社（Macmillan）1984 年出版，是一本全面的开创性经典之作，涵盖了食品与烹饪的详细历史，传统及化学知识。

威廉姆斯·玛格丽特（McWilliams，Margaret）的《实验角度看食品》第四版。新泽西州上萨德尔里弗的普伦蒂斯·霍尔出版社 2000 年出版，包含食品的成分、结构、检验与评估。

彭菲尔德·马乔里（Penfield，Marjorie）和坎贝尔·艾达·玛丽（Campbell，Ada Marie）的《食品科学实验》第三版。加利福尼亚圣地亚哥的学术出版社（Academic Press）1990 年出版，涉及了食品的实验室检测和评估。

波特·诺曼·N.（Potter，Norman N.）和霍奇基斯·约瑟·H.（Hotchkiss, Joseph H.）的《食品科学》第五版。纽约的查普曼和霍尔出版社（Chapman & Hall）1995 年出版，是一本关于食品科学与技术的大学教科书。

专业性较低的书籍（含菜谱）

巴勒姆·彼得（Barham，Peter）的《烹饪的科学》，柏林的斯普林格出版社 2000 年出版，涉及入门级化学，以及肉类、面包、酱料等章节。附带 41 个食谱。

蔻瑞荷·雪莉·O.（Corriher, Shirley O.）的《烹调巧手：烹饪成功的方法及原因》，纽约的莫罗出版社 1997 年出版。本书解释了各种食材的作用、作用原理，以及如何最大限度地利用它们，尤其是在烘焙方面。附带 224 个食谱。

格罗塞尔·亚瑟·E.（Grosser, Arthur E.）的《食谱破译器》或《烹饪炼金术之道》，纽约的博福特出版社（Beaufort Books）1981年出版。由加拿大一位化学教授收集的厨房科学信息整合而成，虽然有点异想天开，但很实用，附带121个食谱。

希尔曼·霍华德（Hillman, Howard）的《厨房科学》，波士顿的霍顿·米夫林出版社（Houghton Mifflin）1989年出版，附带5个食谱。

麦吉·哈罗德（McGee, Harold）的《好奇厨师：更多厨房科学和知识》，旧金山的北点出版社（North Point Press）1990年出版。是专题合集，讨论详细，附带20个食谱。

帕森斯·拉斯（Parsons, Russ）的《如何读懂炸薯条和其他有趣的厨房科学故事》，波士顿的霍顿·米夫林出版社2001年出版。本书有对油炸食品、蔬菜、鸡蛋、淀粉、肉类、脂肪等进行了实用讨论，附带120个食谱。

术语表

酸——所有能在水中产生氢离子（H^+）的化合物（化学家有时会使用更宽泛的定义）。酸的强度各有不同，但它们尝起来都是酸的。

强碱——日常生活中所有能在水中产生氢氧根离子（OH^-）的化合物，如碱液（氢氧化钠）和小苏打（碳酸氢钠），被化学家们称为碱（base）。更严格地说，强碱（alkali）是一种特别强的碱（base）：钠、钾或其他所谓碱性金属的氢氧化物。酸和碱（包括强碱）会相互中和形成盐。

生物碱——在植物中发现的一种苦味的、具有生理活性的化合物。生物碱家族成员包括阿托品、咖啡因、可卡因、可待因、尼古丁、奎宁和士的宁。

氨基酸——既含有氨基（$-NH_2$）又含有酸根（$-COOH$）的有机化合物。在这些化学式中，N = 氮，H = 氢，C = 碳，O = 氧。蛋白质的天然组成成分包含大约 20 种不同的氨基酸。

抗氧化剂——一种化学化合物，可以防止食物或体内的不良氧化反应。在食物中，最常见的需要预防的氧化反应是脂肪的酸败。食品中常用的抗氧化剂包括二丁基羟基甲苯（简称 BHT）、丁基羟基茴香醚（简称 BHA）和亚硫酸盐。

原子——化学元素的最小单位。已知的化学元素有 100 多种，每一种都是由该元素特有的原子组成的。

英热单位（Btu）——英国热量单位，一种能量单位。4 个英热单位约等于一个营养学卡路里。燃气炉或电炉是根据它们每小时产生的热量的英热单位数来评级的。

卡路里——能量单位，最常用于表示食物在人体代谢时所提供的能量。

碳水化合物——存在于生物体内的一类化合物，包括糖、淀粉和纤维素。碳水化合物是动物的能量来源，也是植物的组成部分。

偶极子——两端各带有正电荷和负电荷的分子。

二糖——分子可以被分解（水解）成两个单糖分子的糖。蔗糖是双糖中常见的一种，是甘蔗、甜菜和枫糖中的主要糖类。

电子——一种非常轻的带负电荷的基本粒子，占据了原子核之外非常大的空间区域。

酶——由生物体产生的蛋白质，具有加速（催化）特定生化反应的功能。因为生物化学反应从本质上来说非常缓慢，所以没有适当的酶，大多数反应都不会发生。作为蛋白质，许多酶会被如高温这类的极端条件所破坏。

脂肪酸——在天然油脂中与甘油结合形成甘油酯的有机酸。大多数天然脂肪是甘油三酯，每个脂肪分子含有 3 个脂肪酸分子。

自由基——具有一个或多个未配对电子的原子或分子，并因此具有高活性，因为原子在其电子成对时最稳定。

葡萄糖——一种单糖。它在血液中循环，是碳水化合物中的主要能量生产单位。

血红蛋白——一种红色的含铁蛋白质，在血液中运输氧气。

离子——带电的原子或原子群。带负电荷的离子拥有多余的电子，带正电荷的离子则比正常状态下缺少一个或多个电子。

脂质——生物体内所有可溶于有机溶剂（如氯仿或乙醚）的脂肪类、蜡质类或油类物质。脂质包括真正的脂肪和油，以及脂肪和油的其他相关化合物。

微波——电磁能量的单位，其波长比红外线辐射长，比无线电波短。它能穿透几厘米的固体。

分子——化学化合物的最小单位，由两个或多个原子结合在一起组成。

单糖——一种不能被分解（水解）成其他糖类的简单糖。最常见的单糖是葡萄糖，即血糖。

肌红蛋白——一种红色的含铁蛋白质，类似血红蛋白。它存在于动物的肌肉中，是一种储氧化合物。

成核位点——液体容器中的斑点、灰尘、划痕或微小气泡，在这些位点上，溶解的气体分子可以聚集形成气泡。

渗透 —— 水分子通过一层诸如细胞壁那样的膜，从浓度较低的溶液运动到浓度较高的溶液，从而使浓度趋向于平衡的过程。

氧化 —— 物质与氧气的反应，通常是与空气中的氧气。更宽泛地说，氧化是所有原子、离子或分子失去电子的化学反应。

聚合物 —— 由很多（通常是数百个）相同的分子单元结合在一起组成的大分子。

多糖 —— 可以被分解（水解）成几个单糖的一类糖分子，比如纤维素和淀粉。

盐 —— 酸与碱或强碱反应的产物。氯化钠，也就是食盐，是目前为止最常见的盐。

亚硫酸盐 —— 亚硫酸的一种盐。亚硫酸盐与酸反应会生成二氧化硫气体，用作漂白剂和杀菌剂。

甘油三酯 —— 由3个脂肪酸分子和一个甘油分子结合而成的分子。天然油脂大多是甘油三酯的混合物。

图书在版编目（CIP）数据

厨房实验室：食物的物理化学奥秘 / （英）罗伯特·
L. 沃尔克（Robert L. Wolke）著；李冰奇译 . — 广
州：广东旅游出版社，2024.6
　　书名原文：What Einstein Told His Cook: Kitchen
Science Explained
　　ISBN 978-7-5570-3292-0

　　Ⅰ . ①厨… Ⅱ . ①罗… ②李… Ⅲ . ①食品—基本知
识 Ⅳ . ① TS2

中国国家版本馆 CIP 数据核字 (2024) 第 078996 号

本书简体中文版由银杏树下（北京）图书有限责任公司出版。
图字：19-2024-011 号

出 版 人：刘志松　　　　　　　　　　　　选题策划：后浪出版公司
著　　者：［英］罗伯特·L. 沃尔克（Robert L. Wolke）　译　者：李冰奇
出版统筹：吴兴元　　　　　　　　　　　　责任编辑：王湘庭
编辑统筹：王顿　　　　　　　　　　　　　特约编辑：刘悦　李志丹
责任校对：李瑞苑　　　　　　　　　　　　责任技编：冼志良
装帧设计：墨白空间·张家榕、黄怡祯　　　营销推广：ONEBOOK

厨房实验室：食物的物理化学奥秘
CHUFANG SHIYANSHI: SHIWU DE WULI HUAXUE AOMI

广东旅游出版社出版发行
（广州市荔湾区沙面北街71号首、二层）
邮编：510130
印刷：天津雅图印刷有限公司
地址：天津宝坻节能环保工业区宝富道20号Z2号　　　开本：889毫米×1194毫米　　32开
字数：346千字　　　　　　　　　　　　　　　　　　印张：11
版次：2024年6月第1版　　　　　　　　　　　　　　印次：2024年6月第1次印刷
定价：58.00元